中等职业教育规划教材

智能控制装置安装与调试

蔡建聪 主编

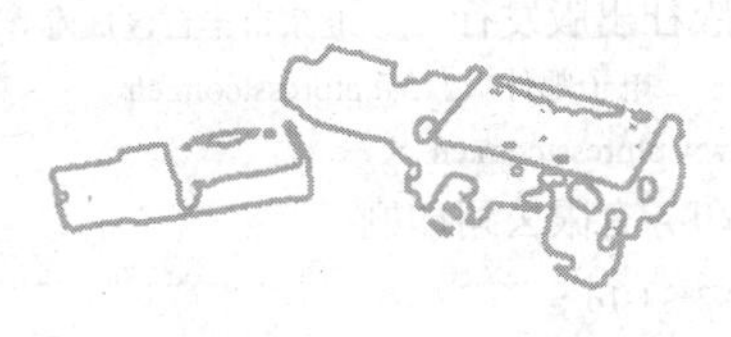

人 民 邮 电 出 版 社

北 京

图书在版编目（CIP）数据

智能控制装置安装与调试 / 蔡建聪主编. -- 北京 : 人民邮电出版社, 2015.9
中等职业教育规划教材
ISBN 978-7-115-36435-7

Ⅰ. ①智… Ⅱ. ①蔡… Ⅲ. ①智能控制器－安装－中等专业学校－教材②智能控制器－调试方法－中等专业学校－教材 Ⅳ. ①TP332.3

中国版本图书馆CIP数据核字(2014)第210627号

内容提要

本书根据职业岗位及中职学生认知发展的需求，打破原有的学科体系，以工作过程系统化为导向，以单片机应用技术为核心，融合检测传感技术、机械技术等知识，使学生掌握智能控制核心芯片单片机及其控制技术的基本知识和技能，熟悉应用系统的硬件及软件的设计方法，了解应用智能控制装置的开发、安装与调试的过程，具备基本的项目应用与开发能力。本书使用 Proteus 单片机仿真软件，采用“虚拟仿真+任务制作”的项目教学模式，即使在实训硬件有限时也能使用本书开展教学。

本书可作为中职学校“智能控制”相关课程的教材使用。

◆ 主　　编　蔡建聪
　责任编辑　吴宏伟
　责任印制　张佳莹　杨林杰

◆ 人民邮电出版社出版发行　　北京市丰台区成寿寺路 11 号
　邮编　100164　　电子邮件　315@ptpress.com.cn
　网址　http://www.ptpress.com.cn
　三河市海波印务有限公司印刷

◆ 开本：787×1092　1/16
　印张：14.5　　2015 年 9 月第 1 版
　字数：336 千字　　2015 年 9 月河北第 1 次印刷

定价：33.00 元

读者服务热线：(010)81055256　印装质量热线：(010)81055316
反盗版热线：(010)81055315

前言

Preface

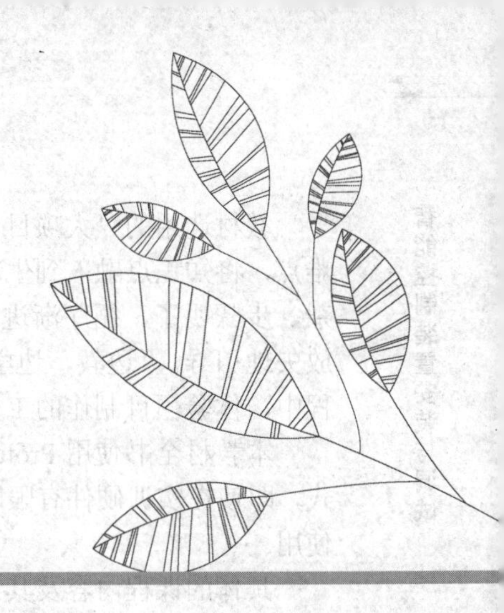

2012年6月，国家教育部、人力资源社会保障部、财政部批复我校为国家中等职业教育改革发展示范学校建设计划第二批项目学校。立项以来，学校以"促进内涵提升，关注师生发展"作为指导思想，以点带面稳步推进，构建了"分类定制、校企融通"人才培养模式和模块化项目式课程体系，打造了一支结构合理、教艺精湛的高素质师资队伍，建立起"立体多元" 的校企合作运行机制。

在教材建设方面，学校提倡以培养学生综合职业能力为目标，要求教材编写过程中与行业企业深度合作，将典型工作任务转化为学习任务，实现教材内容与岗位能力、职业技能的对接；要求教材编排以工作任务为主线，以模块+项目+任务（或活动）为主要形式，实现教材的项目化、活动化、情景化；要求教材表现形式尽可能多元化，综合图片、文字、图表等元素，配套动画、音视频、课件、教学设计等资源，增强教材的可读性、趣味性和实用性。

通过努力，近年我校教师编写了一大批校本教材。这些教材，体现了老师们对职业教育的热爱和追求，凝结了对专业教学的探索和心得，呈现了一种上进和奉献的风貌。经过我校国家中等职业教育改革发展示范学校建设成果编审委员会的审核，现将其中的一部分教材推荐给出版社公开出版。

本书是中等职业学校电子技术应用专业配套教材。

随着电子科技的高速发展，由单片机技术、传感技术等相互融合渗透形成的控制技术广泛应用于生活生产的各个领域，电子产品设备日趋微型化、多功能化和智能化。为适应社会发展对人才需求的变化，紧跟科技发展态势，《智能控制装置安装与调试》教材，根据职业岗位及中职学生认知发展需求，打破原有的学科体系，以工作过程系统化为导向，以单片机应用技术为核心，融合检测传感技术、机械技术等知识，使学生掌握智能控制核心芯片单片机及其控制技术的基本知识和技能，熟悉应用系统的硬件及软件的设计方法，了解应用智能控制装置的开发、安装与调试的过程，具备基本的项目应用与开发能力。

该教材注重趣味性，激发学生学习兴趣和潜能，培养基本应用能力。选择趣味性较强的简易投篮游戏机作为"大项目"教学的载体，将项目载体的学习过程分解，基本涵盖了智能技术在工程中的常见应用，统筹规划设计为相应的工作任务，合理安排知识点和技能点，将其巧妙地分配隐含在各个任务中，力求一个任务解决几个重点和难点问题。学生围绕"大项目"的各工作任务，学习应用指令、程序的编写、应用系统的安装调试、检测控制等相关知识。

教材选用的“大项目”按工作过程展开，以学生为主体，注重实用，淡化原理，分散难点，将知识点融入到生动形象的各项“任务”技能操作中，变抽象为具体，由简单到复杂，步骤明了，循序渐进，让学生清楚知道“学什么”、“做什么”、“怎样做”，教师有的放矢地引导，“边教，边学，边做”交叉进行，最终完成项目作品。学生在完成项目的过程中，体验项目制作的工作过程，学习工作过程知识，获得相应的职业技能。

本教材全书使用 Proteus 单片机仿真软件，采用“虚拟仿真+任务制作”的项目教学模式，即使在实训硬件有限时也能使用本教材开展教学，适合各中职学校根据实际教学情况使用。

具体的课程内容及其课时安排如下表：

项目序号	工作任务		建议课时
项目一	初识单片机及投篮游戏机		6
项目二	识读简易投篮游戏机的系统框图		6
项目三	使用简易投篮游戏机的系统开发工具		10
项目四	制作投篮游戏机指示灯、流水灯	任务一、控制指示灯的亮灭	6
		任务二、控制提示、报警灯的闪烁	8
		任务三、制作花样流水灯	10
项目五	使用按键控制投篮游戏机的开始和暂停		10
项目六	实现投篮游戏机的计球及计时	任务一、控制一位数码管显示	4
		任务二、控制多位数码管动态显示	10
		任务三、实现投篮游戏机的计球	12
		任务四、实现投篮游戏机的计时	14
项目七	实现投篮游戏机广告显示	任务一：使用 8×8 显示屏循环显示数字“0-9”	14
		任务二：使用 16×16 显示屏循环显示“欢迎光临”	16
项目八	控制篮框的左右移动		8
项目九	投篮游戏机整机安装与调试		16
*项目十	投篮游戏机互联通讯		10
合计课时			160

本书由广州市番禺区职业技术学校蔡建聪老师任主编，并完成全书的统稿。在教材编写过程中，广东唯康教育科技股份有限公司黄国成和黄和钦工程师、广州市风标电子技术有限公司蔡章斌工程师对实训项目内容确定及程序的编写等提供了大力的技术支持，本书由广州市番禺区职业技术学校曾慧玲老师作主审，她认真审阅了全书，提出了许多宝贵的意见和建议，在此对他们表示衷心感谢！

由于编者水平有限，本书难免存在不当之处，恳请师生和读者批抨指正，以便不断提高。

编　者

2014 年 5 月

目录

Contents

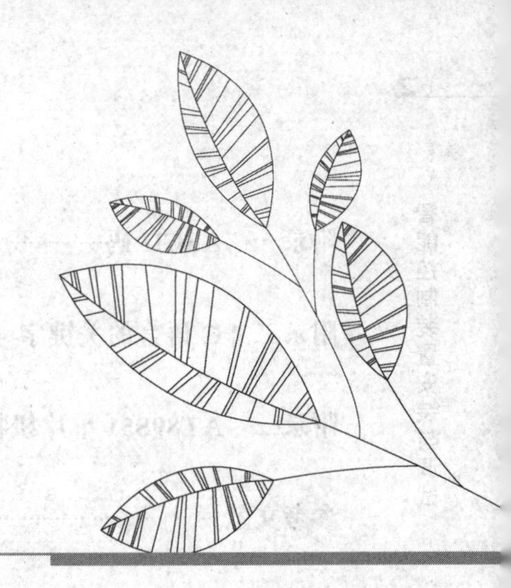

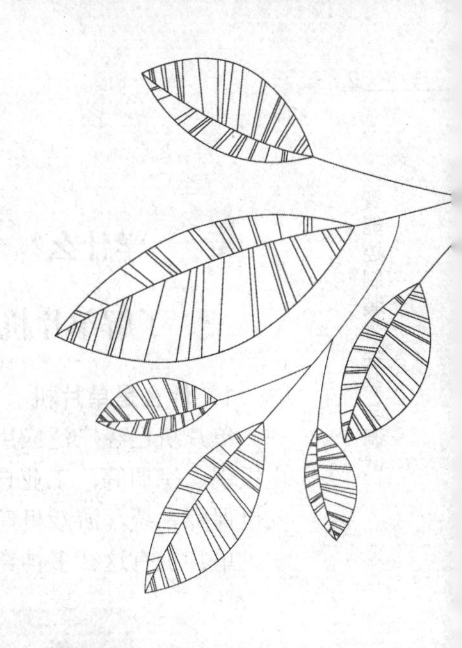

项目一

初识单片机和简易投篮游戏机

Chapter 1

随着电子科技的高速发展、超大规模集成电路生产技术的日趋成熟，由单片机技术、传感技术等相互融合、渗透形成的控制技术广泛应用于生活、生产的各个领域，电子产品设备日趋微型化、多功能化和智能化。单片机由于能够单独完成现代控制系统所要求的智能化控制功能，被广泛应用于工业测控、智能仪表、家用电器、办公设备、玩具游戏机等智能电子产品装置中。

在众多的玩具游戏机中，有一种叫投篮游戏机，它将篮球运动中的投篮动作独立出来，组成一种新潮的体育休闲设备。投篮游戏机好玩又有趣，它的控制核心就是单片机。现在我们围绕投篮机来学习单片机等相关的知识和技能。

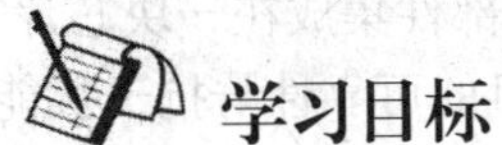

学习目标

1. 初步了解什么是单片机，它有何特点及应用领域。
2. 在老师的引导下，了解简易投篮游戏机的主要功能。
3. 学会正确操作投篮游戏机。

做什么?

初识身边的单片机。操作投篮游戏机，要求熟悉投篮游戏机的操作步骤。通过实际操作体验，正确写出投篮游戏机的功能。

学什么?

一、了解单片机

1. 什么是单片机

单片机已经广泛应用到生活的各个领域，如家里的智能电器——全自动洗衣机、智能电饭锅、空调等，工业自动化过程的实时控制和数据处理，各种智能 IC 卡系统，轿车的安全保障系统，游戏机等，都有单片机的踪迹。

单片机有这么多神奇的功能，单片机是什么模样？图 1-1-1 所示都是常用的单片机。

图 1-1-1　常用的单片机

单片机就是单片微型计算机的简称，它是将中央处理器（CPU）、存储器（RAM 和 ROM）、定时/计数器、输入/输出（I/O）接口电路等集成在一块电路芯片上的微型计算机。

通俗地说，单片机是一块具有特殊功能的集成芯片，而其功能的实现要靠使用者编程完成。单片机把微型计算机的各主要部分集成在一块芯片上，大大缩短了系统内信号的传送距离，从而提高了系统的可靠性及运行速度。单片机是智能控制及嵌入式系统的最佳选择。

2. 单片机的主要特点

单片机的主要特点如下。

（1）集成度高、体积小、有很高的可靠性。单片机把各功能部件集成在一块芯片上，内部采用总线结构，减少了各芯片之间的连线，大大提高了单片机的可靠性与抗干扰能力。

（2）控制功能强，满足工业控制的要求。

（3）低功耗、低电压。

（4）系统扩展和系统配置较典型、规范，容易构成各种规模的应用系统。

（5）有优异的性能价格比，应用广泛，易于产品化。

二、投篮游戏机各部分功能及实物展示

投篮机又称篮球机、街头篮球机，它将篮球运动中的投篮动作独立出来，构成一种新潮的体育休闲设备，参加游戏者需在一定的时间内尽可能多地投篮得分，超过一定的分数即可进入下一关，是新兴的体育运动方式。投篮机活动不需任何篮球基础就可以进行，有益有趣，寓动于乐，锻炼强度适中，容易上手，能在短时间内迅速汇聚人气、吸引眼球，

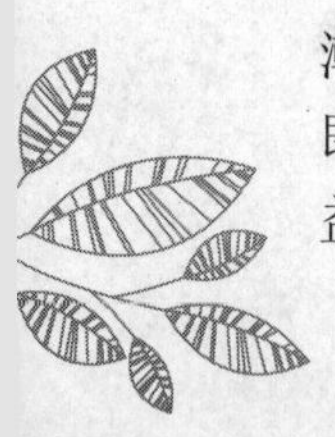

是增强人们互动的街头娱乐新选择。

下面就是将要完成的投篮游戏机，如图 1-1-2 所示。从它的外形可以看到，投篮游戏机有显示面板、按钮、投币器、篮框等，下一步将围绕投篮游戏机慢慢地去熟悉它的各部分功能模块及如何来玩投篮游戏机。

图 1-1-2　投篮游戏机

1. 指示灯（提示、报警闪烁灯）

打开电源，看到按钮上的灯在闪烁，或熄灭或点亮，引起你的注意，告诉你按钮的位置在这里，如图 1-1-3 所示。

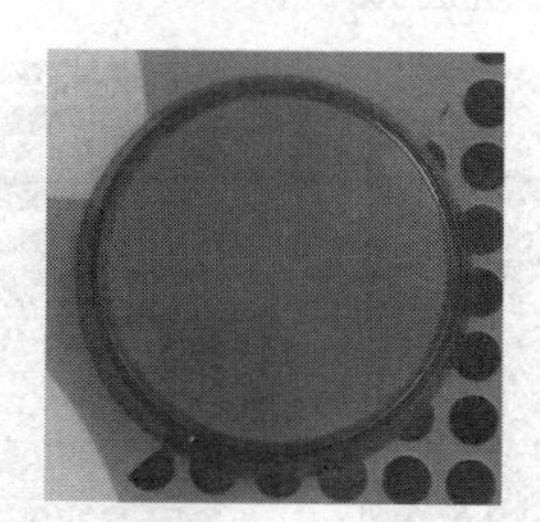

图 1-1-3　投篮游戏机上的闪烁指示灯

2. 花样流水灯

为吸引人们的眼球，投篮游戏机还装有花样流水灯，时而左移，时而右移，给人很炫又动感的感觉，让你有马上就想去投一把的冲动。游戏机上的花样流水灯如图 1-1-4 所示。

图 1-1-4　花样流水灯

3．功能按键

投篮游戏机设了白色和红色两个功能按键，白色按键为“联机”按键，红色按键为“开始”按键。投完币后，按红色按钮就开始游戏了。按钮面板如图 1-1-5 所示。

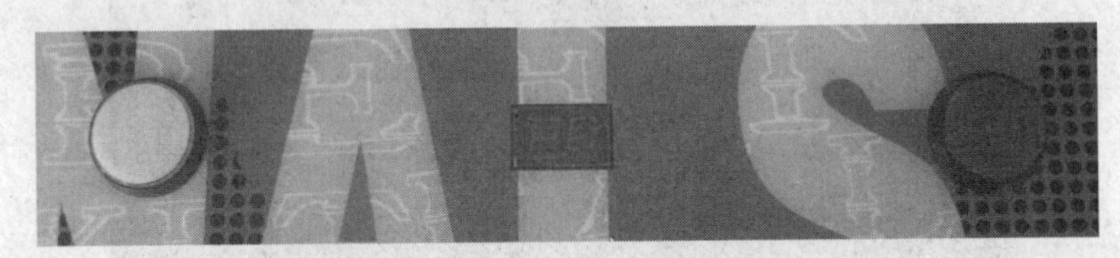

图 1-1-5　按钮面板

4．计分和计时显示

投篮游戏机的正面面板上还有 8 位数码管，如图 1-1-6 所示，其中“SCORE”表示计球分数，“TIME”表示每局计时时间，“RECORD”表示每局的最高记录。投球开始后，显示面板就开始显示时间及你投球的分数了。

图 1-1-6　显示面板

5．投币识别

投篮游戏开始前，是要投放游戏币的，投在哪里呢？没错，就是投入到图 1-1-7 所示的位置。每投入一个游戏币，游戏机就会自动将游戏币数加 1，当投了足够玩这局游戏的币数后，就能按“开始”按键开始玩游戏了。

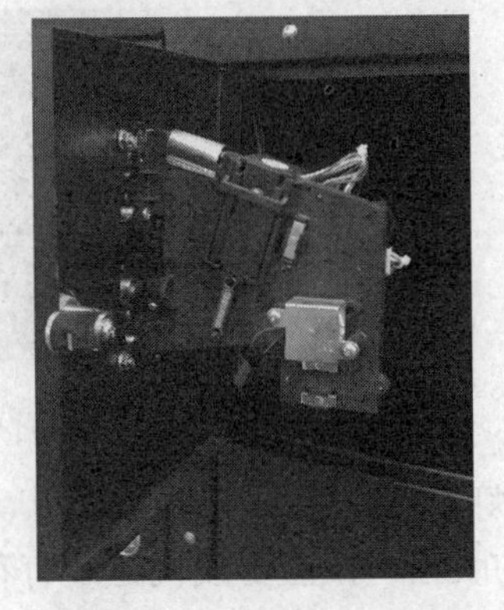

图 1-1-7　投币器

6．篮框

投篮游戏机的篮框也是有玄机的，如图 1-1-8 所示。当开启游戏后，对准篮框投球，球进了就能自动计分，球没进不计分，那篮框是怎样识别球进或没进的呢？还有，投球得分多了，篮框还能左右移动来干扰你，影响你投球的命中率，这又需要怎样的控制呢？在以后的学习中将会学到这些知识。

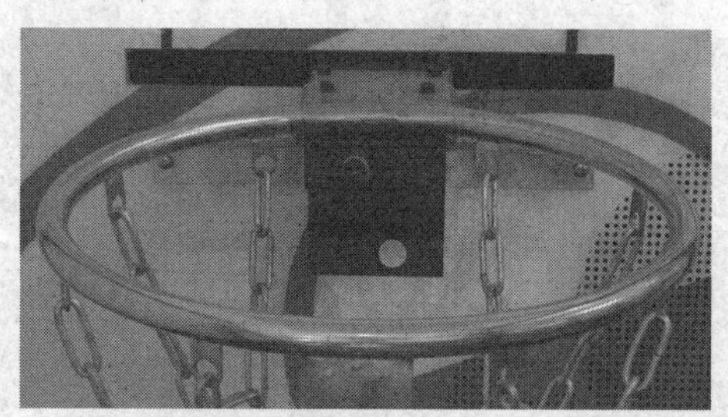

图 1-1-8　投篮游戏机的篮框

7．显示屏

在玩游戏前，偶尔会看到投篮游戏机上有一个显示屏，显示欢迎信息，或显示广告信息等，图 1-1-9 显示的是一个时钟。

图 1-1-9　投篮游戏机的显示屏

8．音乐播放

当投球进了，又或者是已经冲破一关，准备进入下一关的时候，投篮游戏机就会发出一阵阵的掌声。这个掌声从哪里来的？就是从音乐播放系统中播放出来的。投篮游戏机的音乐播放系统藏在游戏机的里面，如图 1-1-10 所示。

图 1-1-10　投篮游戏机的音乐播放系统

9．投篮游戏机控制板

投篮游戏机怎样才能将前面的所有功能集合在一起呢？这得归功于投篮游戏机的控制板，如图 1-1-11 所示。正是因为控制板的作用，投篮游戏机才能智能化地实现各种功能，而控制板里也有一个核心器件，那就是单片机。

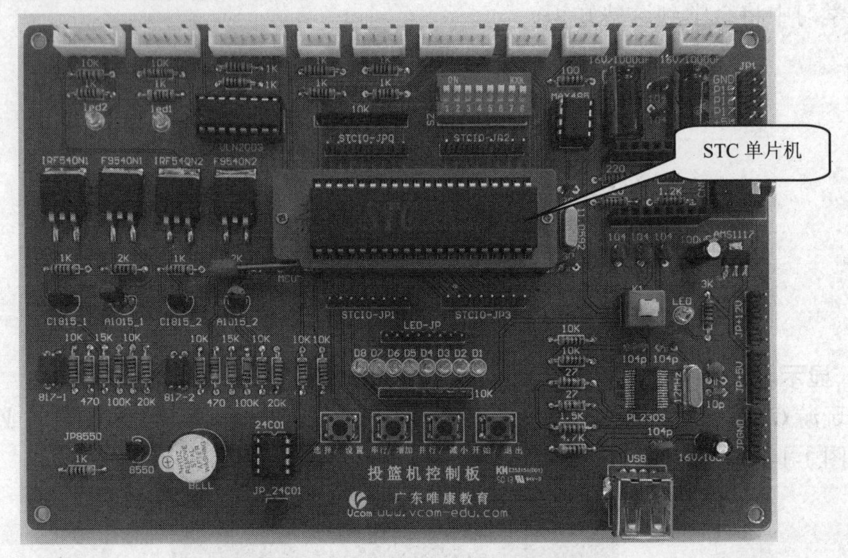

图 1-1-11　投篮游戏机的控制板

怎样做?

一、观察投篮游戏机的控制板

投篮游戏机的控制板如图 1-1-11 所示，整个控制板的控制核心器件就是单片机。单片机的种类繁多，投篮游戏机控制板上使用的是 STC 单片机。

身边的许多智能电器里，都有单片机的身影，如空调遥控器、智能电饭锅、智能风扇等。

二、投篮游戏机的使用

（1）可以设置为投入三个游戏币开始一局游戏。

（2）按“开始”按键，游戏开始。默认的过关分数为：第一关，40 分；第二关，150 分；第三关，250 分；第四关为终极挑战。

（3）每一关的时间分别为：第一关，50s；第二关，60s；第三关，90s。

（4）在第二关时开始左右摆动，游戏结束时停止摆动。

（5）显示板上分别显示：历史最高分记录、时间、即时分。

（6）配备背景音乐，如鼓掌等的声音。

（7）配备显示屏以显示欢迎的信息。

知道了投篮游戏机的功能后，就可以操作一下投篮游戏机，熟悉投篮游戏机的操作步骤，开展投篮游戏了。

知识链接与延伸

一、单片机发展简史

单片机持术的发展日新月异，其发展历史大致可分为以下几个阶段。

（1）第一阶段（1974—1978 年）：单片机的探索阶段。以 Intel 公司的 MCS–48 为代表。参与这一探索的公司还有 Motorola、Zilog 等。

（2）第二阶段（1978—1982 年）：单片机的完善阶段。Intel 公司在 MCS–48 基础上推出了完善的、典型的单片机系列 MCS–51。它在以下几个方面奠定了典型的通用总线型单片机体系结构。①完善的外部总线——经典的 8 位单片机的总线结构，包括 8 位数据总线、16 位地址总线、控制总线及串行通信接口；②CPU 外围功能单元的集中管理模式；③体现工控特性的位地址空间及位操作方式；④指令系统趋于丰富和完善，增加了许多突出控制功能的指令。

（3）第三阶段（1982—1990 年）：8 位单片机的巩固发展及 16 位单片机的推出阶段。随着 MCS–51 系列的广泛应用，许多电气厂商竞相使用 80C51 为内核，将许多测控系统中使用的接口技术、多通道 A/D 转换部件、可靠性技术等应用到单片机中，增强了外围电路功能，强化了智能控制的特征。

（4）第四阶段（1990 年—）：全面发展阶段。随着单片机在各个领域全面深入发展和应用，出现了高速、大寻址范围、强运算能力的 8 位/16 位/32 位通用型单片机，以及小型廉价的专用型单片机。

二、单片机的种类简介

1．51 系列单片机

目前单片机的品种很多，最具代表性的是 Intel 公司的 MCS-51 单片机系列，该系列的典型芯片是 80C51。众多公司如 Philips、Dallas、ATMEL 等都发展以 80C51 为代表的 8 位单片机，与 80C51 兼容的单片机统称为 MCS-51 系列。相同系列不同型号的单片机，内部结构是相同的，不同的是 CPU 的工作频率、I/O 接口数、存储器容量大小。

近年来应用广泛的 ATMEL 公司生产的 AT89 系列单片机，常用的型号主要有 AT89C51（AT89S51）、AT89LV51、AT89C52、AT89LV52、AT89C2051、AT89C1051、AT89S8252 等。本书主要以 AT89S51 为例介绍单片机的使用方法，具体芯片的配置请参见相关的产品手册。

2．单片机的分类

根据目前发展情况，从不同角度进行分类，单片机大致可以分为以下几类。

（1）通用型/专用型

是按单片机适用范围来区分的。例如，80C51 是通用型单片机，它不是为某种专门用途设计的；专用型单片机是针对一类产品甚至某一个产品设计生产的，例如为满足电子体温计的要求专门设计的单片机芯片。

（2）总线型/非总线型

是按单片机是否提供并行总线来区分的。总线型单片机普遍设置有并行地址总线、数据总线、控制总线，这些引脚用以扩展并行外围器件，可通过串行口与单片机连接。非总线型单片机把所需要的外围器件及外设接口集成在一片内，在许多情况下可以不要并行扩展总线，大大节省了封装成本和芯片体积。

（3）控制型/家电型

是按单片机大致应用的领域进行区分的。一般而言，工控型寻址范围大，运算能力强；用于家电的单片机多为专用型，通常是小封装、低价格，外围器件和外设接口集成度高。

显然，上述分类并不是唯一的和严格的。例如，80C51类单片机既是通用型又是总线型，还可以作工控用。

三、单片机的应用

目前单片机渗透到生产、生活的各个领域，几乎很难找到哪个领域没有单片机的踪迹。单片机的应用主要表现在以下几个方面。

1．单片机在智能仪器仪表上的应用

应用单片机使得仪器仪表数字化、智能化、微型化，提高了测量的自动化程度和精度，功能更加强大，结合不同类型的传感器，可实现诸如湿度、温度、流量、速度、厚度、角度、长度、硬度、压力等物理量的测量。

2．单片机在工业控制中的应用

用单片机可以构成形式多样的控制系统、数据采集系统。例如工厂流水线的智能化管理、电梯智能化控制、各种报警系统等。

3．单片机在人类生活中的应用

单片机将使人类生活更加方便、舒适、丰富多彩。现在的家用电器基本上都采用了单片机控制，提高了智能化程度，从电饭煲、洗衣机、电冰箱、空调机、彩电、其他音视频器材，再到电子玩具、显示屏、电子称量设备等，五花八门，无所不在。

4．单片机在通信领域中的应用

现在的通信设备基本上都实现了单片机智能控制，从手机、电话机、小型程控交换机、楼宇自动通信呼叫系统、列车无线通信，再到日常工作中随处可见的移动电话、集群移动通信、无线电对讲机等。

5．单片机在汽车设备领域中的应用

单片机在汽车电子中的应用非常广泛，例如汽车中的发动机控制器、GPS导航系统、制动系统等。

此外，单片机在工商、金融、科研、教育、国防航空航天、医疗等领域都有着十分广泛的用途。

思考与练习

1. 什么是单片机？由哪几个主要部分组成？
2. 写出如何操作投篮游戏机。
3. 写出投篮游戏机的功能。

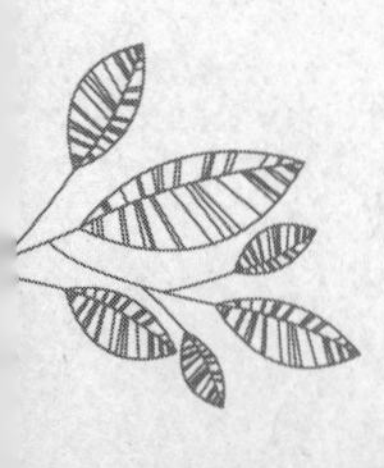

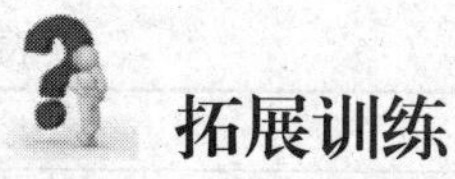

拓展训练

1. 写出你想设计的投篮游戏机的功能任务书。

2. 请你联想，你现在最喜欢什么电子产品（玩具游戏、家电或其他）？想用单片机自己做一个吗？请描述一下你的理想要求或设想。

学习任务的工作页

项目一　初识单片机和简易投篮游戏机　　工作页编号：ZNKZ01-01

一、基本信息

学习班级及小组____________ 学生姓名____________ 学生学号____________
学习项目完成时间____________ 指导教师____________ 学习地点____________

二、任务准备

1．观察投篮游戏机，写出你观察到的各部分实物。

2．观察投篮游戏机内部电路板，寻找辩识单片机芯片。

3．请你确定本项目所需要完成的工作任务。

4．小组分工：（1）请写出你要完成的工作任务；（2）写出你要完成此项目的计划（或步骤）；（3）工具；（4）安全注意事项。

三、任务实施

1．写出投篮游戏机的各部分功能。

2．请你写出操作投篮游戏机的步骤。

3．简单写一下你将要设计的投篮游戏机的功能任务书。

续表

四、拓展训练
1．写出你想设计的投篮游戏机的功能任务书。 2．请你联想，你现在最喜欢什么电子产品（玩具游戏、家电或其他）？想用单片机自己做一个吗？请描述一下你的理想要求或设想。

学习评价

序号	项目		考核内容	配分	评分标准	自评	师评	得分
1	知识准备	项目内容	辨识单片机，写出投篮游戏机的实物部件	10	能辨识单片机，并写出投篮游戏机的实物部件得10分			
2		工作任务	写出本项目所需要完成的工作任务	10	能基本写出本项目的工作任务得10分			
3		工作计划及分工	写出你的工作计划及分工	10	能写出自己要完成的内容得10分			
4	实际操作	投篮游戏机功能	写出投篮游戏机的各部分功能	10	能正确写出投篮游戏机的各部分功能得10分			
5		操作步骤	写出操作投篮游戏机的步骤	20	能正确写出操作投篮游戏机的步骤得20分			
6		投篮游戏机的功能任务书	写出投篮游戏机的功能任务书	20	能写出投篮游戏机的功能任务书得20分			
7		拓展训练	增加功能	10	能增加你特有的功能得10分			
8	安全文明生产		遵守安全操作规程，正确使用仪器设备，操作现场整洁	10	每项扣5分，扣完为止			
			安全用电，防火，无人身、设备事故		因违规操作发生重大人身和设备事故，此题按0分计			
9	分数合计			100				

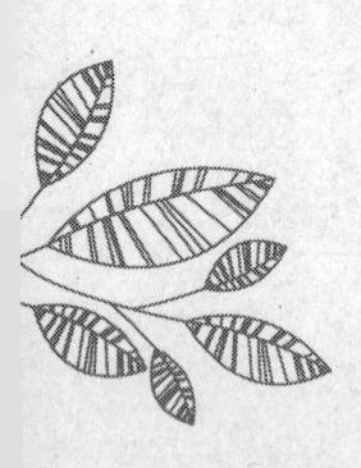

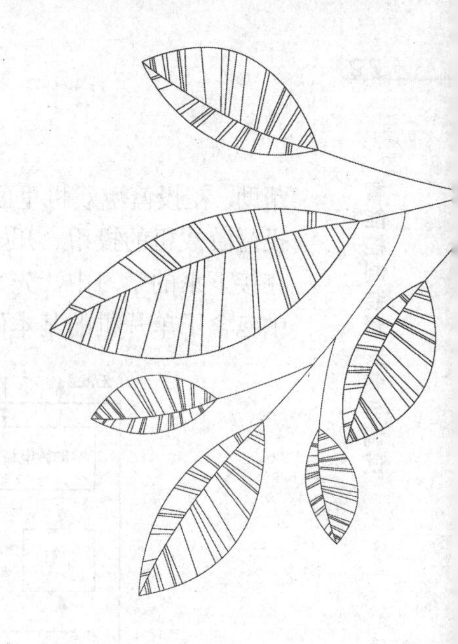

项目二

识读简易投篮游戏机的系统框图

Chapter 2

通过对投篮游戏机的实物观察，知道投篮游戏机由以下几个部分组成：指示灯、花样流水灯、计分和计时显示、功能按键、计球传感器、投币识别、篮框左右移动控制及显示屏显示、音乐播放等。

投篮游戏机有那么多的功能部分，应该怎样去逐步实现这些功能呢？用什么来控制这些功能部件有条不紊地工作呢？投篮游戏机的系统硬件框图又是怎样的呢？

学习目标

1. 学会画出单片机的引脚、复位电路、晶振电路及最小系统电路。
2. 通过查阅相关资料，学生能在老师的引导下规范拆卸投篮游戏机的控制板。
3. 学生能正确绘制投篮游戏机的硬件框图。

做什么?

1. 规范拆卸投篮游戏机的控制板，并画好投篮游戏机的硬件框图。
2. 制作单片机最小系统。

学什么?

投篮游戏机的各个功能部件能有条不紊地工作，有赖于其核心控制器件——单片机的帮助。在投篮游戏机里面，单片机就像是人类的大脑一样，它控制着整个系统的实时运行。投篮游戏机的投币、开始、计时、计分、移动篮框和播放音乐等，都由单片机控制。因此，在接下来的学习中，先来了解一下 MCS-51 系列单片机的内部结构，如图 2-1-1 所示，图中包含了单片机的基本硬件资源。

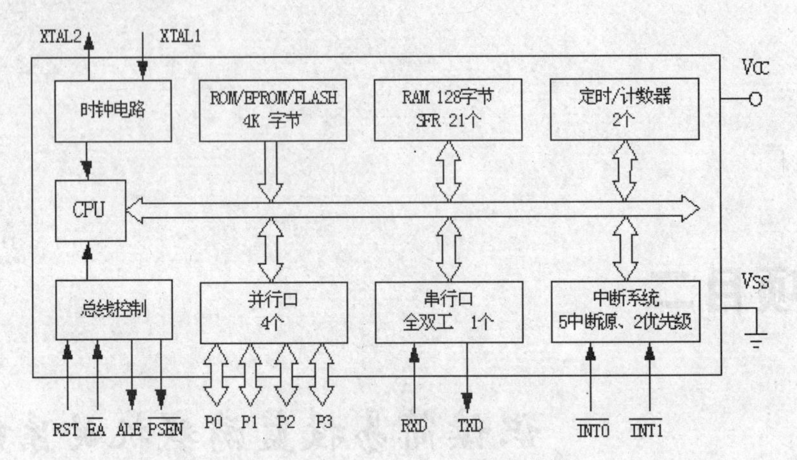

图 2-1-1　MCS-51 单片机内部结构

MCS-51 系列单片机有下列主要部件。

（1）8 位的微处理器（CPU），主要用于完成运算和控制功能。

（2）128B 的内部数据存储器（片内 RAM），其地址范围为 00H~7FH。

（3）4KB 内部程序存储器（片内 ROM）。

（4）4 个 8 位可编程并行 I/O 口（P0、P1、P2、P3）。

（5）5 个中断源、两个中断优先级的中断系统。

（6）2 个 16 位定时器/计数器。

（7）26 个特殊功能寄存器（片内 RAM 的 SFR 区，又称专用寄存器），分布于地址 80H~FFH 中。

（8）程序计数器 PC，是一个独立的 16 位专用寄存器，其内容为将要执行的指令地址（程序存储器地址）。

（9）一个片内振荡器和时钟电路。

一、引脚功能

要掌握好单片机，首先要熟悉并掌握单片机各引脚的功能。下面以常用的 AT89S51 单片机为例，介绍其引脚排列及功能、作用。目前，AT89S51 单片机多采用 40 脚双列直插封装（DIP）的方式，芯片实物图及引脚图如图 2-1-2 和图 2-1-3 所示。此外，单片机还有 44 引脚的 PLCC 和 TQFP 封装方式的芯片。

AT89S51 的 40 个引脚，按其功能可分为如下 4 大部分。

1. 电源引脚

电源引脚：Vcc、Vss。

（1）40 脚为 Vcc，接 5V 电源。

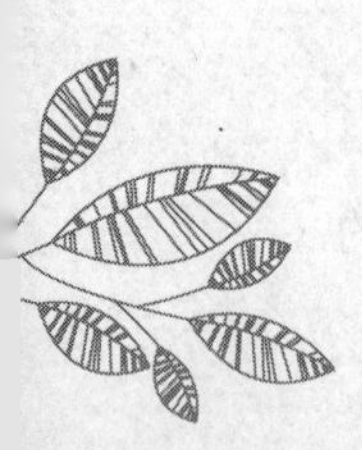

图 2-1-2 芯片实物图

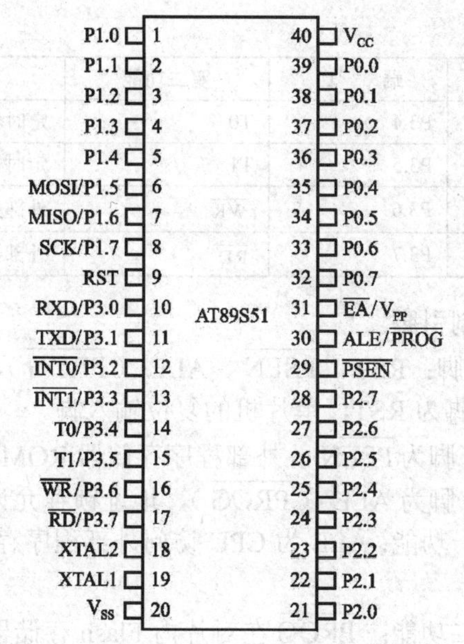

图 2-1-3 芯片引脚图

（2）20 脚为 Vss，接电源的负极或地。

2. 时钟引脚

时钟引脚：XTAL1、XTAL2。

19 脚为 XTAL1，18 脚为 XTAL2，用于连接外部石英晶振器或外部时钟脉冲信号。

3. I/O 口引脚

I/O 口引脚：P0、P1、P2 与 P3，为 4 个 8 位的 I/O 口引脚。

AT89S51 单片机有 4 组 8 位的可编程 I/O 口，分别是 P0、P1、P2、P3 口，每个口有 8 位（8 根引脚），共 32 根，每一根引脚都可以独立编程控制，输出 0 或 1 的信号。其中 P0 口的负载能力最强，能驱动 8 个 LS 型 TTL（低功耗晶体管逻辑电路）负载，P1~P3 口的负载能力有所减少，只能驱动 4 个 LS 型 TTL 负载。

（1）1~8 脚分别为 P1.0~P1.7，为 8 位准双向 P1 口。其中 P1.5/MOSI、P1.6/MISO 和 P1.7/SCK 可用于对片内 Flash 存储器进行串行编程和校验，它们分别是串行数据输入、输出和移位脉冲引脚。

（2）10~17 脚分别为 P3.0~P3.7，为 8 位准双向 P3 口，还可提供第二功能，其第二功能定义如表 2-1-1 所示。

（3）21~28 脚分别为 P2.0~P2.7，为 8 位准双向 P2 口。

（4）39~32 脚分别为 P0.0~P0.7，为 8 位双向 P0 口。

表 2-1-1 P3 口的第二功能定义

引　脚	端　口	第二功能	说　明
10	P3.0	RXD	串行数据输入口
11	P3.1	TXD	串行数据输出口
12	P3.2	$\overline{\text{INT1}}$	外部中断 0 输入
13	P3.3	$\overline{\text{INT1}}$	外部中断 1 输入

续表

引　脚	端　口	第二功能	说　明
14	P3.4	T0	定时器 0 外部计数输入
15	P3.5	T1	定时器 1 外部计数输入
16	P3.6	$\overline{\text{WR}}$	外部数据存储器写入选通信号
17	P3.7	$\overline{\text{RD}}$	外部数据存储器读出选通信号

4．控制引脚

控制引脚：RST、$\overline{\text{PSEN}}$、ALE/（$\overline{\text{PROG}}$）、$\overline{\text{EA}}$/Vpp。

（1）9 脚为 RST，单片机的复位输入脚。

（2）29 脚为$\overline{\text{PSEN}}$，外部程序存储器 ROM 的读选通信号，低电平有效。

（3）30 脚为 ALE/（$\overline{\text{PROG}}$），地址锁存允许/编程脉冲。

① 第一功能：ALE 为 CPU 访问外部程序存储器或外部数据存储器提供低 8 位地址锁存信号。

② 第二功能：$\overline{\text{PROG}}$在对片内 Flash 存储器编程时，此引脚作为编程脉冲输入端。

（4）31 脚为$\overline{\text{EA}}$/Vpp，内、外部程序存储器访问允许控制端/编程电源。

① 第一功能：当$\overline{\text{EA}}$=1 时，单片机读取片内程序存储器的程序代码；当$\overline{\text{EA}}$=0 时，单片机只读取片外程序存储器的内容。

② 第二功能：在对片内 Flash 进行编程时，此 Vpp 引脚引入编程电压。

二、单片机最小系统

单片机最小系统是指单片机能够启动，并进行工作的最基本的硬件条件，包括复位电路、电源和时钟电路。对于含有片内程序存储器的单片机，将时钟电路和复位电路连接好即可构成单片机最小应用系统，接上+5V 的电源就能够独立工作，完成一定的功能。图 2-1-4 所示为单片机的最小系统电路。

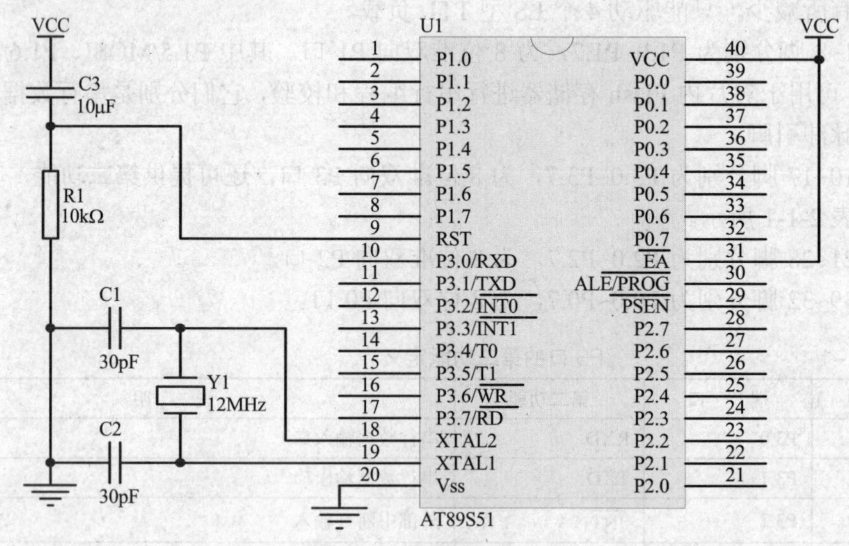

图 2-1-4　单片机最小系统

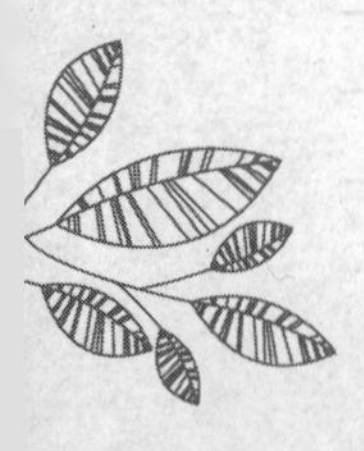

1. 单片机最小系统的硬件组成

单片机最小系统的硬件组成如下。

（1）复位电路（9 脚）：由 1 个 10μF 的电解电容和 1 个 10kΩ的电阻组成。

（2）时钟电路（18、19 脚）：由 2 个 30pF 的瓷介电容和 1 个 12MHz 的晶振组成。

（3）$\overline{EA}$ 引脚（31 脚）：接高电平，使用片内程序存储器。

（4）电源（40、20 脚）：40 脚接+5V，20 脚接地，为单片机提供+5V 直流电源。

2. 复位电路

复位电路的作用是使 CPU 以及其他功能部件都恢复到初始状态。复位后，单片机从 0000H 单元开始执行程序，并初始化一些专用寄存器为复位状态值。

AT89S51 单片机的复位依靠外部复位电路实现，复位信号由 RST 引脚输入，高电平有效。在复位引脚持续出现 2 个机器周期（即 24 个时钟振荡周期）的高电平信号就能使单片机复位。

复位的方式通常有上电复位和手动复位两种方式。单片机复位电路如图 2-1-5 和图 2-1-6 所示。

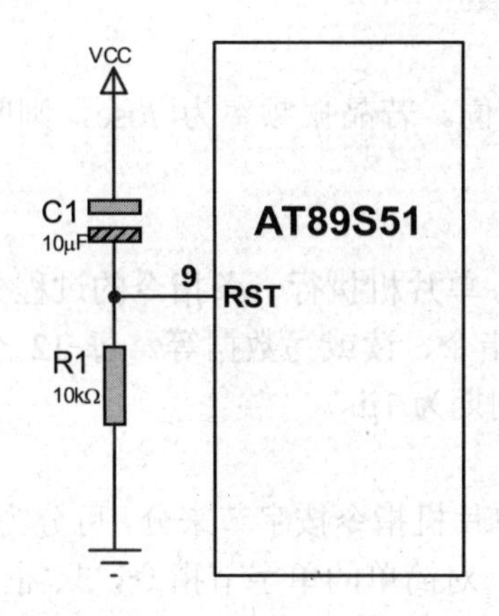

图 2-1-5　上电复位

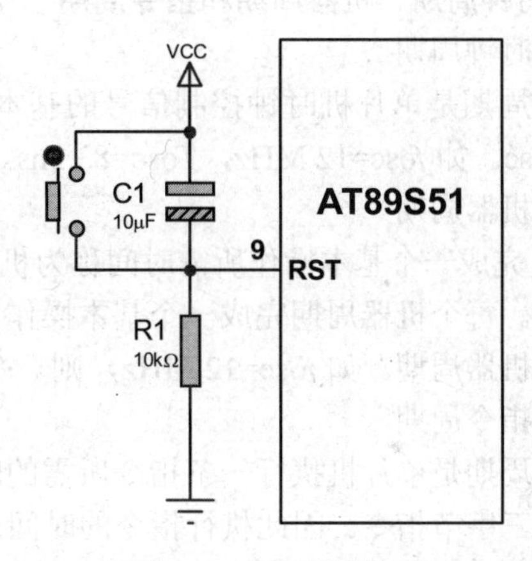

图 2-1-6　手动按钮复位

（1）上电复位：上电瞬间，V_{CC} 对电容 C_1 的充电电流最大，电容相当于短路，给 RST 引脚一个高电平，单片机自动复位；当电容 C_1 两端的电压达到电源电压时，电容充电电流为零，电容相当于开路，RST 引脚为低电平，单片机正常运行。

（2）手动复位：该电路在上电复位电路的基础上增加一个按键手动复位。当按下按键时，RST 引脚直接与 V_{CC} 相连形成高电平复位。

3. 时钟电路

时钟电路用于产生单片机工作时所必需的控制信号，单片机的运行都是以时钟控制信号为基准，一拍一拍地工作的。因此，单片机的时钟频率直接影响单片机的速度，时钟电路的质量也直接影响单片机系统的稳定性。常用的时钟电路如图 2-1-7 所示，由单片机的 XTAL1 和 XTAL2 引脚及外部晶振和两个电容组成。

C_1 和 C_2 电容的值一般取 10~30pF，晶振频率范围通常是 1.2～24MHz。晶体频率越高，单片机速度就越快，但对印制电路板的工艺要求就越高，因此晶体和电容应尽可能与单片机靠近，以减少寄生电容，保证时钟信号的稳定、可靠。

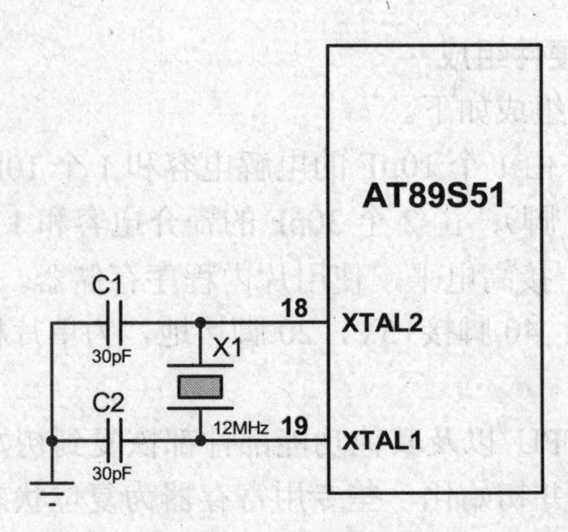

图 2-1-7　时钟电路

C_1 和 C_2 电容的典型值通常选择 30pF，51 系列单片机通常选用振荡频率为 6 MHz、11.059 2MHz、12MHz 和 22.118 4MHz 的晶振。为方便计算指令周期时间，本书选择 12MHz 晶振。

4．时钟周期、机器周期和指令周期

（1）时钟周期

时钟周期是单片机时钟控制信号的基本时间单位。若晶振频率为 *f*osc，则时钟周期 *T*osc=1/*f*osc。如 *f*osc=12 MHz，*T*osc=83.3ns。

（2）机器周期

CPU 完成一个基本操作所需时间称为机器周期。单片机执行一条指令的过程分为几个机器周期。每个机器周期完成一个基本操作，如取指令、读或写数据等。每 12 个时钟周期为 1 个机器周期。如 *f*osc=12 MHz，则一个机器周期为 1μs。

（3）指令周期

指令周期是单片机执行一条指令所需的时间。单片机指令按字节来分，可分为单字节、双字节和三字节指令。因此执行指令的时间也不同，对简单的单字节指令，只需一个机器周期的时间，而有些复杂的指令则需两个或多个机器周期。

怎样做？

一、拆卸投篮游戏机的控制板

一步一步地将投篮游戏机的控制板拆卸下来，通过对控制板的分析，初步了解单片机，加深对单片机应用的认识。下面对投篮游戏机的控制板进行拆卸，详细分析其构成。

（1）使用专用钥匙打开投篮游戏机的投币门，可以看到投篮游戏机控制板的所在位置，如图 2-1-8 所示。

（2）把相关的接口线轻轻拔出，如图 2-1-8 所示。

（3）将相关的接口线标记，并妥善放置，取出投篮游戏机控制板。投篮游戏机的控制板上有单片机、晶振电路、复位电路及相关接口等，其他的电路暂且不分析，如图 2-1-9 所示。

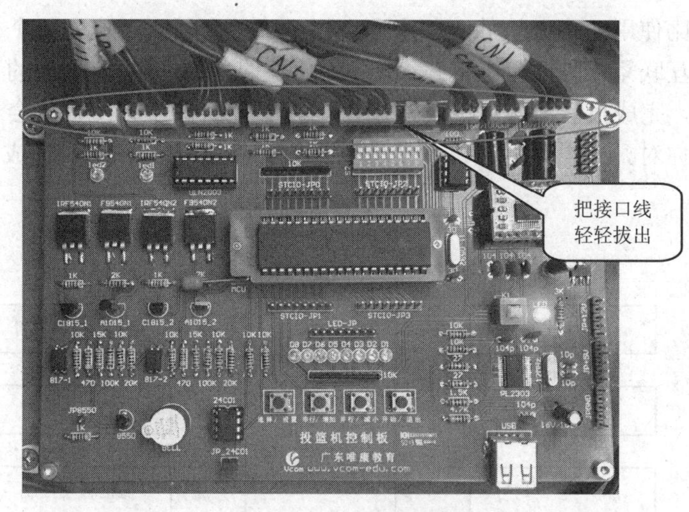

图 2-1-8　投篮游戏机控制板所在位置

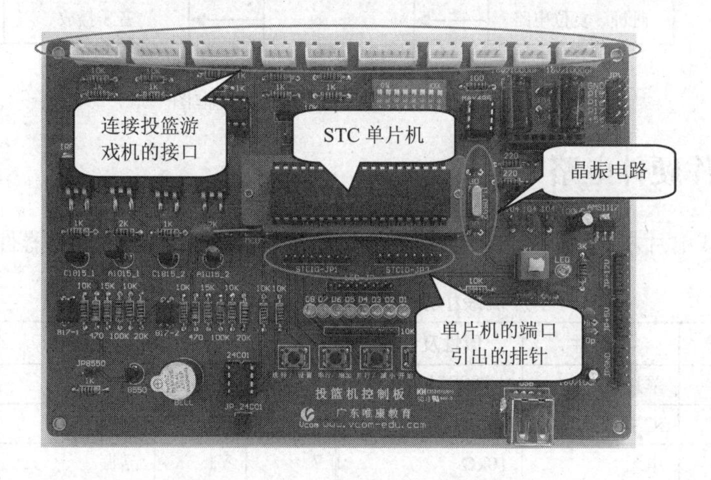

图 2-1-9　控制板的主要组成部分

对投篮游戏机控制板拆卸以后，观察、了解投篮游戏机控制板的简单构成，并将单片机、晶振电路、复位电路的实物元件找出来。

二、投篮游戏机的系统硬件框图

通过对投篮游戏机的功能分析以及对控制板的拆卸，可以画出投篮游戏机的系统框图，如图 2-1-10 所示。其中，单片机是整个投篮游戏机系统的核心控制器件，它接收来自按键和相关传感器的信号，并控制数码管的显示、篮框的移动、音乐的播放和显示屏等。

注意系统框图中箭头的方向，功能按键、投币信号、计球传感器、时钟、复位电路是给单片机传递信号的，而对数码管显示、指示灯、效果灯、显示屏、篮框的移动、音乐播放，则是单片机输出信号控制的。

从投篮游戏机的系统框图可以看出，要完成整个投篮游戏机的编程控制，需要先完成每个小的模块，当所有小的模块都完成了，把它们都搭建起来就完成了整个投篮游戏机的项目。这就好比使用一块一块的“积木”来拼砌成“房子”一样，每个模块之间既相互独立，同时也相互联系。因此，当把每个模块的程序编写好以后，剩下的工作就是把每个模块“串”起来，完成投篮游戏机的功能。在下一个项目的学习中，就会学习到一般系统的开发过程，使你对开发投篮游戏机系统的框架有一个总体的认识，形成初步的开发思路。

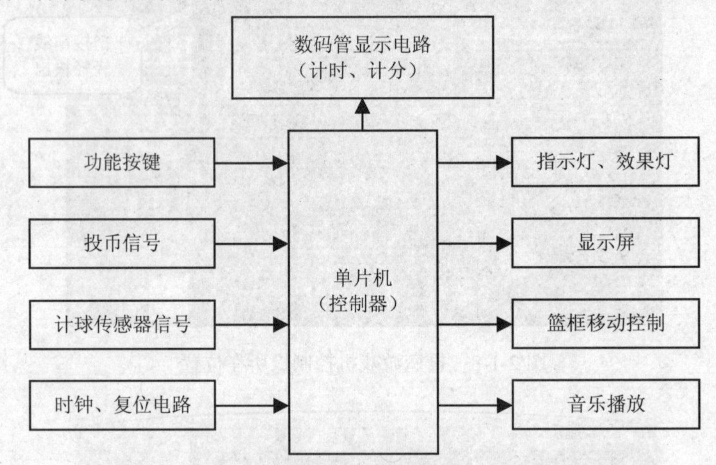

图 2-1-10　投篮游戏机的系统框图

三、制作硬件电路

按图 2-1-4 单片机最小系统的电路原理图焊接电路，电路使用的元器件如表 2-1-2 所示。

表 2–1–2　　单片机最小系统的元器件清单

序号	标号	元器件	属性及参数	序号	标号	元器件	属性及参数
1	U1	单片机	AT89S51	5	C1	电容	30pF
2		IC 插座	40 脚	6	C2	电容	30pF
3	R1	电阻	10kΩ	7	Y1	晶振	12MHz
4	C3	电解电容	10μF				

使用万能板焊接最小系统的电路板，如图 2-1-11 所示。

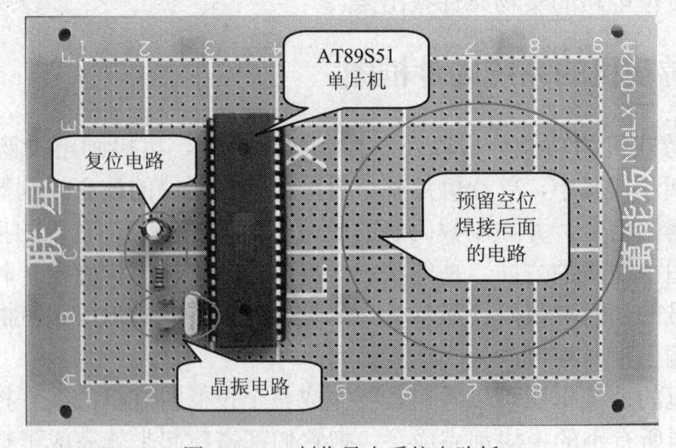

图 2-1-11　制作最小系统电路板

思考与练习

1. 画出投篮游戏机的系统框图。

2. 除了投篮游戏机系统使用到了单片机控制外，说说还有哪些电器设备用到单片机技术？

拓展训练

画出更为详细的投篮游戏机系统框图，如将数码管细分为计时、计分和最高记录等。

学习任务的工作页

项目二　简易投篮游戏机系统框图　　工作页编号：ZNKZ02-01

一、基本信息

学习班级及小组________________学生姓名______________学生学号____________

学习项目完成时间_______________指导教师______________学习地点____________

二、任务准备

1．写出本项目要完成的两部分内容：

2．请你确定本项目所需要完成的工作任务：

3．小组分工：（1）请写出你要完成的工作任务；（2）写写你要完成此项目的计划（或步骤）；（3）工具；（4）安全注意事项。

三、任务实施

1．请你写出投篮游戏机的核心控制器件是什么？单片机的概念是什么？

2．画出AT89S51单片机的引脚图、复位电路图及晶振电路。

续表

3．画出单片机最小系统的电路。   4．单片机的晶振频率 fosc=12MHz，则一个机器周期为____________。 5．写出拆卸投篮游戏机的控制板的步骤。   6．请大家现在将单片机、晶振电路、复位电路的实物元件找出来，并将实物图画到实训工作页中。   7．画出投篮游戏机的系统硬件框图。   8．按图 2-1-4 单片机最小系统的电路原理图焊接电路，电路使用的元器件如表 2-1-2 所示。如焊接过程中遇到问题，请把它写下来。
四、拓展训练
你能画出更为详细的投篮游戏机的系统框图吗？（如将数码管细分为计时、计分和最高记录等）请试一试。

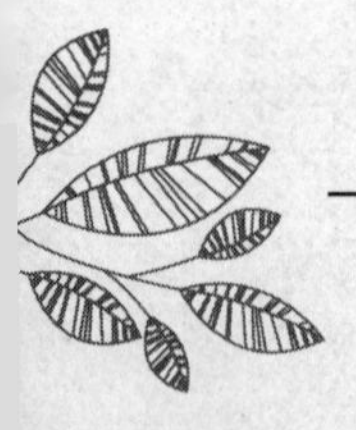

学习评价

序号	项目		考核内容	配分	评分标准	自评	师评	得分
1	知识准备	项目内容	写出本项目要完成的两部分内容	5	能写出投篮游戏机的实物部件得5分			
2		工作任务	写出本项目所需要完成的工作任务	5	能基本写出本项目的工作任务得5分			
3		工作计划及分工	写出你的工作计划及分工	5	能写出自己要完成的内容得5分			
4	实际操作	单片机的概念	写出单片机的基本概念	5	能正确写出投篮游戏机的各部分功能得5分			
5		单片机的引脚图	画出AT89S51单片机的引脚图	5	能正确画出AT89S51单片机的引脚图得5分			
6		单片机的复位电路	画出单片机的复位电路	5	能正确画出单片机的复位电路得5分			
7		单片机的晶振电路	画出单片机的晶振电路	5	能正确画出单片机的晶振电路得5分			
8		单片机的最小系统	画出单片机的最小系统	5	能正确画出单片机的最小系统得5分			
9		单片机的机器周期	写出12MHz晶振下单片机的机器周期	5	能正确写出单片机的机器周期得5分			
10		投篮游戏机控制板的拆卸步骤	能写出投篮游戏机控制板的拆卸步骤	10	能正确写出投篮游戏机的控制板的拆卸步骤得15分			
11		元件实物图	能画出单片机、晶振电路、复位电路的实物元件	5	能正确画出实物元件得5分			
12		投篮游戏机的系统硬件框图	通过观察投篮游戏机，能画出投篮游戏机的系统硬件框图	10	能正确写出投篮游戏机的系统硬件框图得15分			
13		最小系统焊接	能焊接出最小系统电路	10	能正确焊接单片机最小系统电路得10分			
14		拓展训练	能画出更详细的系统框图	10	能画出更详细的系统框图得10分			
15	安全文明生产		遵守安全操作规程，正确使用仪器设备，操作现场整洁	10	每项扣5分，扣完为止			
			安全用电，防火，无人身、设备事故		因违规操作发生重大人身和设备事故，此题按0分计			
16	分数合计			100				

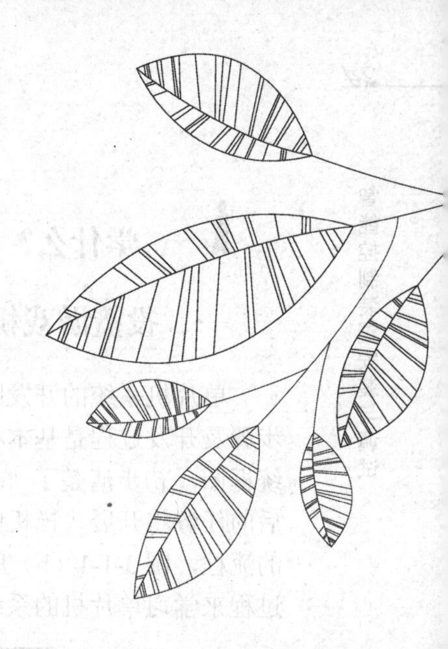

项目三

使用简易投篮游戏机的系统开发工具

Chapter 3

在对简易投篮游戏机系统开发前，应先来了解一般系统的开发过程及开发工具。系统的开发包括：客户的需求、方案的设计、样机调试和最终的投入使用。在系统开发过程中使用的设备称为开发工具。

学习目标

1. 能画出投篮游戏机开发的过程框图。
2. 通过查阅相关资料，能学会常用开发工具的使用，包括软件和硬件的开发工具。
3. 学会使用 Proteus 软件绘制单片机的电路原理图。

做什么?

正确安装 Keil C 和 WAVE 软件后使用软件编译调试程序，并在 Proteus 软件上仿真。仿真成功后，使用编程器将生成的.hex 文件下载到单片机，观察硬件的效果是否与软件仿真的效果一致。

学什么?

一、投篮游戏机的开发过程

单片机系统的开发因功能不同，所设计的硬件和软件必然会不同，但系统设计的方法、步骤及开发过程是基本相同的。在前两个项目的学习中，已了解了投篮游戏机的功能及系统框图，初步清楚了“客户需求”，对“方案的设计”有了明确的方向及整体的规划，以后的任务将开展“样机的制作与调试”等工作。图 3-1-1（a）所示为一般单片机系统开发的流程，图 3-1-1（b）所示为投篮游戏机系统开发的流程。我们将围绕投篮游戏机的开发过程来学习单片机的系统开发。

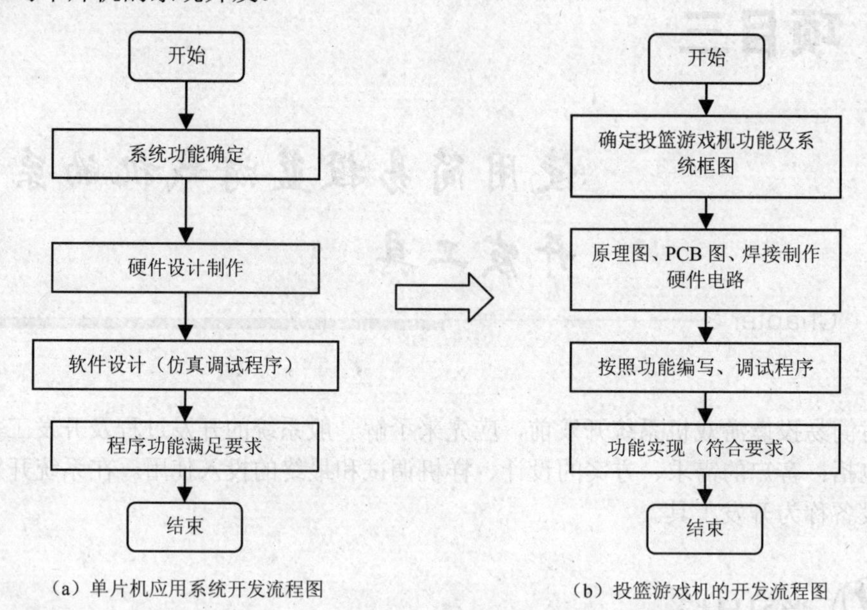

（a）单片机应用系统开发流程图　　（b）投篮游戏机的开发流程图

图 3-1-1　开发流程

1．硬件设计

单片机硬件的设计主要是根据总体设计要求，选择合适的单片机，确定各外围模块电路的元件，设计出系统的电路原理图，并经过必要的实验后完成工艺结构的设计、电路板的制作和样机的组装。

2．软件设计

软件设计在单片机应用系统的设计中占有非常重要的地位，是整个单片机系统开发的灵魂，通常包括系统的整体结构、划分功能模块、模块的实现算法及具体的代码等，软件设计常采用模块化程序设计和自上而下的程序设计方法。

3．仿真调试

在单片机系统的程序调试过程中，需要实时检测软件、硬件的运行情况，观察并分析所编写程序是否符合要求，通常要借助单片机的开发工具及软件来仿真调试。

目前国内使用较多的开发系统有以下两种。

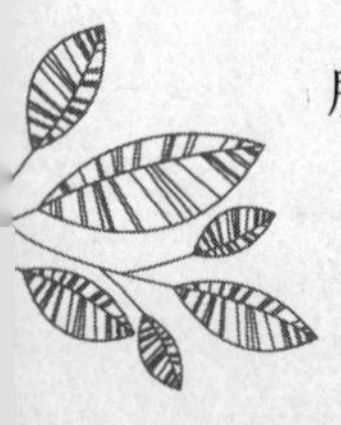

（1）通用型单片机开发系统，使用“仿真器+硬件”或“ISP 下载器+硬件”的形式，较为常用的 51 系列单片机的仿真器有伟福、万利等。

（2）软件模拟开发系统，主要是使用“仿真软件+ 程序开发软件”的形式，较为流行的模拟开发工具软件有 Proteus 和 Keil C51。

二、常用的开发工具及仿真软件

1. 仿真器

仿真器是用以实现硬件仿真的硬件设备。仿真器可以实现替代单片机对程序的运行进行控制，如单步、全速、查看资源断点等。尽管软件仿真具有无需搭建硬件电路就可以对程序进行验证的优点，但无法完全反映真实硬件的运行状况，因此还要通过硬件仿真来完成最终的设计。开发过程中硬件仿真是必需的，图 3-1-2 所示为 51 系列单片机的仿真器。

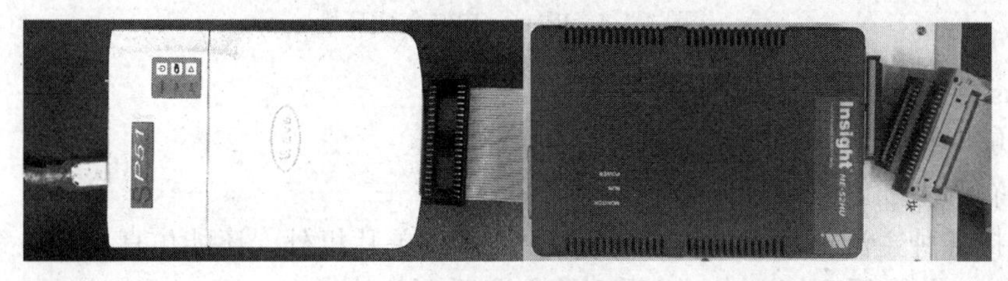

图 3-1-2 仿真器

2. ISP 下载器

ISP（in-system programming，在线系统编程）是一种无需将存储芯片（如 EPROM）从嵌入式设备上取出就能对其进行编程的过程，简称为 ISP。能把单片机程序编译后生成的*.HEX 文件（机器码）写入单片机内部程序存储器的设备通常叫 ISP 下载器，如图 3-1-3 所示。

在线系统可编程是 Flash 存储器的固有特性，使用 Flash 存储器的单片机（如 AT89S51 等）可进行在线系统编程。即使单片机等器件已经焊接在电路板上，仍可重新对其进行编程，使用起来非常方便。

图 3-1-3 ISP 下载器

3. Proteus 仿真软件

仿真软件 Proteus 简介。

Proteus ISIS 是英国 Labcenter 公司开发的电路分析与实物仿真软件，运行于 Windows 操作系统。具有模拟电路、数字电路、单片机及其外围电路组成的电路的仿真功能，为各种实际的单片机应用系统开发提供了功能强大的虚拟仿真工具。该软件是一款集单片机和

SPICE 分析于一身的仿真软件，功能强大，环境友好，如图 3-1-4 所示。

图 3-1-4　Proteus ISIS 集成环境

Proteus 软件的特点如下。

① 能够对模拟电路、数字电路进行仿真。

② 具有强大的电路原理图绘制功能。

③ 支持各种主流单片机的仿真，除了 51 系列单片机外，还能仿真 68000 系列、AVR 系列、PIC12/16/18 系列、MSP430 系列等主流系列单片机。

④ 可直接对单片机的各种外围电路进行仿真，如 ROM、RAM、外围接口芯片、数码管、LCD 液晶显示、AD/DA 转换器等。

⑤ 提供各种信号源，不同的虚拟仿真器，如示波器、信号发生器、电压表、电流表等。

⑥ 提供多种调试方式。在虚拟仿真中具有全速、单步、设置断点等调试功能。

⑦ 支持第三方软件编译和调试环境，如 Keil C51、MPLAB（PIC 系列单片机的 C 语言开发软件）等。

怎样做?

一、安装编程软件

1．Keil 软件的安装

（1）双击安装文件，进入安装界面。单击“Browse”可以改变安装的路径，一般安装在默认的路径，如图 3-1-5 所示。单击“Next”进入下一步操作。

（2）将序列号填写到“Serial Number”栏，并填写好其他信息点，然后单击“Next”再进入下一步操作，如图 3-1-6 所示。

（3）软件正在安装，等待安装完成，安装完成后单击“Finish”，完成 Keil 软件的安装，如图 3-1-7 所示。

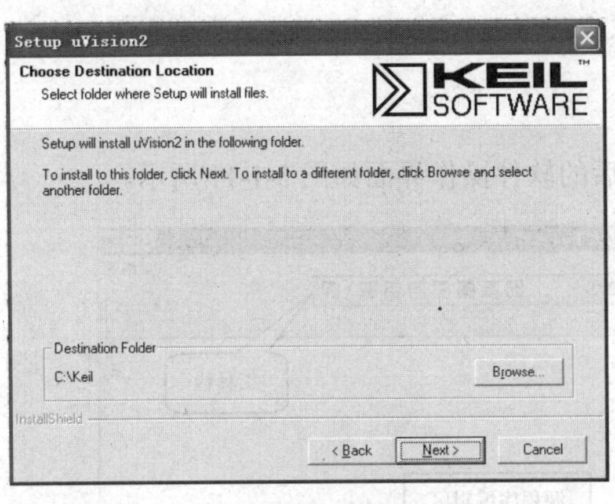

图 3-1-5　安装路径

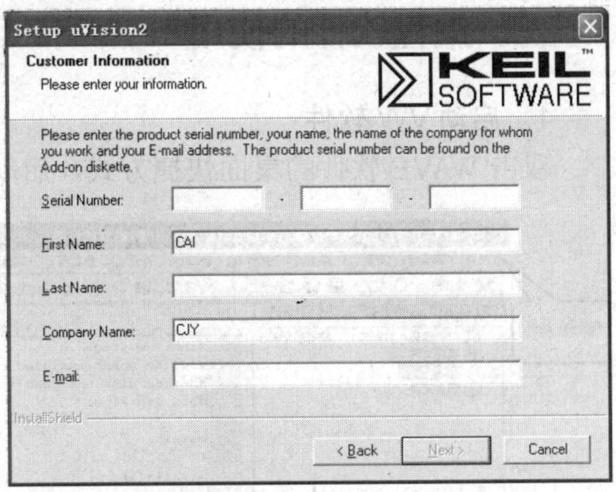

图 3-1-6　填写序列号

（4）Keil 软件安装完成后，在桌面出现 Keil 软件的快捷方式，如图 3-1-8 所示。

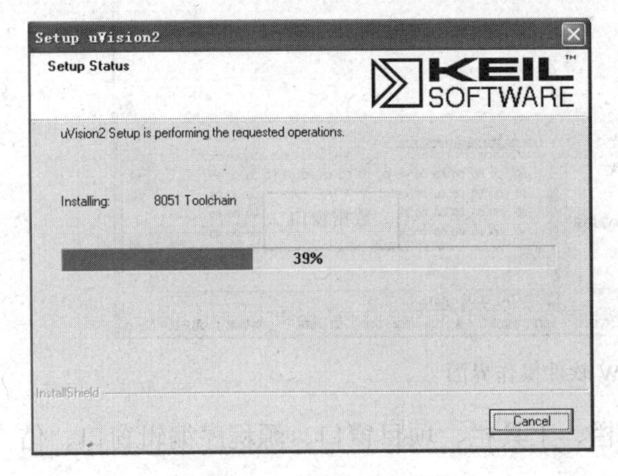

图 3-1-7　软件正在安装

图 3-1-8　Keil 软件的桌面快捷方式

2. 安装 WAVE 软件

（1）双击 vw.exe 文件，进入安装界面，如图 3-1-9 所示。

（2）WAVE 软件安装完成后，在桌面出现快捷方式，如图 3-1-10 所示。

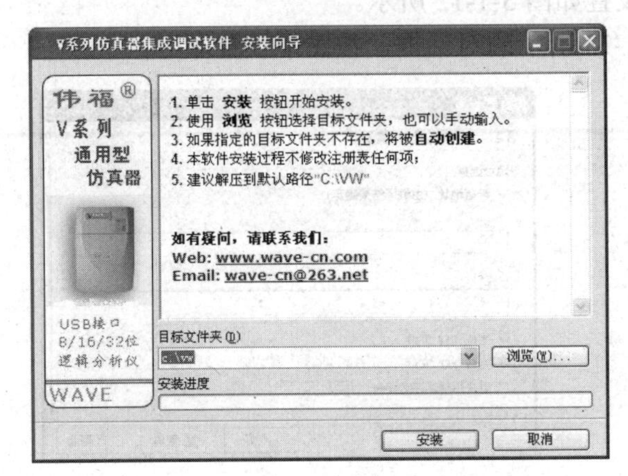

图 3-1-9　WAVE 软件安装界面

图 3-1-10　WAVE 软件的桌面快捷方式

二、编程软件的使用

1．启动 VW 软件

双击 WAVE 软件的桌面快捷方式，启动后的软件操作界面如图 3-1-11 所示。

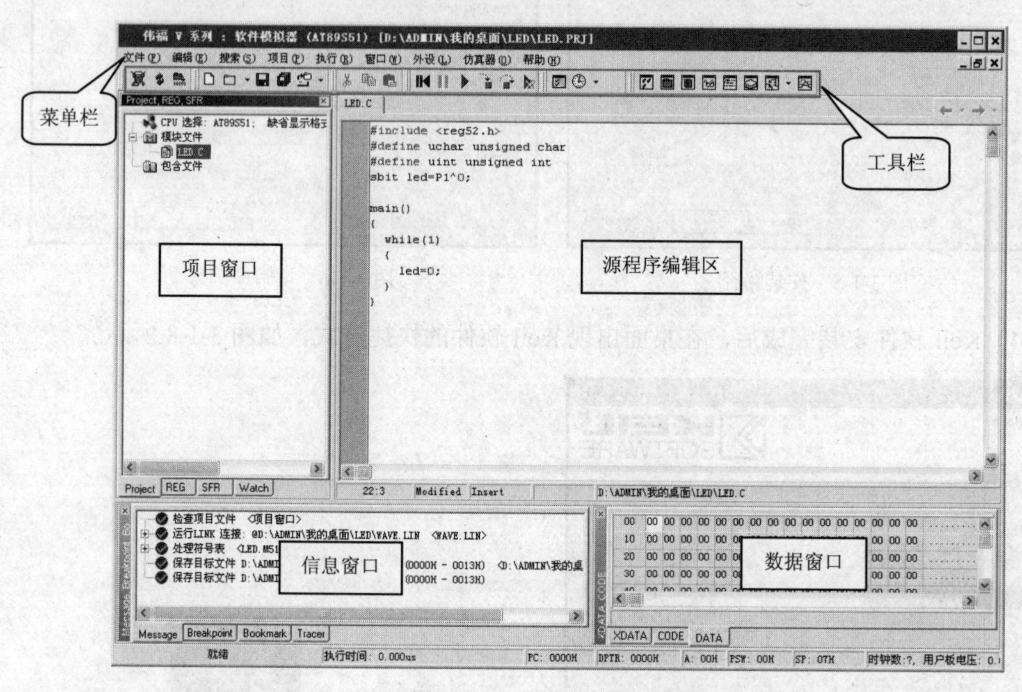

图 3-1-11　VW 软件操作界面

VW 软件的操作界面包括标题栏、菜单栏、工具栏、项目窗口、源程序编辑窗口、信息窗口、数据窗口等。

2．建立单片机程序文件及编译程序

（1）设置仿真器。单击菜单栏中的“仿真器”→“仿真器设置”，弹出“仿真器设置”对话框。选中“使用伟福软件模拟器”设置为全软件仿真程序，晶体频率设置为“12000000”，单片机选择 Atmel 公司的“AT89S51”，设置如图 3-1-12 所示。

再单击“目标文件”栏，出现如图 3-1-13 所示的对话框，按图中设置即可。

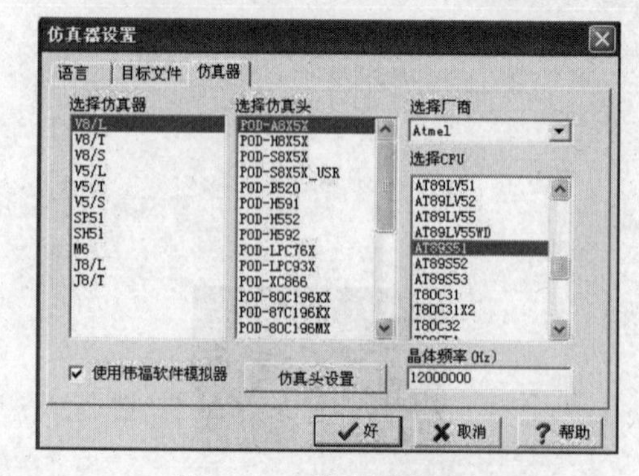

图 3-1-12　仿真器设置

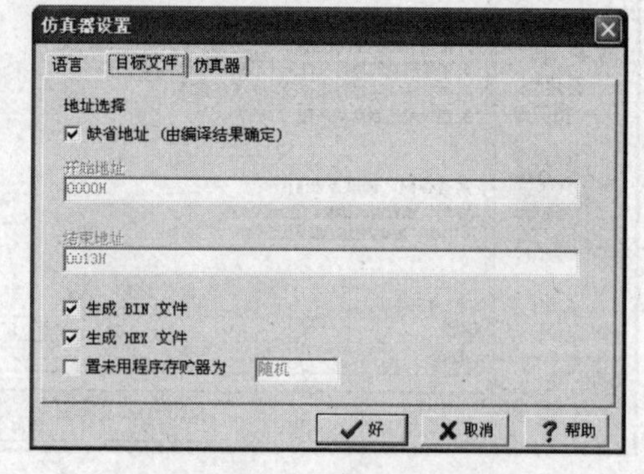

图 3-1-13　目标文件设置栏

单击“语言”栏，出现如图 3-1-14 所示对话框。

在下面的任务中使用 C 语言来编程，因此要修改“编译器路径”。按图中将“编译器路径”修改为“C:\Keil\C51\”，其他的按图设置，设置完成后单击“好”完成设置。

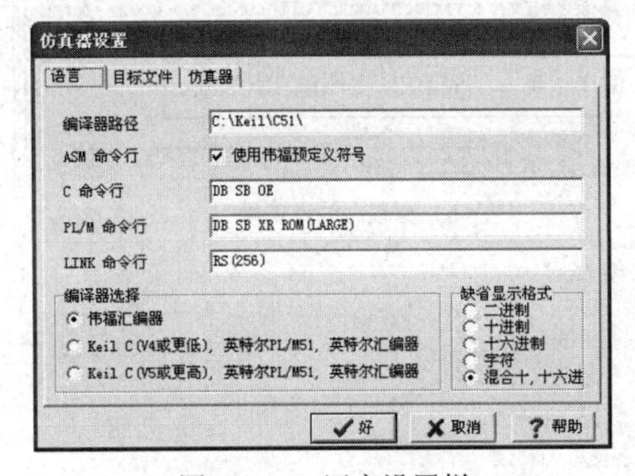

图 3-1-14　语言设置栏

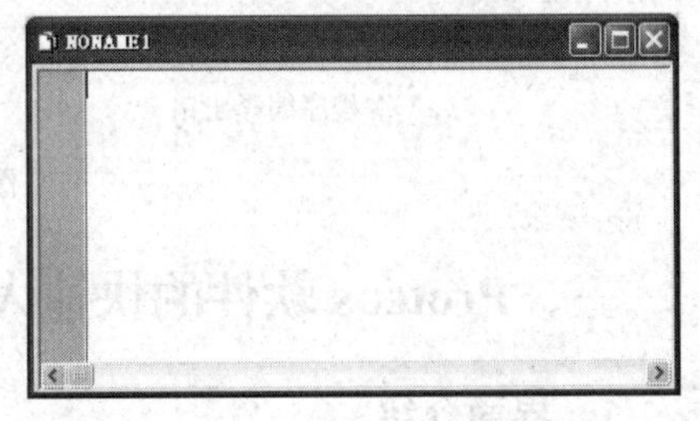

图 3-1-15　源程序编辑窗口

（2）新建源程序文件。单击菜单“文件”→“新建文件”，出现默认名为“NONAME1”的窗口，如图 3-1-15 所示。

单击菜单“文件”→“保存”，出现如图 3-1-16 所示的对话框，将“NONAME1”文件名修改为“led.c”文件并保存。注意，文件的扩展名一定要输入，C 语言的扩展名为“*.c”，汇编语言的扩展名为“*.asm”。

在新建的程序编辑区输入程序，即可看到不同颜色的字符命令，如图 3-1-17 所示。

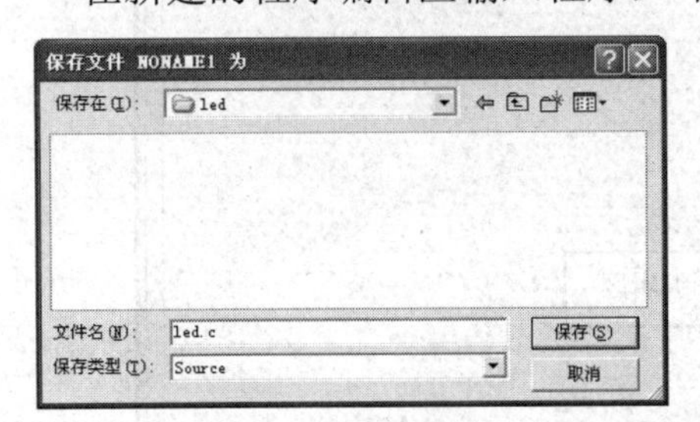

图 3-1-16　文件保存

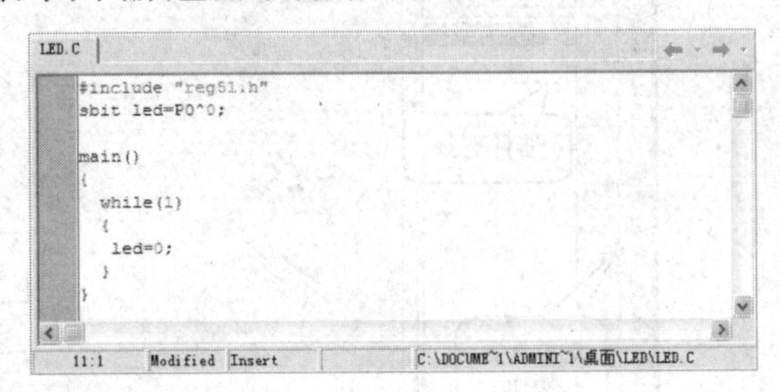

图 3-1-17　保存后的程序编辑窗口

例如，将程序名命名为“led.c”后，输入以下的程序：

```
#include "reg51.h"
sbit led=P0^0;
main()
{
   while(1)
   {
    led=0;
    }
}
```

（3）编译源程序。单击菜单“项目”→“编译”或按编译快捷图标（或按 F9 键），编译源程序，即可生成“LED.HEX”和“LED.BIN”文件。如果源程序出错，则会出现如图 3-1-18（a）所示的错误信息，双击错误信息，可以在源程序中定位所在行。纠正错误后，再次编译直到没出现错误，就可以调试程序了，如图 3-1-18（b）所示。

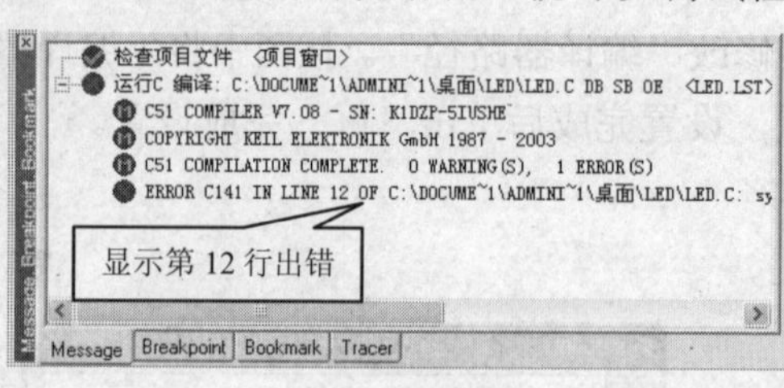

（a）源程序编译出错

（b）源程序编译正确

图 3-1-18　源程序编译

三、Proteus 软件的快速入门

1．界面介绍

双击桌面上的 ISIS 7 Professional 图标或者单击屏幕左下方的“开始”→“所有程序”→“Proteus 7 Professional”→“ISIS 7 Professional”，进入 Proteus ISIS 集成环境，出现如图 3-1-19 所示的工作界面。

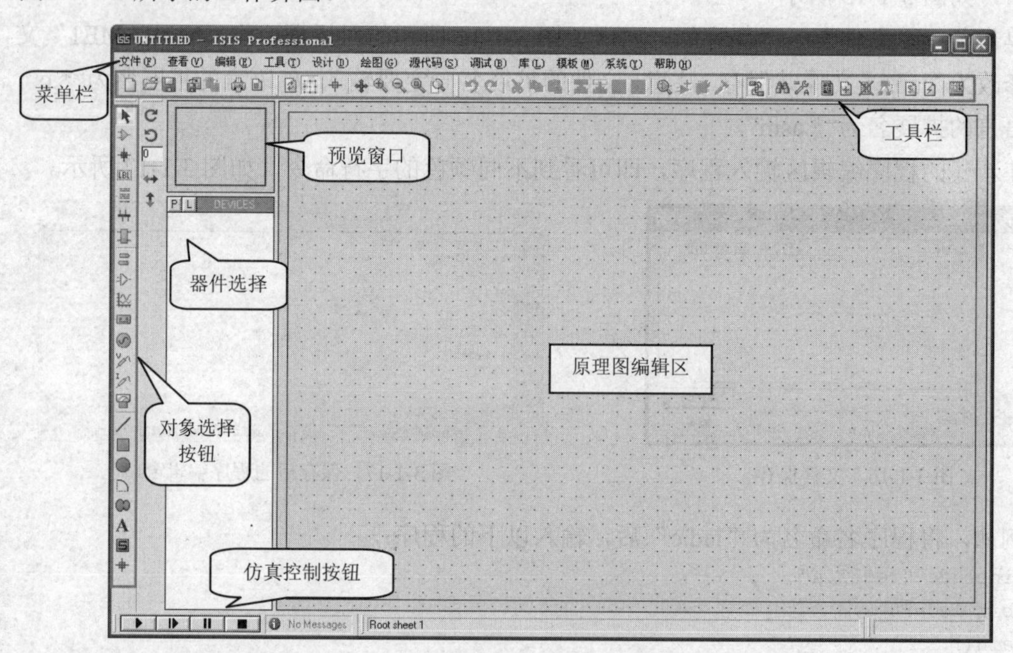

图 3-1-19　Proteus 工作界面

软件界面包括：菜单栏、工具栏、绘图工具栏、对象选择按钮、预览窗口、仿真控制按钮、器件选择窗口等。

2．基本操作

下面以单片机控制一位发光二极管发光的实例来介绍软件的基本操作，电路原理图如图 3-1-20 所示。

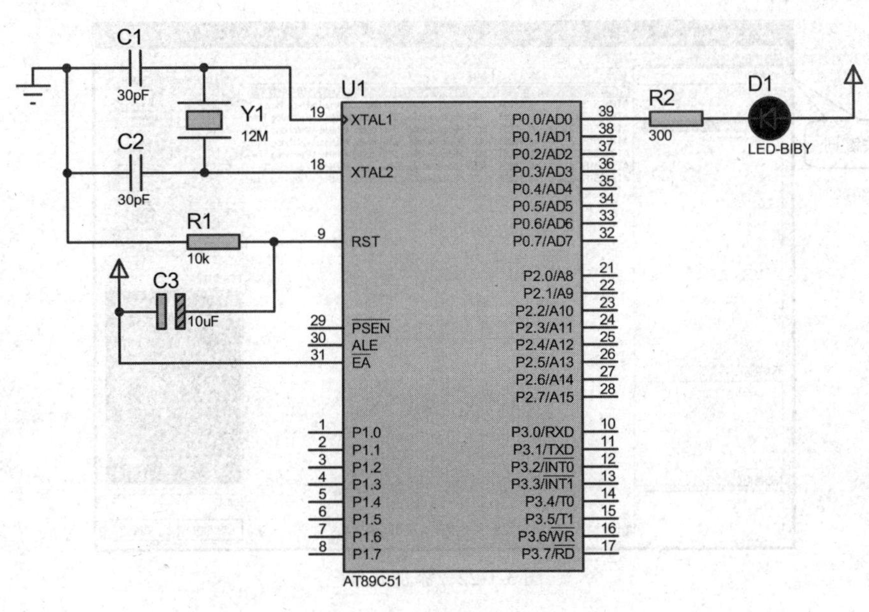

图 3-1-20 单片机电路实例

（1）保存新建文件并重命名。打开了 Proteus 工作界面后，文件名称为 UNTITLED（未命名），可以先单击菜单“文件”→“保存设计”来重命名为“led”，如图 3-1-21 所示。

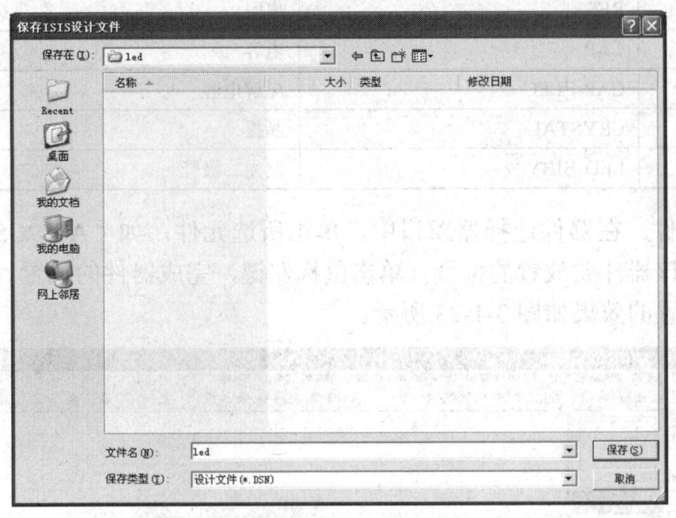

图 3-1-21 保存文件并命名

（2）添加元件。单击器件选择按钮P，弹出器件拾取对话框“Pick Devices”，如图 3-1-22 所示。

在器件拾取对话框的“关键字”中输入元件名称（或名称一部分），如输入“AT89C51”，右边即出现符合输入名称的器件列表。双击“AT89C51”，就可将它添加到元件选择器窗口中。

按同样的方式，在关键字输入框中输入元件名称拾取元件。当完成器件的拾取后，单击“确定”，关闭对话框。图 3-1-20 电路中所用到的元器件如表 3-1-1 所示。

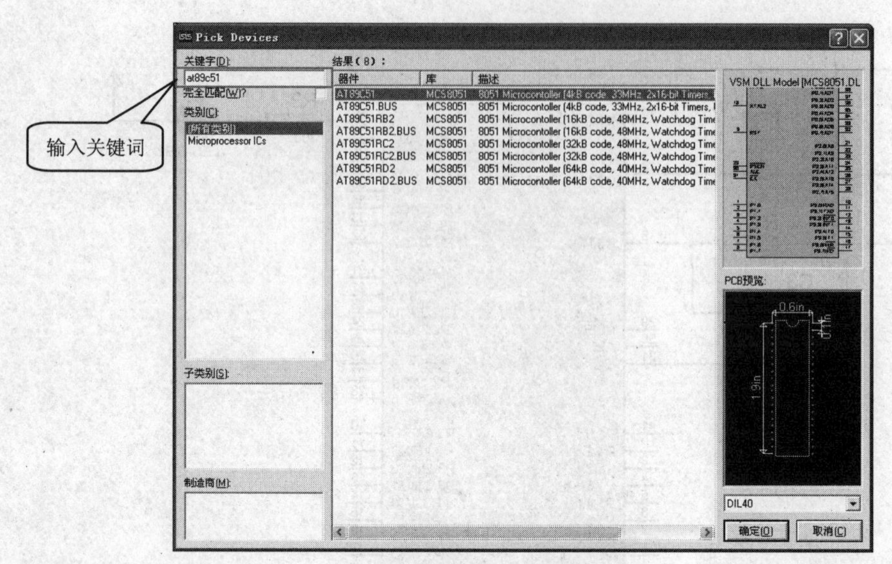

图 3-1-22　添加元件

表 3–1–1　　元器件列表

序　号	元件符号	元件名称
1	AT89C51	单片机
2	RES	电阻
3	CAP	电容
4	CAP-ELEC	电解电容
5	CRYSTAL	晶振
6	LED-BIBY	发光二极管

（3）放置元件。在器件选择器窗口中，单击所选元件，如“AT89C51”，将鼠标置于原理图编辑区至该器件欲放置的位置，单击鼠标左键，完成器件的放置。按同样的方式放置其他器件，放置的效果如图 3-1-23 所示。

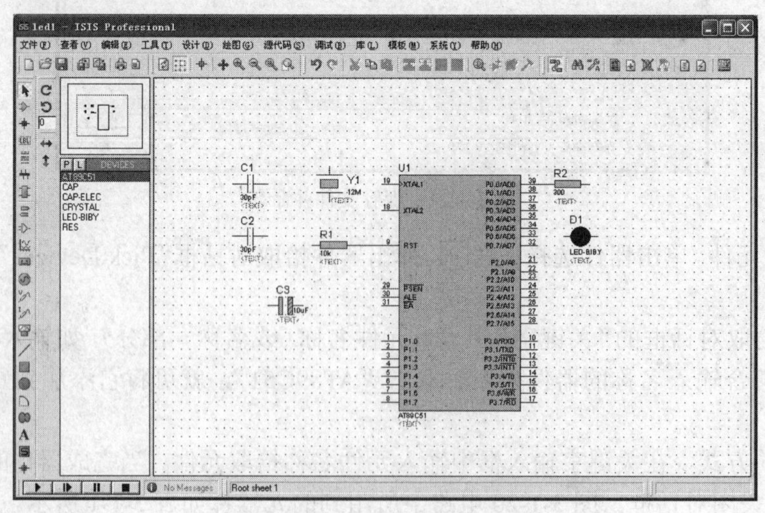

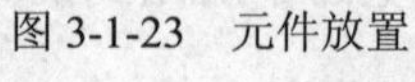
图 3-1-23　元件放置

（4）移动、删除元件和调整元件的朝向。将鼠标移动到该元件上，单击鼠标右键，此时元件的颜色变为红色，表示该元件被选中。在弹出的菜单中选择“拖曳对象”，即可移动到适当的位置完成移动操作，如图 3-1-24 所示。

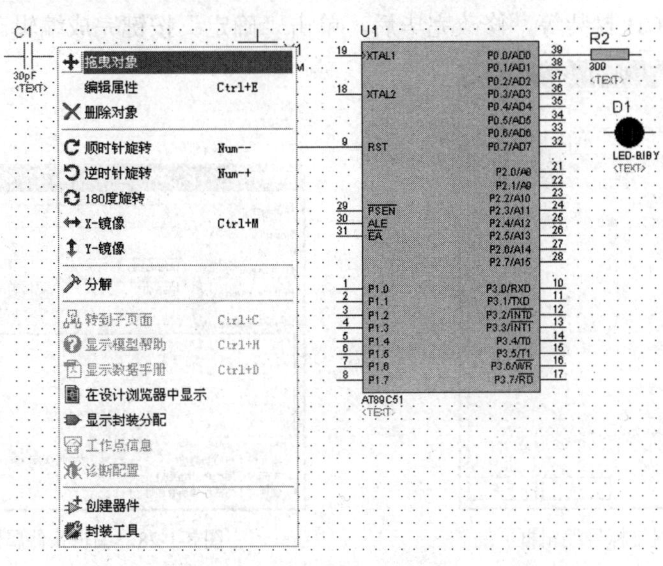

图 3-1-24　元件的右键操作菜单

以相同的操作方式，还可完成“删除对象”、“顺时针旋转”、“逆时针旋转”、“X-镜像”、“Y-镜像”等操作。

（5）放置电源及接地符号。单击左边工具栏中的接线端按钮，在对象选择器中的对象列表中，单击“POWER”，再将鼠标移到需要放置电源的编辑区单击，即可放置电源符号。选择“GROUND”则放置接地符号，如图 3-1-25 所示。

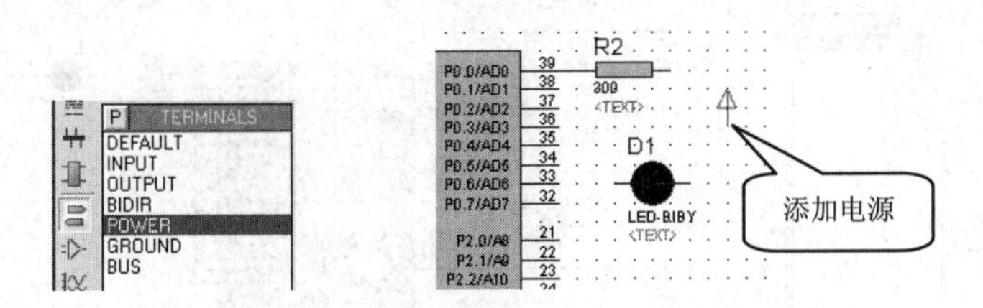

图 3-1-25　添加电源和接地符号

（6）元器件之间的连线。将光标靠近元件的引脚，会出现红色的小方框。单击鼠标左键，会出现绿色的连接线，移动光标到另一个元件引脚，单击即可完成两个引脚的连线。具体操作过程如图 3-1-26 所示。

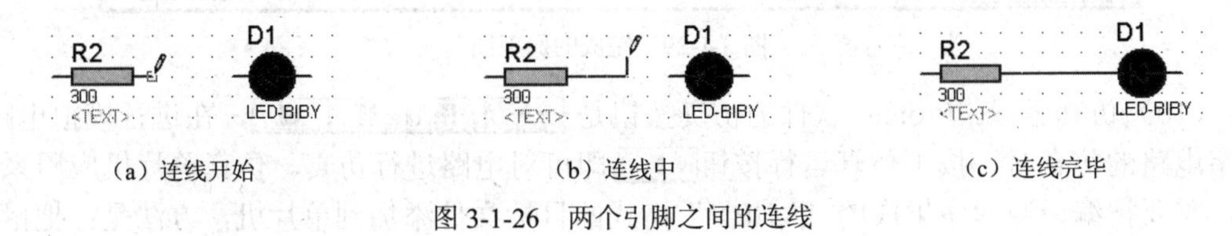

（a）连线开始　（b）连线中　（c）连线完毕

图 3-1-26　两个引脚之间的连线

（7）放置网络标号。单击左边工具栏中的接线端按钮，在导线上单击，即弹出如

图 3-1-27 所示的“Edit Wire Label”对话框，在“标号”上输入网络标号即可，如输入“P00”。

（8）编辑元件的属性。编辑元件属性的方法是：双击或右击后选择“编辑属性”，出现“编辑属性”对话框，图 3-1-28 所示为电阻属性编辑框，在该对话框中可以改变电阻的标号、电阻值、PCB 封装等，修改完毕后，单击“确定”按键完成编辑。

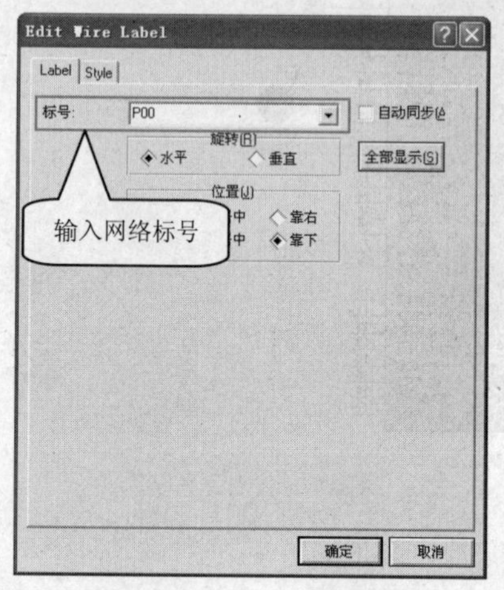

图 3-1-27　网络标号编辑框

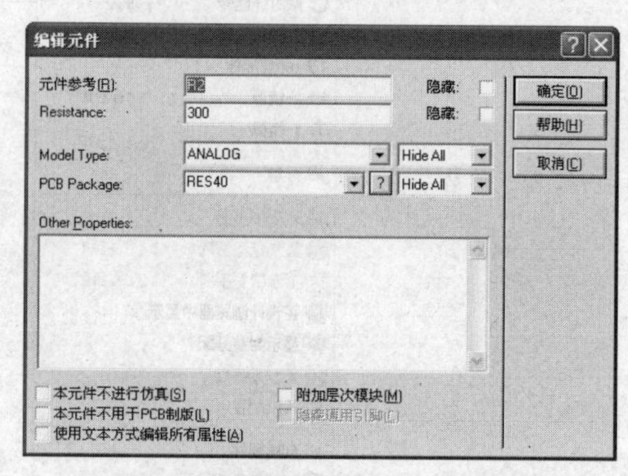

图 3-1-28　编辑元件属性对话框

（9）完成电路图的绘制。摆放好元件后，根据图 3-1-20 连好线，完成电路原理图的绘制，效果如图 3-1-29 所示。

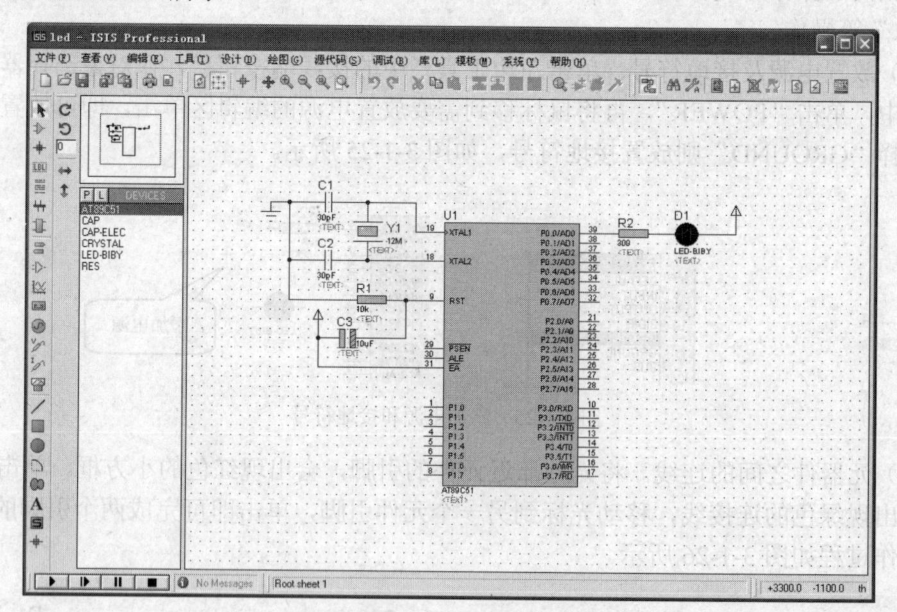

图 3-1-29　完成的原理图

（10）仿真运行。Proteus 软件的仿真按钮是▶ ▮▶ ▮▮ ■，在进行模拟电路、数字电路的仿真时，按下仿真运行按钮▶即可对电路进行仿真。仿真单片机应用系统时，需要把编译源程序生成的“*.HEX”格式的目标文件添加到单片机，方法是：把鼠标移动到单片机，双击，弹出如图 3-1-30 所示的对话框，单击“Program File”栏的▢，添

加“*.HEX”格式的目标文件，如添加“LED.HEX”文件，单击“确定”按钮，完成设置。

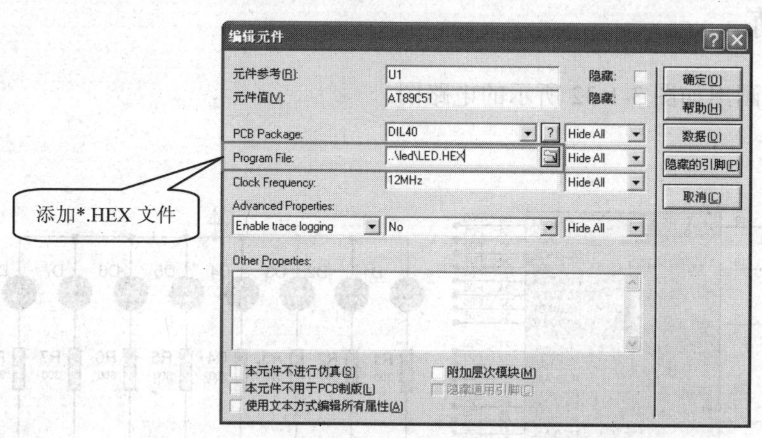

图 3-1-30　单片机载入目标文件

按下仿真运行按钮 ▶，按钮 ▶ 变绿，可以看到点亮一个发光二极管的仿真效果，如图 3-1-31 所示。

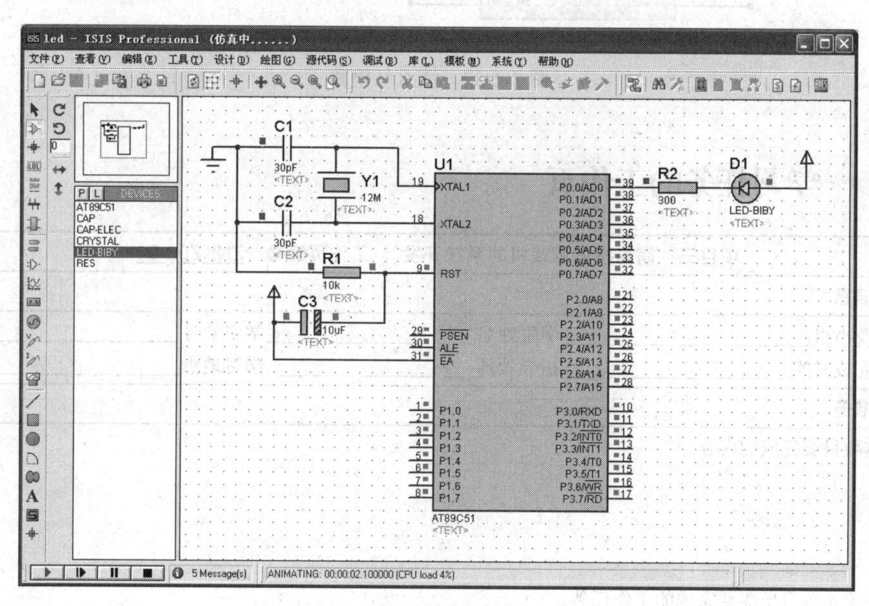

图 3-1-31　点亮一个发光二极管的仿真效果

思考与练习

1. 使用 Proteus 软件绘制图 3-1-20 的电路原理图。

2. 请参照图 3-1-17 的程序，使用 WAVE 软件和 Keil 软件对程序进行编译调试并使用 Proteus 软件仿真。

3. 在 Proteus 软件中，怎样实现元器件之间的连线、编辑元器件的属性及添加单片机的程序。

拓展训练

使用 Proteus 软件画出如图 3-1-32 所示的电路图。

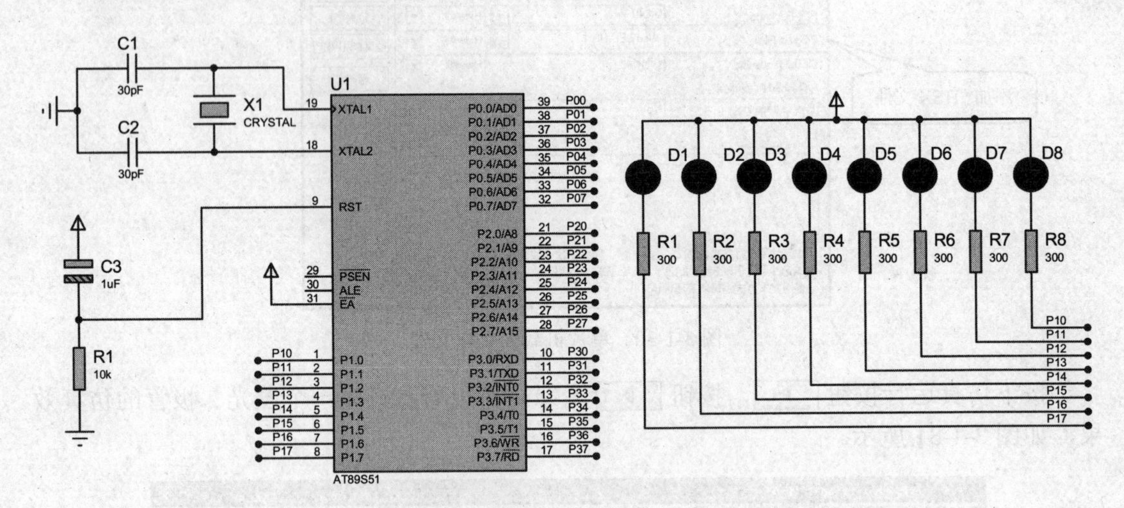

图 3-1-32　流水灯电路

学习任务的工作页

项目三　简易投篮游戏机的系统开发　工作页编号：ZNKZ03-01

一、基本信息

学习班级及小组＿＿＿＿＿＿＿＿＿＿学生姓名＿＿＿＿＿＿＿＿＿＿学生学号＿＿＿＿＿＿＿＿

学习项目完成时间＿＿＿＿＿＿＿＿＿指导教师＿＿＿＿＿＿＿＿＿＿学习地点＿＿＿＿＿＿＿＿

二、任务准备

1．写出本项目要完成的内容

2．请你确定本项目所需要完成的工作任务

3．小组分工：（1）请写出你要完成的工作任务；（2）写写你要完成此项目的计划（或步骤）；（3）工具；（4）安全注意事项。

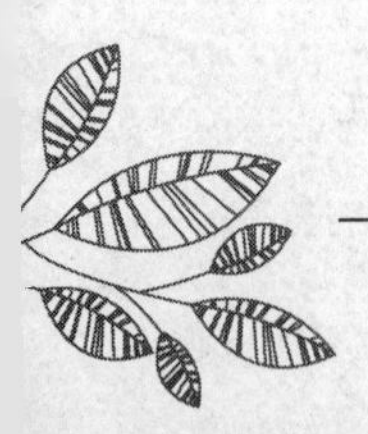

续表

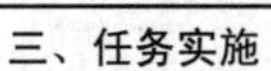

三、任务实施

1．请你简单写出投篮游戏机开发的过程是怎样的？

2．常用的开发工具有什么？包括软件和硬件。

3．请参照图 3-1-17 的程序，使用 WAVE 软件和 Keil 软件对程序进行编译调试，并简单写出编译的步骤及注意的事项。

4．使用 Proteus 软件画出 3-1-20 所示的电路原理图，并简单写出画图步骤及注意的事项。

5．简述单片机电路怎样添加源程序，试添加程序并运行。

四、拓展训练

使用 Proteus 软件画出下面的电路图，并写出画图过程中遇到的问题。

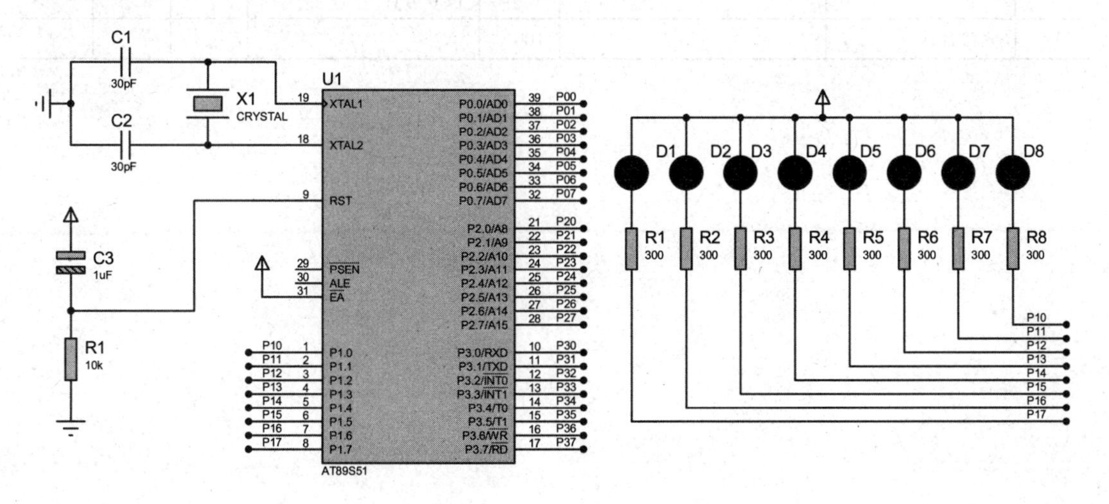

学习评价

序号	项目		考核内容	配分	评分标准	自评	师评	得分
1	知识准备	项目内容	写出本项目要完成的两部分内容	10	能写出本项目要完成的内容得 10 分			
2		工作任务	写出本项目所需要完成的工作任务	10	能基本写出本项目的工作任务得 10 分			
3		工作计划及分工	写出你的工作计划及分工	10	能写出自己要完成的计划及分工得 10 分			
4	实际操作	投篮游戏机的开发过程	画出投篮游戏机的开发过程	10	能正确画出投篮游戏机的开发过程得 10 分			
5		开发工具	写出常用的开发工具：软件和硬件	10	能正确写出常用的开发工具得 10 分			
6		使用 Wave 和 Keil 软件	写出 Wave 和 Keil 软件的简单步骤	10	能正确写出 Wave 和 Keil 软件的简单步骤，并能熟练操作得 10 分			
7		图 3-1-20 电路图的绘制	使用 Proteus 软件画出单片机电路原理图	15	能正确使用 Proteus 软件画出电路原理图得 15 分			
8		单片机程序的添加运行	在 Proteus 软件中添加源程序，并运行	5	能正确操作 Proteus 软件进行模拟仿真得 5 分			
9		拓展	能画出给出的电路图	10	能使用 Proteus 软件画出电路图得 10 分			
10	安全文明生产		遵守安全操作规程，正确使用仪器设备，操作现场整洁	10	每项扣 5 分，扣完为止			
			安全用电，防火，无人身、设备事故		因违规操作发生重大人身和设备事故，此题按 0 分计			
11	分数合计			100				

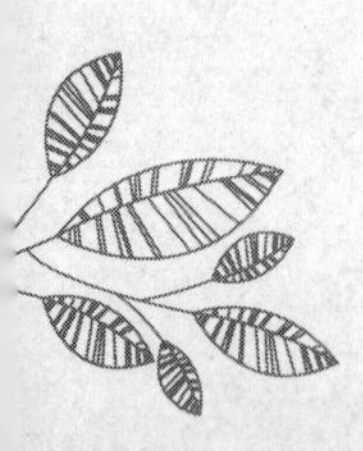

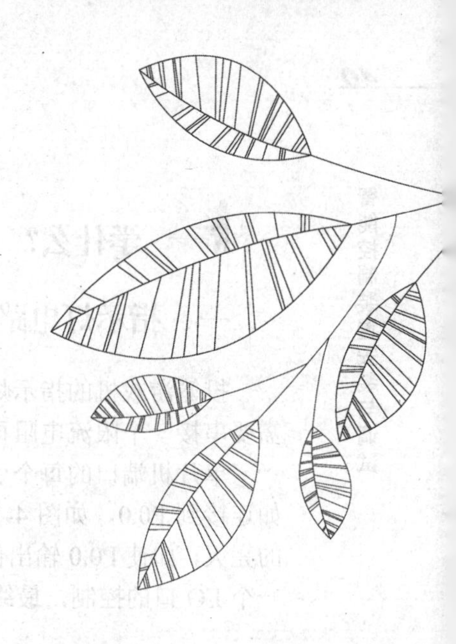

项目四

制作投篮游戏机指示灯、流水灯

Chapter 4

任务一　控制指示灯的亮灭

投篮游戏机有各种指示灯，如电源指示灯、工作指示灯等。这些指示灯使用的是一种常用的指示器件——发光二极管（LED）。发光二极管用亮或灭指示电源是否接通，用颜色的变化指示当前的工作状态，如指示设备的系统是否正常工作等。在下面的任务中将完成投篮游戏机指示灯的控制。

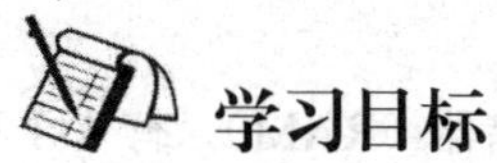

学习目标

1. 能使用 Proteus 软件绘制指示灯的电路图。
2. 能编写程序控制投篮游戏机电源指示灯。
3. 能使用编程器将程序写入电路板，并实现电源指示灯效果。

做什么?

控制投篮游戏机的指示灯，要求当打开控制板电源开关后，编程控制指示灯能发光。

学什么？

一、指示灯电路

投篮游戏机的指示灯可以使用一个发光二极管来指示，指示灯电路比较简单，一般只需要串接一个限流电阻再连接到+5V 电源即可，如图 4-1-1 所示。

单片机端口的每个引脚都能输出 0 和 1 两种电平，将指示灯电路连接到单片机 I/O 口，如连接到 P0.0，如图 4-1-2 所示。此时只需控制单片机引脚的电平，即能控制发光二极管的亮灭，如使 P0.0 输出低电平，则发光二极管发光，将对发光二极管的控制变成对单片机一个 I/O 口的控制，最终实现使用单片机编程控制发光二极管。

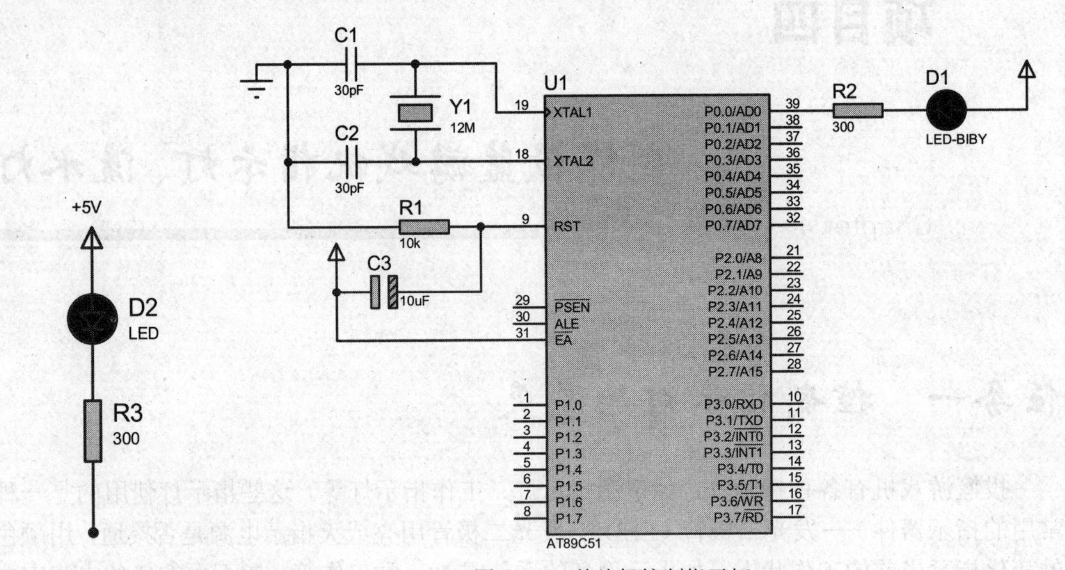

图 4-1-1　指示灯电路　　　　图 4-1-2　单片机控制指示灯

二、51 系列单片机的存储结构

51 系列单片机的存储器分为程序存储器（ROM）和数据存储器（RAM），有 4 个存储空间，分别为内部程序存储器、外部程序存储器、内部数据存储器和外部数据存储器。其空间地址分配如图 4-1-3 所示。

1．程序存储器

程序存储器（ROM）用于存放程序和表格数据。51 系列单片机的内部程序存储器为 4KB，地址从 0000H 到 0FFFH，可再扩展 60KB 的外部程序存储器，地址从 1000H 到 FFFFH，片内外采用统一编地址。单片机的 $\overline{\text{EA}}$（31 脚）引脚为高电平时访问内部 ROM，低电平时访问外部 ROM。

系统复位后，CPU 自动读取 0000H 地址的程序内容，运行程序。在程序存储器中有 6 个地址的功能比较特殊，0000H 是程序运行的起始地址，另外 5 个作为中断程序的入口地址，用户程序一般要放置在这些地址之外。中断地址入口如表 4-1-1 所示。

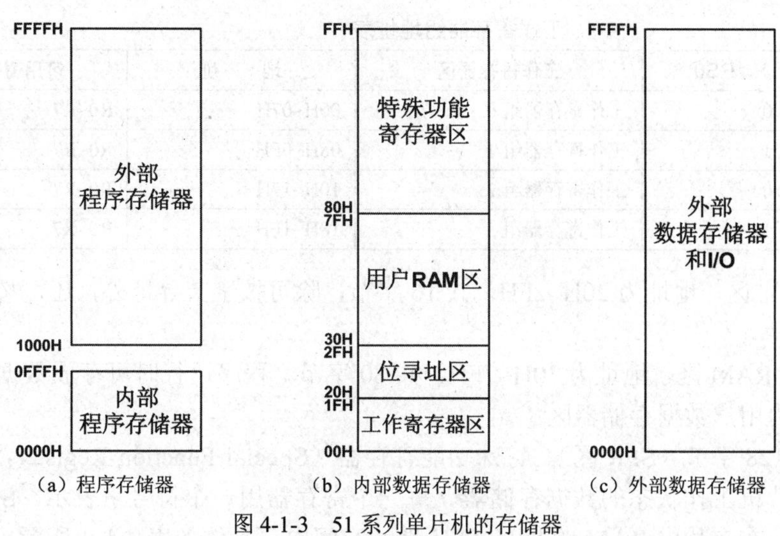

（a）程序存储器　（b）内部数据存储器　（c）外部数据存储器

图 4-1-3　51 系列单片机的存储器

表 4-1-1　中断入口地址

地　址	中断事件
0000H	系统复位
0003H	外部中断 0
000BH	定时器 0 溢出中断
0013H	外部中断 1
001BH	定时器 1 溢出中断
0023H	串行口中断

2．内部数据存储器

内部数据存储器（RAM）共有 256 字节，通常按功能分为低 128 字节和高 128 字节，低 128 字节地址为 00~7FH，高 128 字节地址为 80~FFH，具体内容如图 4-1-3（b）所示。

（1）低 128 字节（DATA 区）。内部 RAM 的低 128 字节是单片机内部真正的 RAM 存储器，用于存放程序执行时的临时数据或变量。表 4-1-2 所示为该存储区的配置情况。

表 4-1-2　低 128 个单元地址空间分配

地　址		低 128 字节功能划分	
30H~7FH		用户 RAM 区（堆栈和数据缓冲区）	
20H~2FH		位寻址区	
00H~1FH	18H~1FH	工作寄存器组 3	工作寄存器区
	10H~17H	工作寄存器组 2	
	08H~0FH	工作寄存器组 1	
	00H~07H	工作寄存器组 0	

① 工作寄存器区，地址为 00H~1FH，共 32 字节，分为 4 个组，每个组含 8 个 8 位通用工作寄存器，分别是 R0~R7，由程序状态寄存器 PSW 中的 RS1、RS0 两位来确定使用哪一个组，如表 4-1-3 所示。

表 4-1-3　　工作寄存器组地址表

RS1	RS0	工作寄存器区	地　址	可用寄存器名称
0	0	工作寄存器组 0	00H~07H	R0~R7
0	1	工作寄存器组 1	08H~0FH	R0~R7
1	0	工作寄存器组 2	10H~17H	R0~R7
1	1	工作寄存器组 3	18H~1FH	R0~R7

② 位寻址区，地址为 20H~2FH，共 16 字节，除可按字节寻址外，还可按位寻址，称为位寻址区。

③ 用户 RAM 区，地址为 30H~7FH，共 80 字节，程序运行时可存放数据或者用于数据缓冲，称为用户数据存储器区。

（2）高 128 字节（SFR 区）。特殊功能寄存器（Special Function Register，SFR）是反映及控制单片机工作状态的数据存储器。每一个寄存器用一个符号来表示，SFR 共有 21 个，离散地分布在片内 RAM 的 80H~FFH 地址空间内，具体如表 4-1-4 所示。

表 4-1-4　　特殊功能寄存器地址分配

标 识 符	寄存器名称（SFR）	字节地址
B	B 寄存器	F0H
ACC	累加器 A	E0H
PSW	程序状态字	D0H
IP	中断优先级控制	B8H
P3	I/O 端口 3	B0H
IE	中断允许控制	A8H
P2	I/O 端口 2	A0H
SBUF	串行数据缓冲	99H
SCON	串行控制	98H
P1	I/O 端口 1	90H
TH1	定时器 1（高字节）	8DH
TH0	定时器 0（高字节）	8CH
TL1	定时器 1（低字节）	8BH
TL0	定时器 0（低字节）	8AH
TMOD	定时器方式选择	89H
TCON	定时器控制	88H
PCON	电源及波特率选择	87H
DPH	数据指针高字节	83H
DPL	数据指针低字节	82H
SP	堆栈指针	81H
P0	I/O 端口 0	80H

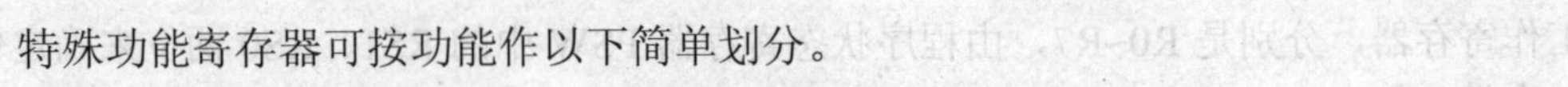

特殊功能寄存器可按功能作以下简单划分。

① CPU：ACC、B、PSW、SP、DPH、DPL。

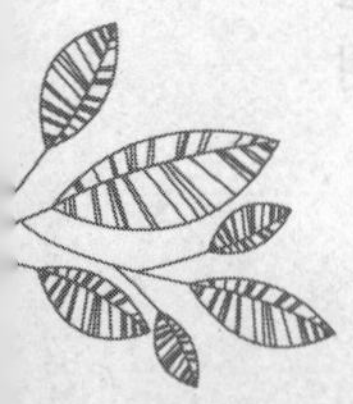

② 并行端口：P0、P1、P2、P3。

③ 中断系统：IE、IP。

④ 定时/计数器：TMOD、TCON、TL0、TH0、TL1、TH1。

⑤ 串行接口：SCON、SBUF、PCON。

下面介绍程序计数器及几个常用的特殊功能寄存器。

① 程序计数器（Program Counter，PC）。PC 是一个 16 位计数器，它的作用是控制程序执行的顺序，存放的是下一条被执行的指令的首字节地址，寻址范围为 64KB。它不属于特殊功能寄存器。

② 累加器（ACC）。ACC 为 8 位的寄存器，是使用最为频繁的特殊功能寄存器。既用来存放操作数，也用来存放运算的中间结果。在汇编指令系统中常将 ACC 简记为 A。

③ 堆栈指针（SP）。SP 是一个 8 位的特殊功能寄存器，堆栈是在内存（RAM）中开辟出来的区域，用来暂存数据和地址，按“先进后出，后进先出”的原则存取数据。堆栈的操作有两种：进栈和出栈。单片机复位后，SP 的初值为 07H。当有数据压入或弹出栈时，SP 的内容会随之变化。实际应用中，会在程序的开始加一条堆栈指针修改语句，如 SP=0x68;来修改堆栈指针。

3．外部数据存储器（XDATA）

51 系列的单片机可扩展 64KB 的外部 RAM 存储空间，外部 RAM 的扩展需要 16 条地址线、8 条数据线。在实际应用时，P2 口和 P0 口组成 16 位的地址线（A15~A0，可寻址 2^{16} 字节），P0 口的 8 条数据线分时复用，先将低 8 位地址（A7~A0）送给锁存芯片锁存地址，再传送 8 位数据（D7~D0）。

三、控制指示灯发亮程序

1．控制指示灯亮灭的具体程序

```
#include "reg51.h"            //预处理 reg51.h
sbit led =P1^0;               //定义 led 为一个位变量
main( )                       //程序主函数
{
  led=0;                      //将 led 端口清零，即 P1^0=0。
}
```

2．C 语言程序分析

从上面的程序可以知道 C 语言的基本结构。

（1）#include“reg51.h”。包含头文件 reg51.h，其作用是将单片机的一些特殊功能寄存器包含进来，便于用户的使用。

“#”表示其为预处理命令，即在进行编译前就处理 reg51.h 头文件。

“//”表示后面为注释，说明程序功能，方便理解。

（2）sbit led =P1^0;。将 P1 口的第 0 位定义为 1 位变量 led，对位变量 led 操作相当于对单片机的 P1.0 口操作。语句结束用“;”。

（3）main()主函数。任何 C 程序都必须有一个唯一的 main 函数，程序都是从 main()函数开始执行。“{ }”里的内容为函数的主体。

（4）led=0;。led=0;为赋值语句。对 led 位变量操作即对单片机的 P1.0 操作，因此 led=0

即 P1.0 引脚为 0（低电平）。若 led=1，即 P1.0 引脚为 1（高电平）。

那么能否对 led 位变量赋值为“2”，即 led=2 呢？答案是否定的，因为 sbit 命令将 led 定义为一个位变量。在数字电路中，一位只能取“0”或“1”值。

怎样做?

一、绘制电路图

参照电路图 4-1-2 及该电路的关键元件列表，如表 4-1-5 所示，绘制电路图，并保存电路图文件名为 led.dsn。

表 4–1–5 元件列表

序 号	元件名称	元件查找关键词	属性与参数
1	单片机	AT89C51	
2	电阻	RES	R1:10kΩ、R2:300Ω
3	电容	CAP	30pF
4	电解电容	CAP-ELEC	10μF
5	晶振	CRYSTAL	12MHz
6	发光二极管	LED-BIBY	

二、编写源程序

（1）输入参考程序，将文件名命名为：led.c。

```
#include "reg51.h"          //预处理 reg51.h
sbit led =P1^0;             //定义 led 为一个位变量
main( )                     //程序主函数
{
  led=0;                    //将 led 端口清零，即 P1^0=0。
}
```

（2）编译程序，生成与源文件同名的.bin 和.hex 文件。

三、Proteus 软件仿真

运行 Proteus 软件，打开电路图“led.dsn”文件，双击 AT89S51 芯片，添加生成的“led.hex”文件。

按开始按钮 ▶，全速执行程序，其仿真效果如图 4-1-4 所示。发光二极管点亮，程序运行符合要求。

四、硬件验证

仿真通过后，将 hex 文件写入单片机，实现控制投篮游戏机指示灯发光的效果。

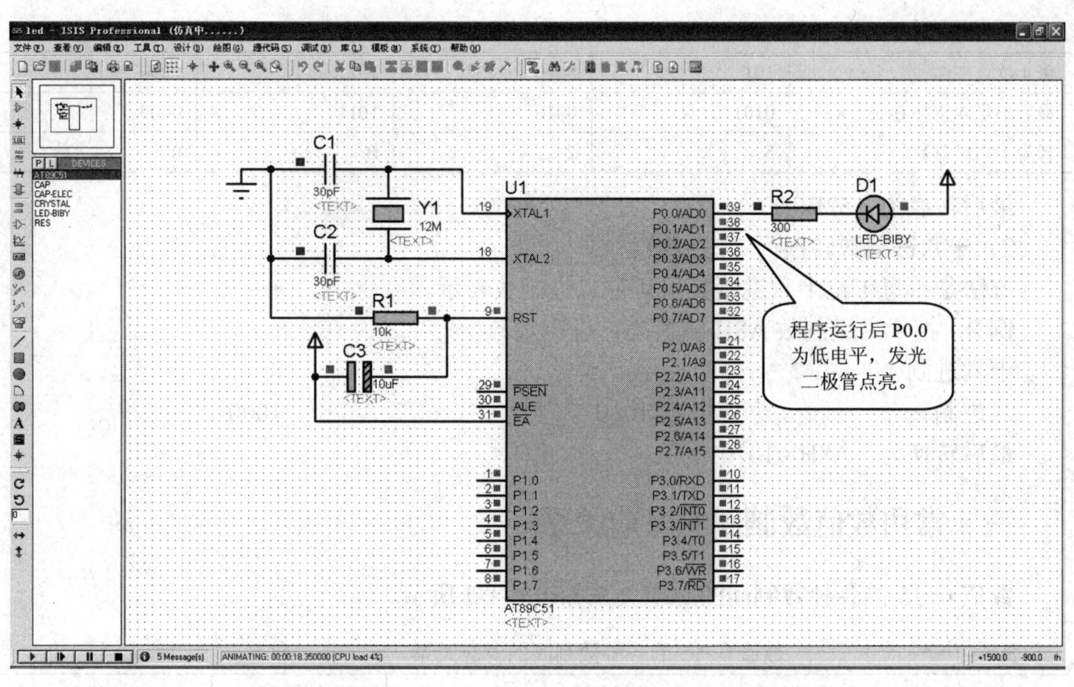

图 4-1-4 单片机点亮一个发光二极管的效果

知识链接与延伸

相关链接一：数制转换

虽然 C 语言接近人类的语言，数字表示也可以是常用的十制数，但在单片机中二进制和十六进制数的表示却是最常用的，因此有必要介绍各种数制的表示方法及其互相转换。

一、数字及表示

（1）十进制：数字 0~9 组成。

（2）二进制：只由 0 和 1 组成。书写时在数的后面加 B，例如 1101B。

（3）十六进制：由数字 0~9、A、B、C、D、E、F 共十六个数字和字符组成。

书写时在数的后面加 H 表示。例如，十六进制数 18 写成 18H，C 语言编程时写成 0x18。

二、不同数制的数之间的转换

1. 二进制数转换十六进制数

方法是：从右向左，每 4 位二进制数分为 1 组，对应 1 位十六进制数，最后不足 4 位的用 0 补足。

例 1：把二进制数 101001010110000 转换为十六进制数。

表 4-1-6　　把二进制数 101001010110000 转换为十六进制数

每 4 位为 1 组	101	0010	1011	0000
最后不足 4 位补 0	0101	0010	1011	0000
转为十六进制数	5	2	B	0

最后转换为：52B0H。

2．十六进制数转换为二进制数

方法是：每 1 位十六进制数用 4 位二进制数表示。

例 2：把十六进制数 A8H 转换为二进制数。

十六进制　　　　A　　　　8

二进制　　　　1010　　　　1000

最后转换为：A8H =10101000B。

三、常用数值数制间的对应关系

数值 0~15 的各种数制间的对应关系如表 4-1-7 所示。

表 4-1-7　　数值 0~15 的各种数制间的对应关系

十 进 制	二 进 制	十六进制	十 进 制	二 进 制	十六进制
0	0000B	0H	8	1000B	8H
1	0001B	1H	9	1001B	9H
2	0010B	2H	10	1010B	AH
3	0011B	3H	11	1011B	BH
4	0100B	4H	12	1100B	CH
5	0101B	5H	13	1101B	DH
6	0110B	6H	14	1110B	EH
7	0111B	7H	15	1111B	FH

思考与练习

1. 51 系列单片机的存储器主要分为哪两种？分别用来存放什么数据？
2. 内部数据存储器的低 128 字节存储区的配置情况是怎样的？
3. 熟记 0~15 常用数制的转换表。

拓展训练

1. 在图 4-1-2 电路图中再增加 7 个发光二极管，使这个 8 个灯都点亮，应如何编写程序？

2. 使用其他端口驱动发光二极管，如使用 P2 口，修改电路图及程序，使其他端口能控制发光二极管发光。

3. 将发光二极管连接在 P1 口，如果使连接 P1.0、P1.2、P1.4、P1.6 的发光二极管发光，其他的不亮，应如何编写程序？

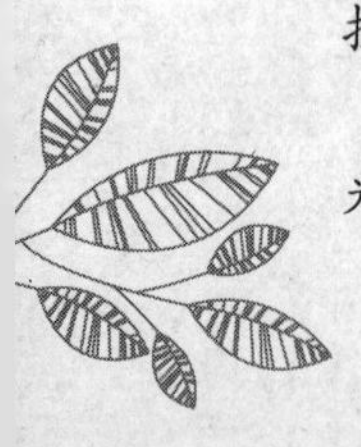

学习任务的工作页

项目四　制作投篮游戏机指示灯、流水灯

任务一　控制指示灯的亮灭　　　　　　　　工作页编号：ZNKZ04-01

一、基本信息

学习班级及小组__________________学生姓名________________学生学号____________

学习项目完成时间________________指导教师________________学习地点____________

二、任务准备

1．写出本项目要完成的内容

2．请你确定本项目所需要完成的工作任务

3．小组分工：（1）请写出你要完成的工作任务；（2）写写你要完成此项目的计划（或步骤）；（3）工具；（4）安全注意事项。

三、任务实施

1．你是使用什么元件作为电源指示灯？请你画出该电路。

2．请你写写你对单片机内部程序存储器、数据存储器和特殊功能寄存器的理解。

3．写出 0~15 数值转换的对应关系表。

4．画出控制一个指示灯程序的流程图。

续表

5．请你使用C语言编写控制一个发光二极管发光的程序。

6．在投篮游戏机控制板上进行实物安装与调试。

（1）将生成的hex文件导入到Proteus中进行软件仿真。

（2）在投篮游戏机安装控制板，并调试。

在程序联调过程遇到什么问题了吗？请写下来。

四、知识拓展

1．在图4-1-2电路图中再增加7个发光二极管，使这个8个灯都点亮，应如何编写程序？

2．使用其他端口驱动发光二极管，如使用P2口，修改电路图及程序，使其他端口能控制发光二极管发光？

3．将发光二极管连接在P1口，如果使连接P1.0、P1.2、P1.4、P1.6的发光二极管发光，其他的不亮，应如何编写程序？

学习评价

序号	项目		考核内容	配分	评分标准	自评	师评	得分
1	知识准备	项目内容	写出本项目要完成的内容	10	能写出本项目要完成的内容得10分			
2		工作任务	写出本项目所需要完成的工作任务	10	能基本写出本项目的工作任务得10分			
3		工作计划及分工	写出你的工作计划及分工	10	能写出自己要完成的计划及分工得10分			

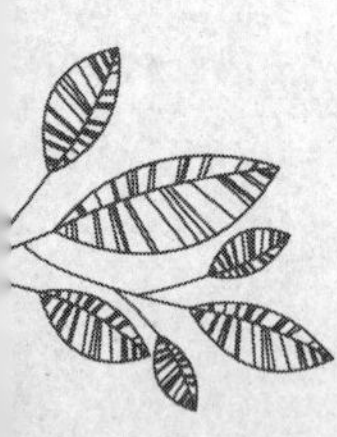

续表

序号	项目		考核内容	配分	评分标准	自评	师评	得分
4	实际操作	指示灯电路	画出投篮游戏机的开发过程	10	能正确画出投篮游戏机的开发过程得 10 分			
5		程序存储器、数据存储器和特殊功能寄存器	正确理解程序存储器、数据存储器和特殊功能寄存器	5	能正确理解各存储器的功用得 5 分			
6		数值转换	写出 0~15 之间的数值转换	5	能正确写出 0~15 之间的数值转换得 5 分			
7		程序流程图	画出控制指示灯的程序流程图	10	能正确画出控制指示灯的程序流程图得 10 分			
8		编写并调试程序	能使用编程软件编写程序，并在 Proteus 软件中正确调试	15	能正确编写程序，并在 Proteus 软件中正确调试效果得 15 分			
9		投篮游戏机板调试	能在投篮游戏机控制板上进行调试	5	能正确使用开发板调试指示灯效果得 5 分			
10		拓展	完成拓展题	10	能正确完成三个拓展题得 10 分			
11	安全文明生产		遵守安全操作规程，正确使用仪器设备，操作现场整洁	10	每项扣 5 分，扣完为止			
			安全用电，防火，无人身、设备事故。		因违规操作发生重大人身和设备事故，此题按 0 分计			
12	分数合计			100				

任务二　控制提示、报警灯的闪烁

观察投篮游戏机的提示灯、报警灯，可以看到这些信号灯在不断地闪烁以引起注意。通过上一任务的学习，已经知道了如何通过单片机编程点亮或熄灭电源指示灯，那么要想让提示、报警灯闪烁起来，要怎样控制才能实现呢？在接下来的任务中，将学习如何编程实现提示、报警灯的闪烁。

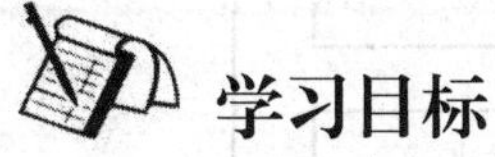

学习目标

1. 能使用指示灯的电路图，仿真提示、报警灯的闪烁效果。
2. 能学会#define、i++、for、while 指令的使用。
3. 学会编写延时程序。
4. 能编写程序控制投篮游戏机提示、报警灯闪烁。
5. 能使用编程器将程序写入电路板，并实现提示、报警灯闪烁效果。

做什么?

控制投篮游戏机的提示、报警灯，要求提示、报警灯能按 0.5s 的频率闪烁发光。

学什么?

一、流程图的绘制

流程图由带箭头的线段、框图、菱形图等组成，不同的图形代表不同的含义。流程图的基本框图有：开始框、结束框、执行框和判断框，如图 4-2-1 所示。对于简单的程序，可以直接编写源程序，但对于较复杂的程序，往往需要长时间的规划，把复杂的工作条理化、直观化，通常在编写程序之前先设计流程图，这有助于将编程的思路转化为编程的语言来实现。

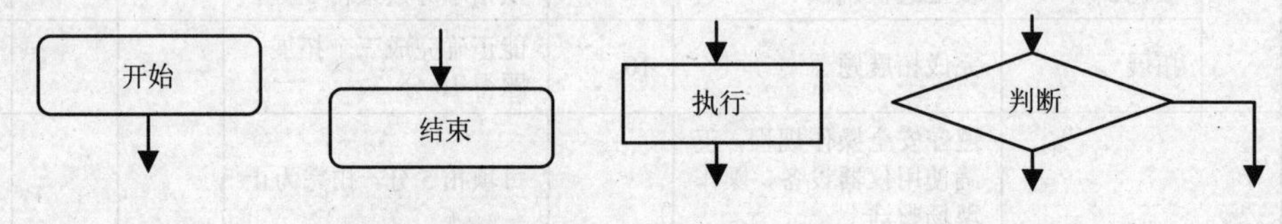

图 4-2-1　流程图的基本框图

二、如何实现 LED 的闪烁

要实现投篮游戏机提示、报警灯的闪烁，不妨把 LED 闪烁的过程想象得慢一点，闪烁的过程变为：LED 点亮一段时间，再熄灭一段时间，如此循环的过程。按照这个思路，画出 LED 闪烁功能的流程图，如图 4-2-2 所示。

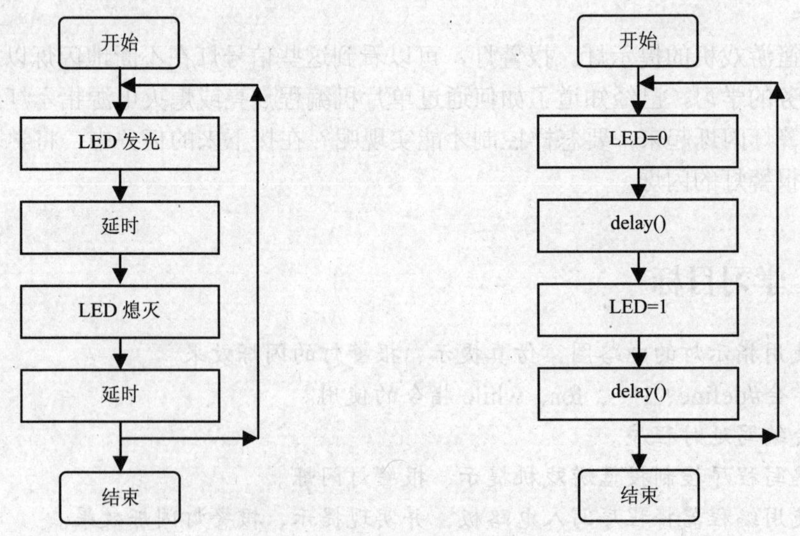

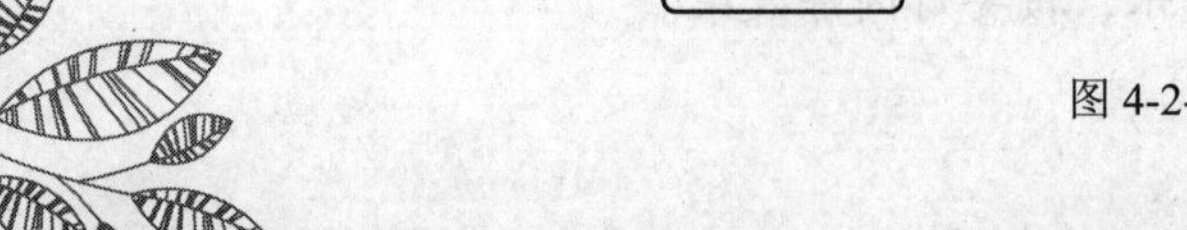

图 4-2-2　LED 闪烁的流程图

绘制的流程图中，方框表示程序要实现的某一部分的功能，箭头表示控制过程的流向或程序执行的顺序。在编写较为复杂的程序时，应先画好程序流程图，明确编程的思路，再将每一部分的流程转化为具体的程序。

三、C51语言中的数据类型

数据是单片机操作的对象，是具有一定格式的数字或数值，不同格式的数据称为数据类型。Keil C51 支持的基本数据类型如表 4-2-1 所示。针对 51 系列单片机的硬件特点，C51 扩展了 4 种数据类型（表中最后 4 行）。

表 4-2-1　　　　Keil C51 的数据类型

数据类型	位　数	字　节	值　域	说　明
signed char	8	1	-128~+127	有符号字符型
unsigned char	8	1	0~255	无符号字符型
signed int	16	2	-32 768~32 767	有符号整型
unsigned int	16	2	0~65 535	无符号整型
signed long	32	4	-2 147 483 648~+2 147 483 647	有符号长整型
unsigned long	32	4	0~4 294 967 295	无符号长整型
float	32	4	±3.302 823E+38（精确到 7 位）	浮点数
double	64	8	±1.175 494E-308（精确到 15 位）	浮点数
*	24	1~3		对象指针
bit			0 或 1	
sfr	8	1	0~255	
sfr16	16	2	0~65 535	
sbit	1		可位寻址的特殊功能寄存器的某位的绝对地址	

在定义数据类型时，习惯将数据类型进行重新的宏定义。例如，将“unsigned char”和“unsigned int”重新定义，指令为：

```
#define uchar unsigned char     //表示uchar即等价于unsigned char
#define uint unsigned int       //表示uint即等价于unsigned int
```

这两句宏定义经常用在程序的开头，以简单的“uchar”和“uint”代替了“unsigned char”和“unsigned int”，使用起来非常方便。

四、i++、for、while 语句

1．i++语句

++是自身加一指令。*i* 为定义的变量。若 *i*=0，执行 *i*++后，*i*=1。

在 12MHz 的时钟下执行这一指令只需要 1μs。如果想要使用 i++指令的运行得到 100ms 的延时，需要运行该指令 100×1 000=100 000 次，那么就意味着要重复书写 i++指令 100 000 次。那么怎样解决这个问题呢？学习下面的循环语句就能解决重复书写的问题了。

2．循环语句

循环语句是用来实现语句的重复操作的。在 C 语言中构成循环控制的语句有 for、while

等语句。

（1）for 语句。for 语句形式如下。

```
for (初值设定表达式 1；循环条件表达式 2；条件更新表达式 3)
{
    循环体语句
}
```

for 语句的执行流程图用菱形框表示判断，它的执行过程如图 4-2-3 所示。

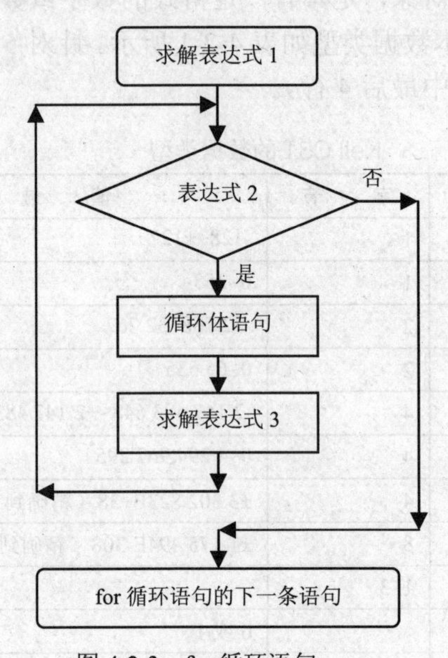

图 4-2-3　for 循环语句

① 先求解初值设定表达式 1。

② 求解循环条件表达式 2，若它的值为真（非 0），则执行 for 语句中的循环体语句，然后执行下面第 3 步；若值为假（0），则结束循环，转到第 5 步。

③ 条件更新表达式。

④ 转回上面第 2 步执行。

⑤ 循环结束，执行 for 语句下面的一个语句。

例 1：

```
for (i=1;i<=10;i++)
    {
        sum=sum+i;
    }
```

① 将变量 i 赋初值 1，即 i=1。

② 判断 i 是否小于或等于 10，如果条件满足（真），则执行语句“sum=sum+i”。

③ i 再自增加 1，即 i++。

④ 重新判断 $i \leqslant 10$，直到条件不满足（假），即 $i>10$ 时，循环结束。

⑤ 循环结束，执行 for 语句下面的一个语句。

这个循环实际就是求从 1 加到 10 的和，最后 sum=55。

（2）while 语句。while 语句中“while”英文单词的意思为“当....的时候”，在此可理

解为“当条件为真的时候就执行后面的语句”。

while 语句的一般形式为：

```
while(表达式)
  {
    循环体语句
  }
```

其中表达式是循环条件。

while 语句的执行流程图的执行过程如图 4-2-4 所示。

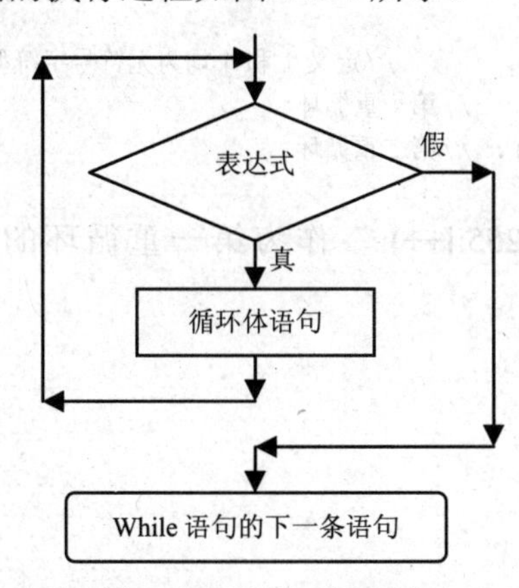

图 4-2-4　while 循环语句

先计算表达式的值，当值为真（非 0）时，它执行循环体语句，完成后再次回到 while 条件判断，如果为真，则重复执行语句，为假时退出循环体。

注意的是，如果条件一开始时就是假时，那么 while 后面的循环体一次都不会被执行就退出整个循环。

例 2：

```
main()
{
    unsigned char i;  //i 为无符号字符型变量，其取值范围 0~255。
    i=0;
    while(i<10)
    {
        i++;
    }
}
```

程序设 *i* 为无符号字符型变量，其取值范围 0~255。

执行第一次循环后，*i*=1。

执行第二次循环后，*i*=2。

执行第三次循环后，*i*=3。

执行第 10 次循环后，*i*=10，由于 *i* 不满足 *i*<10 的条件，因此跳出循环。

五、延时函数

LED 闪烁的思路为：LED 点亮一段时间，再熄灭一段时间，如此循环。由此知道要实现 LED 的闪烁，需要“一段时间”，即延时时间来实现。那么怎样实现延时呢？延时的时间又要多长呢？我们知道，单片机在执行指令时是需要时间的，要想得到延时，可以让单片机运行一些无关紧要的程序，如执行 i++等指令消耗运行时间以达到延时的目的。

因为单片机程序的执行速度很快，时间很短的话，人眼是无法看出来的，要能看出 LED 闪烁的效果，可以设定延时时间在 200ms 左右。

具体的延时函数如下：

```
delay()
{
      unsigned char i,j;          //定义 i 和 j 均为无符号字符型变量，其取值范围 0~255。
     for( i=0;i<255;i++)   //第一重循环
       for(j=0;j<255;j++); //第二重循环
}
```

其中的语句“for(j=0;j<255;j++);”作为第一重循环的循环体，总的执行次数为 255×255=65 025 次。

怎样做?

一、打开电路图

使用 Proteus 软件打开绘制好的 led.dsn 文件。

二、按照图 4-2-2 所示的流程图，编写源程序

1．输入参考程序，将文件命名为：leds.c。

```
#include "reg51.h"                //预处理 reg51.h
sbit led =P1^0;                   //定义 led 为一个位变量
delay()
{
unsigned char i,j;                //定义 i 和 j 为无符号字符型变量，取值范围为 0~255
     for( i=0;i<255;i++)          //第一重循环
          for(j=0;j<255;j++);     //第二重循环
}

main( )                           //程序主函数
{
    while(1)
    {
     led=0;                       //LED 点亮
     delay();                     //延时函数的调用，注意分号“;”不能漏写
     led=1;                       //LED 熄灭
     delay();                     //延时函数的调用，注意分号“;”不能漏写
    }
}
```

在书写程序时要注意“{”与“}”的配对使用，这样的书写方便阅读程序，分清层次。while(1)是一个死循环，使得主流程不断地执行 LED 亮灭的循环程序。

要注意的是：

① 如果不小心写成 while(1);（带有“;”号），则程序就永远无法执行 led=0;等语句了，只能一直执行“;”这个空程序；

② 如果不要“while(1){}”这个循环，那么 LED 亮灭的程序只能执行一次。

2．编译程序，生成与源文件同名的.bin 和.hex 文件。

三、Proteus 软件仿真

运行 Proteus 软件，打开电路图“led.dsn”文件，双击 AT89S51 芯片，添加生成的“leds.hex”文件。

按开始按钮▶，全速执行程序，其仿真效果如图 4-2-5 所示。提示、报警灯闪烁，程序运行符合要求。

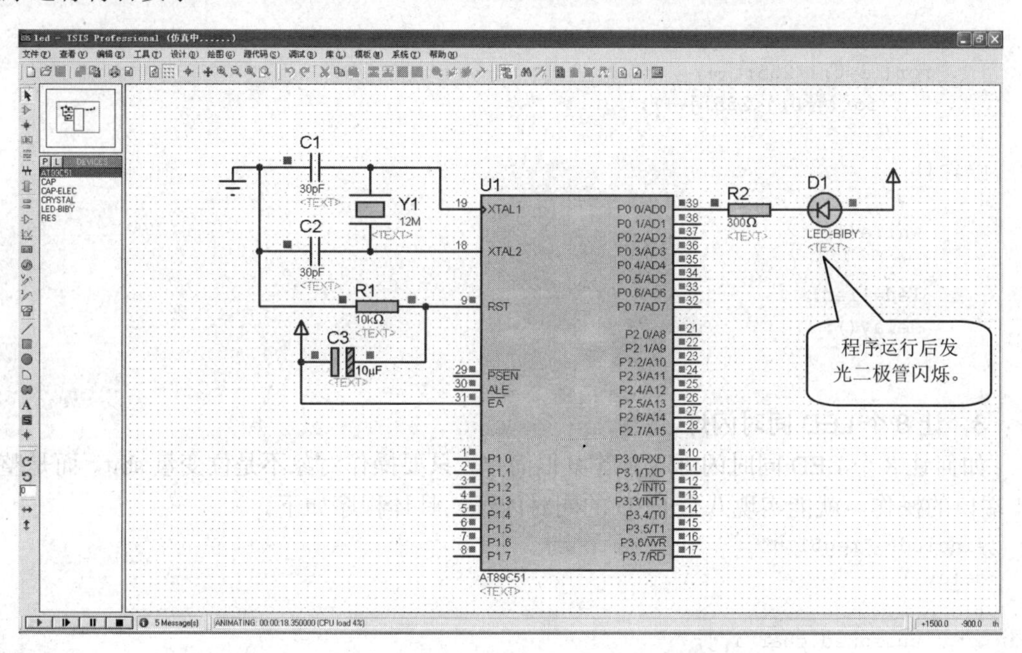

图 4-2-5 提示、报警灯软件仿真效果

四、硬件验证

仿真通过后，将 hex 文件写入单片机，实现控制投篮游戏机提示、报警灯闪烁的效果。

知识链接与延伸

1．LED 闪烁频率

LED 的闪烁频率可以通过改变延时时间的长短来实现，如修改上面的延时时间函数的数据，或者增加一重循环，具体的程序如下。

```
delay()
```

```
{
    unsigned char i,j,k;
   for( i=0;i<4;i++)                           //第一重循环
      for(j=0;j<255;j++)                       //第二重循环
          for(k=0;k<255;k++);                  //第三重循环
}
```

2. 逻辑非运算

由于 led 定义为位变量，led 只有两个状态“0”和“1”，同时 C 语言里有取反的运算，所以上面置 1 和清零可以通过一个句子来实现，即 led=!led。意思是将 led 的值取反送回给 led。程序可修改为：

```
#include "reg51.h"
sbit led=P1^0;
delay()
{
    unsigned char i,j;
   for( i=0;i<255;i++)
       for(j=0;j<255;j++);
}
main()
{
    while(1)
   {
    led=!led;
    delay();
   }
}
```

3. 让 8 个 LED 同时闪烁。

如何让 8 个 LED 同时闪烁呢？答案很简单，只要操作对象不是位变量 sbit，而是整个 P1 端口的操作，就能实现八个 LED 的同时闪烁，具体程序如下。

```
#include "reg51.h"
delay()
{
    unsigned char i,j;
   for( i=0;i<255;i++)
       for(j=0;j<255;j++);
}
main()
{
   while(1)
   {
    P1=0;
    delay();
    P1=0xff;
    delay();
   }
}
```

P1 端口有 8 位，当 P1=0 时，即 P1=00000000，每一个引脚都为 0，八个 LED 全亮；当 P1=11111111 时，每一个引脚都为 1，八个 LED 全灭，写成十六进制数则为 P1=0xff。

如果想 8 个端口的高四位不亮，低四位亮，赋值 P1=0x0f 即可。

你还可以想出什么变化来呢？赶快试一试吧！

4．C51 的基本运算

C51 的基本运算主要包括算术运算、关系运算、逻辑运算、位运算和赋值运算及其表达式等。

（1）算术运算符。算术运算的运算符及其说明如表 4-2-2 所示。

表 4-2-2　　算术运算符及其说明

符　号	说　明	举例（设 a=5，b=3）
+	加法运算	x=a+b;　//x=8
-	减法运算	x=a-b;　//x=2
*	乘法运算	x=a*b;　//x=15
/	除法运算	x=a/b;　//x=1
%	取余数运算	x=a%b;　//x=2
++	自加 1	
--	自减 1	

C51 在表示加 1 或减 1 时，可以采用自加 1 或自减 1 的运算符，自加或自减字符放在变量前或变量后是不同的，如表 4-2-3 所示。

表 4-2-3　　自加运算符和自减运算符

符　号	说　明	举例（设 a=5）
a++	先使用 a 的值，再让 a 加 1	x=a++;　//x=5,a=6
++a	先让 a 加 1，再使用 a 的值	x=++a;　//x=6,a=6
a--	先使用 a 的值，再让 a 减 1	x=a--;　//x=5,a=4
--a	先让 a 减 1，再使用 a 的值	x=--a;　//x=4,a=4

（2）逻辑运算符。逻辑运算的结果只有真和假两种，“1”表示真，“0”表示假，表 4-2-4 给出了逻辑运算符及其说明。

表 4-2-4　　逻辑运算符及其说明

运 算 符	说　明	举例（设 a=3，b=5）
&&	逻辑与	a&&b;　//返回值为 1
||	逻辑或	a||b;　//返回值为 1
!	逻辑非	!a;　//返回值为 0

例如条件 2>3 为假，6<8 为真，则逻辑与运算（2>3）&&（6<8）=0&&1=0。

（3）关系运算符。关系运算符是用来判断两个数之间的关系。关系运算符及其说明如表 4-2-5 所示。

表 4-2-5　　关系运算符及其说明

符　号	说　明	举例（设 a=3，b=5）
>	大于	a>b;　//返回值为 0
<	小于	a<b;　//返回值为 1

续表

符　号	说　明	举例（设 *a*=3，*b*=5）
>=	大于等于	*a*>=*b*;　//返回值为 0
<=	小于等于	*a*<=*b*;　//返回值为 1
==	等于	*a*==*b*;　//返回值为 0
!=	不等于	*a*!=*b*;　//返回值为 1

（4）位运算符。位运算符及其说明如表 4-2-6 所示。

表 4-2-6　　位运算符及其说明

符　号	说　明	举　例
&	按位逻辑与	0x1a&0x3c=0x18
|	按位逻辑或	0x1a|0x3c=0x3e
^	按位逻辑异或	0x1a^0x3c=0x26
~	按位取反	a=0x0f，则~a=0xf0
<<	按位左移（高位丢弃，低位补 0）	a=0x05，若 a<<2，则 a=0x14
>>	按位右移（低位丢弃，高位补 0）	a=0x0a，若 a>>2，则 a=0x02

思考与练习

1. “unsigned char”所定义的数据类型是什么？最大值和最小值是什么？
2. “i++”指令的作用是什么？
3. “for”指令的作用是什么？怎样使用？
4. “while”指令的作用是什么？怎样使用？
5. 试编写简单的延时程序，并理解如何进行延时的？

拓展训练

1. 尝试调试 8 个 LED 同时闪烁。

2. 将发光二极管连接在 P1 口，如果使连接 P1.0、P1.2、P1.4、P1.6 的发光二极管闪烁，其他的不亮，应如何编写程序？

学习任务的工作页

项目四　制作投篮游戏机指示灯、流水灯

任务二　控制提示、报警灯的闪烁　　　　工作页编号：ZNKZ04-02

一、基本信息

学习班级及小组＿＿＿＿＿＿学生姓名＿＿＿＿＿＿学生学号＿＿＿＿＿＿

学习项目完成时间＿＿＿＿＿＿指导教师＿＿＿＿＿＿学习地点＿＿＿＿＿＿

续表

二、任务准备

1．写出本项目要完成的内容

2．请你确定本项目所需要完成的工作任务

3．小组分工：（1）请写出你要完成的工作任务；（2）写写你要完成此项目的计划（或步骤）；（3）工具；（4）安全注意事项。

三、任务实施

1．“unsigned char”和“unsigned int”所定义的数据类型分别是怎样的？它们的最小值和最大值分别是什么？怎样对它们进行重新的宏定义？

2．写一写“i++”、“for”和“while”指令是怎么理解的？应如何使用？

3．试编写一段延时 1s 的程序，并想想如何计算延时时间？

4．画程序流程图的标准方框是怎样的？请画出来。

5．画出控制提示、报警灯闪烁的程序流程图。

续表

6．请你编写控制提示、报警灯闪烁的程序，并写下来。

7．在投篮游戏机控制板上进行实物安装与调试。

（1）将生成的 hex 文件导入到 Proteus 中进行软件仿真。

（2）在投篮游戏机安装控制板，并调试。

在程序联调过程遇到什么问题了吗？请写下来。

四、知识拓展

1．尝试调试 8 个 LED 同时闪烁。

2．将发光二极管连接在 P1 口，如果使连接 P1.0、P1.2、P1.4、P1.6 的发光二极管闪烁，其他的不亮，应如何编写程序？

学习评价

序号	项目		考核内容	配分	评分标准	自评	师评	得分
1	知识准备	项目内容	写出本项目要完成的内容	10	能写出本项目要完成的内容得 10 分			
2		工作任务	写出本项目所需要完成的工作任务	10	能基本写出本项目的工作任务得 10 分			
3		工作计划及分工	写出你的工作计划及分工	10	能写出自己要完成的计划及分工得 10 分			
4	实际操作	unsigned char	理解“unsigned char”定义的数据类型	5	能正确画出投篮游戏机的开发过程得 5 分			
5		i++、for、while 指令	正确理解 i++、for、while 指令的应用	5	能正确理解各指令的应用方法得 5 分			
6		1 秒延时程序	正确编写 1s 的延时程序	5	能正确编写 1s 延时程序得 5 分			
7		程序流程图方框	正确书写流程图的方框	5	能正确书写出流程图的方框得 5 分			

续表

序号	项目		考核内容	配分	评分标准	自评	师评	得分
8	实际操作	程序流程图	画出控制提示、报警灯的程序流程图	10	能正确画出控制提示、报警灯的程序流程图得 10 分			
9		编写并调试程序	能使用编程软件编写程序，并在 Proteus 软件中正确调试	15	能正确编写程序，并在 Proteus 软件中正确调试效果得 15 分			
10		投篮游戏机板调试	能在投篮游戏机控制板上进行调试	5	能正确使用开发板调试提示、报警灯效果得 5 分			
11		拓展	完成拓展题	10	能正确完成 2 个拓展题得 10 分，每题 5 分			
12	安全文明生产		遵守安全操作规程，正确使用仪器设备，操作现场整洁	10	每项扣 5 分，扣完为止			
			安全用电，防火，无人身、设备事故		因违规操作发生重大人身和设备事故，此题按 0 分计			
13	分数合计			100				

任务三　制作花样流水灯

投篮游戏机篮框的外围装饰着一排花样流水灯，它按一定的规律点亮，如左移点亮、右移点亮和闪烁等不同的效果，使投篮游戏机更富动感，更能吸引人们的眼球。

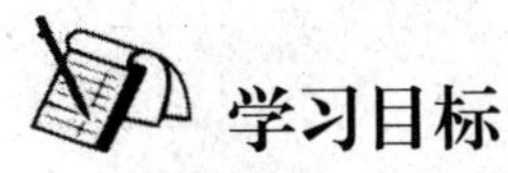

学习目标

1. 能使用 Proteus 软件画出流水灯的电路图。
2. 能学会 if、if else、switch 指令在编写流水灯程序中的应用。
3. 在老师的引导下，能绘制流水灯的程序流程图，并按照流程图编写投篮游戏机流水灯程序。
4. 能将程序写入电路板，并实现投篮游戏机流水灯的效果。

做什么?

1. 控制投篮游戏机的花样流水灯，要求流水灯能按 0.5s 的频率轮流点亮，并可编程实现点亮的发光二极管循环左移。
2. 制作投篮游戏机指示灯、流水灯的电路。

学什么?

一、C 语言的基本结构

C 语言的 3 种基本结构为：顺序结构、选择结构和循环结构。其中循环结构在任务二中已介绍，这里略。

1. 顺序结构及其流程图

顺序结构是一种最基本、最简单的编程结构。在这种结构中，程序由低地址向高地址顺序执行指令代码。在上述任务中，实现提示、报警灯闪烁的流程图就是按顺序结构来设计的，如图 4-3-1 所示。

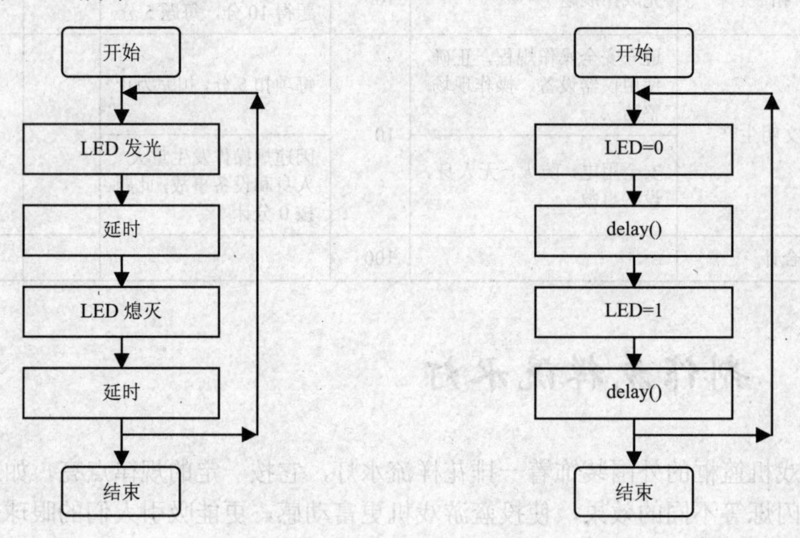

图 4-3-1　顺序结构程序设计

2. 选择结构及其流程图

单片机的智能化体现在它具有决策能力或选择能力，条件选择结构的流程图如图 4-3-2 所示。

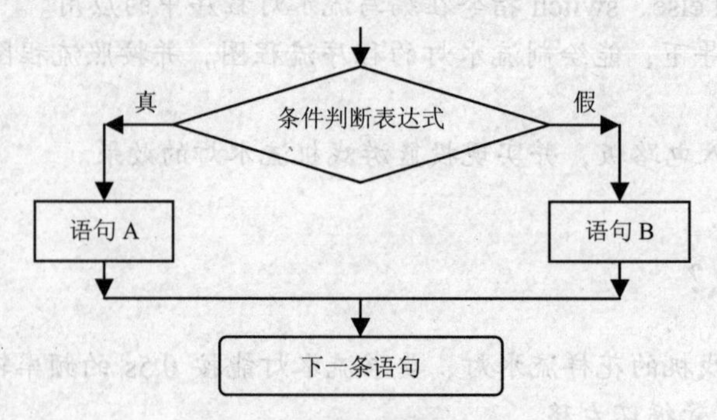

图 4-3-2　选择结构程序设计

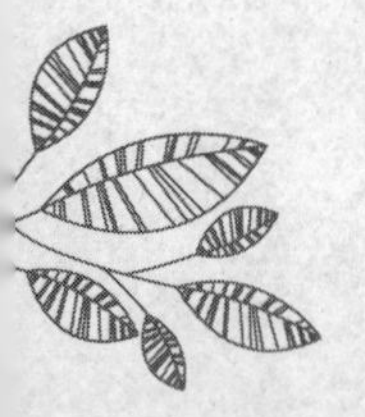

当条件符合时就执行语句 A，否则执行语句 B，其关键字由“if”构成，C51 提供 3

种不同的形式。

if 语句的基本结构为：

```
if (表达式)  {语句}
```

括号中的表达式成立时，执行大括号内的语句，否则程序跳过大括号中的语句部分，执行下一条语句。

（1）形式一：if

```
if (表达式)  {语句}
```

例如：

```
if (a>b)  {max=a; min=b;}
```

即如果 $a>b$，则 a 赋给 max，b 赋给 min。如果 $a>b$ 不成立，则不执行大括号中的赋值运算。

（2）形式二：if-else

```
if (表达式) {语句1; }
else {语句2; }
```

例如：

```
if (a>b)  {max=a;}
else {max=b;}
```

当 $a>b$ 为真时，执行 max=a;语句，否则执行 max=b;语句。

（3）形式三：if-else-if

前面两种形式的 if 语句一般都用于两个分支的情况，当有多个分支选择时，可以采用这种形式。

```
if (表达式1)   {语句1; }
else if(表达式2) {语句2; }
else if(表达式3) {语句3; }
……
else {语句n;}
```

例如：

```
if(a>100) {y=1;}
else if(a>60) {y=2;}
else if(a>30) {y=3;}
else {y=4;}
```

当 a>100 为真，则执行 y=1;语句，并跳出整个 if 语句执行下一语句。

当 a>100 为假，则判断 a>60 是否为真，如果为真则执行 y=2;语句，并跳出整个 if 语句执行下一语句。

如此判断下去，如果所有的条件均为假，那么执行最后一个 else 后的 y=4; 语句，再执行完下一语句。if-else-if 语句的执行过程如图 4-3-3 所示。

在使用 if 语句时应注意以下问题。

① 在 if 语句中，条件判断语句必须用括号将表达式括起来，而且在语句后面必须加分号。

② if 语句后面跟着的语句应为单条语句，如果想在满足条件后执行多条语句，必须把这若干条语句用“{}”括起来，称之为复合语句。在 C 语言中，每一语句末尾要加上“;”。

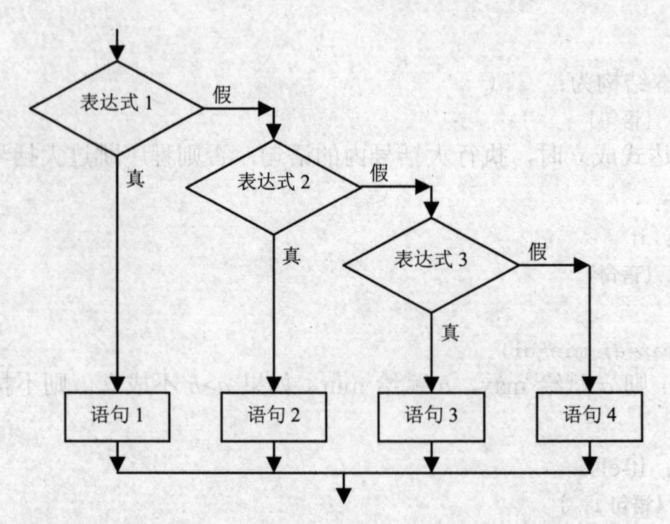

图 4-3-3　if-else-if 语句的执行过程

例如：

```
#include <reg51.h>                //预处理 reg51.h 头文件
#define uchar unsigned char       //宏定义
#define uint unsigned int         //宏定义
sbit led1=P1^0;                   //定义 led1 对应于 P1.0 口
sbit led2=P1^1;                   //定义 led2 对应于 P1.1 口
main()
{
   uint a=2,b=4,max;
   while(1)
   {
     if (a>b) { max=a; }
     else
     {                            //复合语句开始
          led1=0;                 //每一个语句结束用“;”
          led2=0;
     }                            //复合语句结束
   }
}
```

3．switch 语句

switch 语句是多分支选择语句，它的一般形式为：

```
switch (表达式)
{
      case 常量表达式 1：{语句 1;} break;
      case 常量表达式 2：{语句 2; }break;
   …………
   case 常量表达式 n：{语句 n;}break;
   default:{语句 n+1;}
}
```

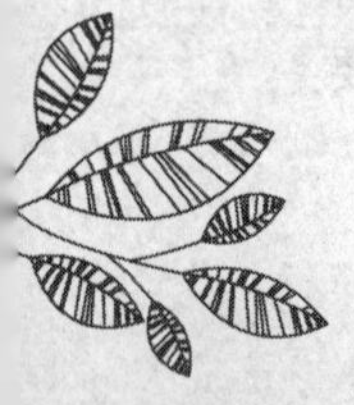

switch 语句的语意如下所述。

当 swith 括号内表达式的值与某 case 后面的常量表达式的值相等时，则执行 case 后面的语句，再执行 break 语句退出 swith 语句结构。如果所有 case 中的常量表达式的值都没有与 swith 括号内表达式的值相等时，就执行 default 后的语句。

例如：

```
#include <reg51.h>                    //预处理 reg51.h 头文件
#define uchar unsigned char           //宏定义
#define uint unsigned int             //宏定义
sbit led0=P1^0;           //定义 led0 对应于 P1.0 口
sbit led1=P1^1;           //定义 led1 对应于 P1.1 口
sbit led2=P1^2;           //定义 led2 对应于 P1.2 口
sbit led3=P1^3;           //定义 led3 对应于 P1.3 口
sbit led4=P1^4;           //定义 led4 对应于 P1.4 口
sbit led5=P1^5;           //定义 led5 对应于 P1.5 口
sbit led6=P1^6;           //定义 led6 对应于 P1.6 口
sbit led7=P1^7;           //定义 led7 对应于 P1.7 口
main()
{
    uint a=5;             //初始化 a 值
    while(1)
    {
      switch (a)
      {
         case 1: {led0=0;}break;
         case 2: {led1=0;}break;
         case 3: {led2=0;}break;
         case 4: {led3=0;}break;
         case 5: {led4=0;}break;  //a=5 时，执行此语句
         case 6: {led5=0;}break;
         case 7: {led6=0;}break;
         default:{led7=0;}            //a 不等于 1~7 时,执行此语句
      }
    }
}
```

程序运行后，对应的 P1.4 口的 LED 发光，也可以尝试改变 *a* 的值，观察不同的结果。

二、流水灯效果分析

设计流水灯的效果为向左移动，其状态图如图 4-3-4 所示。

流水灯的状态为：状态一是最右边的 LED 亮，状态二是右边第二个 LED 亮……，状态八是最左边第一个 LED 亮，八个状态如此反复循环，形成左移的流水灯效果。

在每个状态中，只有一个 LED 亮。对应的 P1 口的数据 1111 1110→1111 1101…→ 0111 1111。观察 “0”的位置，它是由最后一位不断向左边移动的。

从流水灯移动的状态图可以看出流水灯点亮的过程，根据状态绘制流水灯的程序流程图，如图 4-3-5 所示。

状态	P1.7	P1.6	P1.5	P1.4	P1.3	P1.2	P1.1	P1.0	二进制	十六进制
状态一									1111 1110	0xfe
状态二									1111 1101	0xfd
状态三									1111 1011	0xfb
状态四									1111 0111	0xf7
状态五									1110 1111	0xef
状态六									1101 1111	0xdf
状态七									1011 1111	0xbf
状态八									0111 1111	0x7f
向左移	←								流水灯移动的方向	

图 4-3-4　流水灯移动状态图

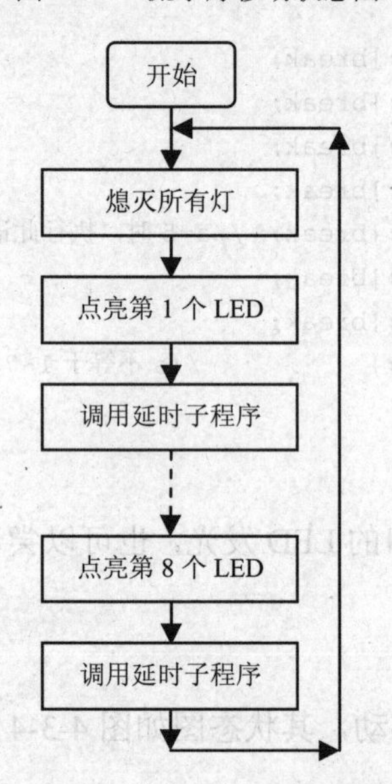

图 4-3-5　流水灯的程序流程图

三、带形式参数的延时程序

前面学习的延时程序是不带形式参数的，其延时时间是固定的，如果程序中需要不同的延时时间，如有 5ms、10ms 和 100ms 的延时，那么就要重复编写 3 个不同的延时程序。为了解决这个问题，可以编写带形式参数的延时程序。

具体的延时程序如下：

```
delay(uint t)             //t 为形式参数，定义为无符号整型（0~65 535）
{
   uchar i;
   while(t--)             //调用时如 delay(5)，表示将 t=5 传递到此语句。
     for(i=0;i<123;i++);
}
```

程序中的 *t* 为形式参数，*t* 的值传递给“while(t--)”。调用的形式为“delay(5);”，其中 5 即为 *t* 的值，它传递给子程序里带有 *t* 的语句。

怎样做?

一、绘制流水灯电路图

打开 Proteus 软件，绘制八位流水灯电路图，如图 4-3-6 所示。8 个发光二极管与电阻串联后接在 P1 端口。

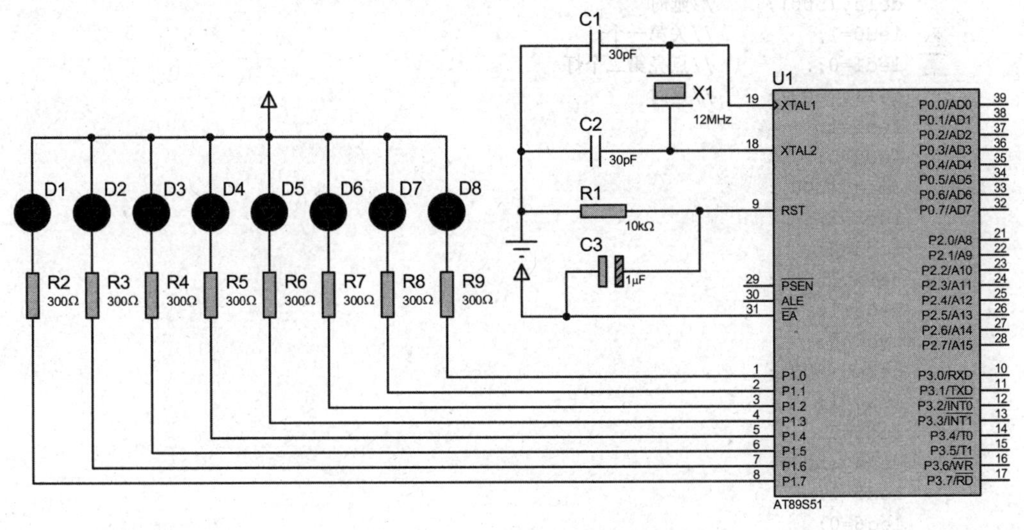

图 4-3-6　八位流水灯仿真电路图

二、编写程序

1. 用顺序结构来实现流水灯

按照图 4-3-5 所示的流水灯程序流程图，编写流水灯的程序，将文件命名为：8led.c，参考程序如下。

方法一：使用位点亮

```
#include <reg51.h>                 //预处理 reg51.h 头文件
#define uchar unsigned char        //宏定义
#define uint unsigned int          //宏定义
sbit led0=P1^0;                    //定义 led0 对应于 P1.0 口
sbit led1=P1^1;                    //定义 led1 对应于 P1.1 口
sbit led2=P1^2;                    //定义 led2 对应于 P1.2 口
sbit led3=P1^3;                    //定义 led3 对应于 P1.3 口
```

```
sbit led4=P1^4;        //定义 led4 对应于 P1.4 口
sbit led5=P1^5;        //定义 led5 对应于 P1.5 口
sbit led6=P1^6;        //定义 led6 对应于 P1.6 口
sbit led7=P1^7;        //定义 led7 对应于 P1.7 口

delay(uint t)          //带形式参数的延时子程序，t 为形式参数
{
   uchar i;
   while(t--)
     for(i=0;i<123;i++);
}

main()                 //主程序
{
while(1)
     {
       P1=0xff;        //P1 口输出全 1，关闭 P1 口的八个灯
       led0=0;         //点亮第一个灯
       delay(500);     //延时
       led0=1;         //关第一个灯
       led1=0;         //点亮第二个灯
       delay(500);     //延时
       led1=1;
       led2=0;
       delay(500);
       led2=1;
       led3=0;
       delay(500);
       led3=1;
       led4=0;
       delay(500);
       led4=1;
       led5=0;
       delay(500);
       led5=1;
       led6=0;
       delay(500);
       led6=1;
       led7=0;         //点亮第八个灯
       delay(500);
     }
}
```

方法二：直接给端口 P1 送数据

```
#include <reg51.h>                  //预处理 reg51.h 头文件
#define uchar unsigned char         //宏定义
#define uint unsigned int           //宏定义

delay(uint t)                       //带形式参数的延时子程序，t 为形式参数
{
     uchar i;
     while(t--)
       for(i=0;i<123;i++);
```

```
    }

    main()    //主程序
    {
        while(1)
        {
            P1=0xff;          //P1 口输出全 1，关闭 P1 口的 8 个灯
            P1=0xfe;          //点亮第一个灯
            delay(500);       //延时
            P1=0xfd;          //点亮第二个灯
            delay(500);       //延时
            P1=0xfb;          //点亮第三个灯
            delay(500);       //延时
            P1=0xf7;          //点亮第四个灯
            delay(500);       //延时
            P1=0xef;          //点亮第五个灯
            delay(500);       //延时
            P1=0xdf;          //点亮第六个灯
            delay(500);       //延时
            P1=0xbf;          //点亮第七个灯
            delay(500);       //延时
            P1=0x7f;          //点亮第八个灯
            delay(500);       //延时
        }
    }
```

两种方法都是使用顺序结构来编写流水灯的程序，方法一是逐位来开、灭 LED 灯。方法二是一次往 P1 端口送一个数据，这个数据刚好能点亮一个 LED 灯。

2．应用移位运算实现流水灯效果

顺序结构的程序看起来比较长，那么能否将程序“压缩”一下呢？可以尝试使用移位的方法，程序流程图如图 4-3-7 所示。

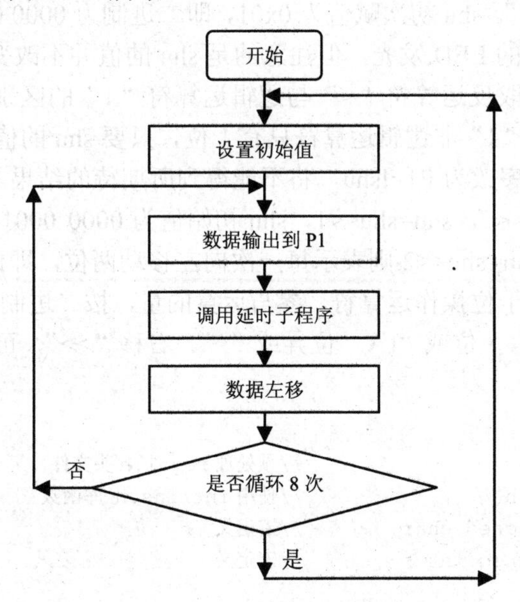

图 4-3-7　利用移位方法编写流水灯的程序流程图

参考程序如下。

方法一：

```
#include <reg51.h>              //预处理 reg51.h 头文件
#define uchar unsigned char  //宏定义
#define uint unsigned int     //宏定义

delay(uint t)      //带形式参数的延时子程序，t 为形式参数
{
     uchar i;
     while(t--)
       for(i=0;i<123;i++);
}

main()   //主程序
{
     uchar i,shu;                      //定义两个局部变量
     while(1)
     {
          P1=0xff;                     //P1 口输出全 1，关闭 P1 口的八个灯
          shu=0x01;                    //赋初值 shu 只有 1 位为 1
          for(i=0;i<8;i++)             //循环八次
          {
               P1=~shu;                //将 shu 取反后送 P1 口输出
               delay(500);             //延时
               shu=shu<<1;              //shu 的数据左移 1 位
          }
     }
```

这里使用了两个运算。

（1）取反运算符“~”。shu 初次赋值为 0x01，即二进制为 0000 0001，P1=~shu，即 P1=1111 1110。P1.0 口所接的 LED 发光，但注意的是 shu 的值并不改变。

另外要注意的是：取反运算符“~”与逻辑运算符“!”的区别，取反运算符“~”是对每一位进行取反，而“!”非逻辑运算符只有 1 位，只要 shu 的值不是非 0，!shu 后的值就为“0”，所以如果程序改为 P1=!shu，将不能得到所期待的结果。

（2）左移位运算“<<”。shu=shu<<1，shu 初始值为 0000 0001，向左边移动 1 位后，shu=0000 0010。如果 shu=shu<<2 则表示每一次向左移动两位，即此时 shu=0000 0100。

“~”和“<<”都属于位操作运算符，参与运算的量，按二进制位进行运算，其他的位运算符还有：位与“&”、 位或“|”、 位异或“^”、右移“>>”，可参考表 4-2-6 位运算符及其说明。

方法二：

```
#include <reg51.h>                    //预处理 reg51.h 头文件
#include "intrins.h"                  //使用 intrins.h 库函数
#define uchar unsigned char           //宏定义
#define uint unsigned int             //宏定义

delay(uint t)                         //带形式参数的延时子程序，t 为形式参数
```

```
{
     uchar i;
     while(t--)
       for(i=0;i<123;i++);
}

main()   //主程序
{
     uchar i,shu;                       //定义两个局部变量
     while(1)
     {
          P1=0xff;                      //P1 口输出全 1，关闭 P1 口的八个灯
          shu=0xfe;                     //赋初值，shu=0xfe
          for(i=0;i<8;i++)              //循环八次
          {
               P1=shu;                  //将 shu 后送 P1 口输出
               delay(500);              //延时
               shu=_crol_(shu,1);       //shu 的数据循环左移 1 位
          }
     }
}
```

这里使用到 intrins.h 头文件和循环左移函数。

（1）#include “intrins.h”。表示使用了 intrins.h 库函数，库函数里包含了“_corl_()”、“_corr_()”等的函数。

（2）循环左移函数“_crol_（表达式 1，表达式 2）”。“表达式 1”指被左移位的数据；“表达式 2”指左移几位。

例如，“shu=_crol_(shu,1);”表示将 shu 循环左移 1 位，重新送回到 shu。

（3）循环右移函数“_cror_（表达式 1，表达式 2）”。循环右移函数跟循环左移函数相反。

“表达式 1”指被右移位的数据；“表达式 2”指右移几位。

例如：“shu=_cror_(shu,1);”表示将 shu 循环右移 1 位后，重新送回到 shu。

编写流水灯程序的方法很多，可以对比一下使用了顺序结构和移位方法实现的流水灯程序。它们实现的效果是一样的，但是程序的长短及思维的方法是不一样的，大家可以再单步运行调试一下程序。

3. 生成文件

编译程序，生成与源文件同名的.bin 和.hex 文件。

三、Proteus 软件仿真

运行 Proteus 软件，打开电路图“8led.dsn”文件，双击 AT89S51 芯片，添加生成的“8led.hex”文件。

按开始按钮 ▶ ，全速执行程序，其仿真效果如图 4-3-8 所示。流水灯实现以 0.5s 的频率左移，程序运行符合要求。

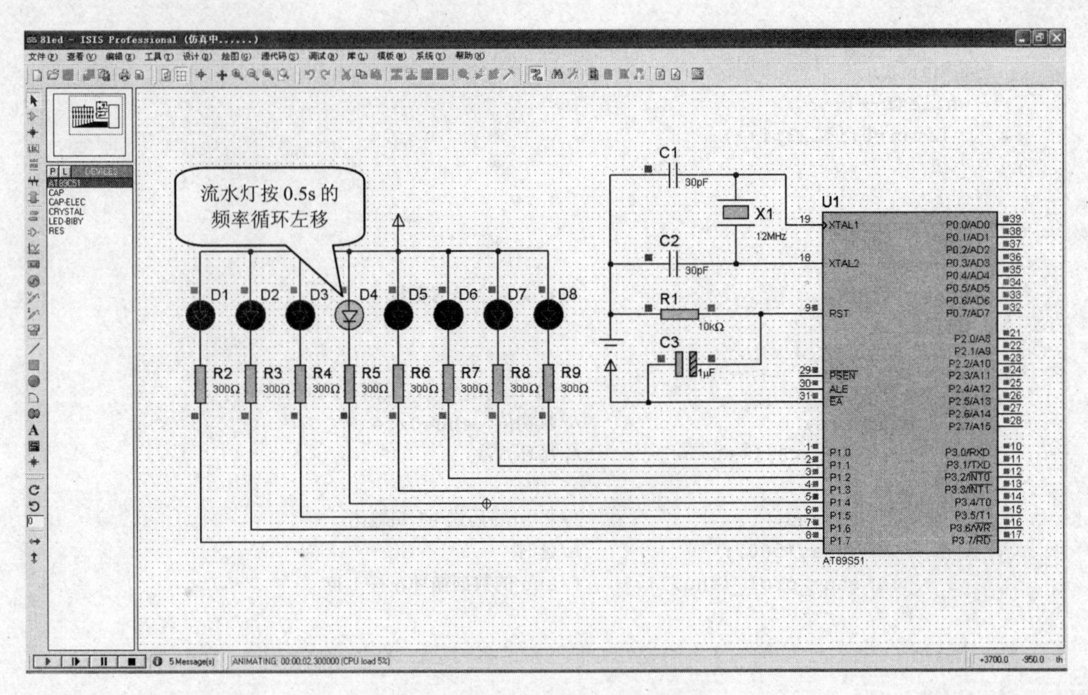

图 4-3-8　流水灯软件仿真效果

四、硬件验证

仿真通过后，将.hex 文件写入单片机，实现控制花样流水灯的效果。

五、制作硬件电路

在最小系统电路板的基础上，焊接制作投篮游戏机指示灯、流水灯，电路原理图如图 4-3-9 所示。

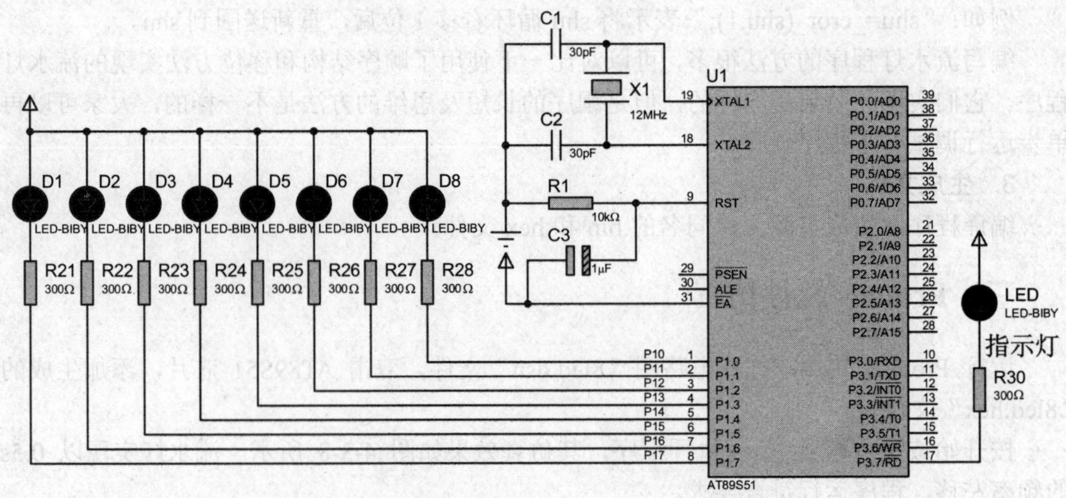

图 4-3-9　投篮游戏机指示灯、流水灯的电路原理图

使用万能板焊接制作投篮游戏机指示灯、流水灯的电路板，如图 4-3-10 所示。

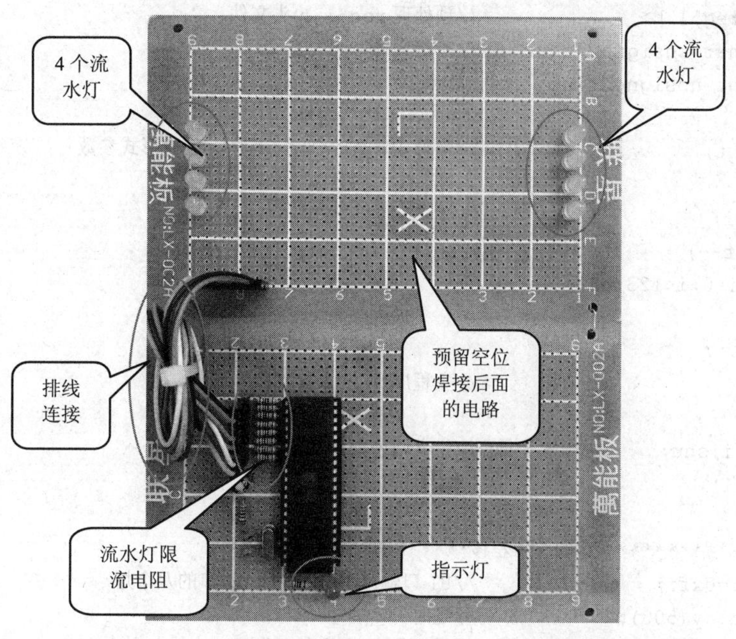

图 4-3-10　制作投篮游戏机指示灯、流水灯的电路板

知识链接与延伸

实现花样流水灯的效果

流水灯能按 0.5s 的频率转换状态并实现如下效果：（1） 1 个亮的 LED 左移；（2）1 个亮的 LED 右移，如此循环。左移和右移结束后，所有的 LED 都要熄灭。其主程序流程图如图 4-3-11 所示。

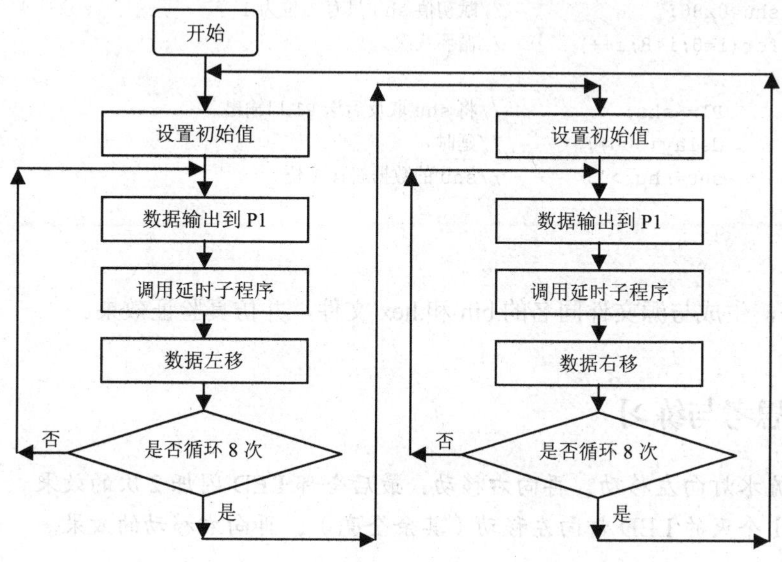

图 4-3-11　左右流水灯主程序流程图

参考程序如下。

```
#include <reg51.h>                //预处理 reg51.h 头文件
#define uchar unsigned char       //宏定义
#define uint unsigned int         //宏定义

delay(uint t)                     //带形式参数的延时子程序，t 为形式参数
{
     uchar i;
     while(t--)
       for(i=0;i<123;i++);
}

main()                            //主程序
{
     uchar i,shu;                 //定义两个局部变量
     while(1)
     {
         //*****************左移*****************//
         P1=0xff;                 //P1 口输出全 1，关闭 P1 口的八个灯
         delay(500);              //延时
         shu=0x01;                //赋初值 shu 只有 1 位为 1
         for(i=0;i<8;i++)         //循环八次
         {
             P1=~shu;             //将 shu 取反后送 P1 口输出
             delay(500);          //延时
             shu=shu<<1;          //shu 的数据左移 1 位
         }
         //*****************右移*****************//
         P1=0xff;                 //P1 口输出全 1，关闭 P1 口的八个灯
         delay(500);              //延时
         shu=0x80;                //赋初值 shu 只有 1 位为 1
         for(i=0;i<8;i++)         //循环八次
         {
             P1=~shu;             //将 shu 取反后送 P1 口输出
             delay(500);          //延时
             shu=shu>>1;          //shu 的数据右移 1 位
         }
     }
}
```

编译程序，生成与源文件同名的.bin 和.hex 文件，并仿真验证效果。

思考与练习

1. 实现流水灯向左移动，再向右移动，最后全部 LED 闪烁 2 次的效果。
2. 实现 1 个灭的 LED 灯向左移动（其余全亮），再向右移动的效果。

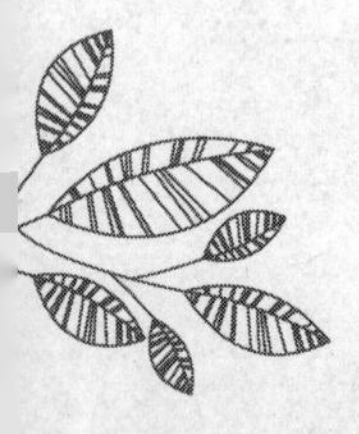

拓展训练

编写程序，实现如下流水灯效果：

（1）1个亮的LED灯左移；

（2）1个亮的LED灯右移；

（3）1个灭的LED灯左移（其余7个灯全亮）；

（4）1个灭的LED灯右移（其余7个灯全亮）；

（5）8个LED灯同时闪烁。

学习任务的工作页

项目四 制作投篮游戏机指示灯、流水灯

任务三 制作花样流水灯 工作页编号：ZNKZ04-03

一、基本信息

学习班级及小组＿＿＿＿＿＿＿＿＿＿学生姓名＿＿＿＿＿＿＿＿＿学生学号＿＿＿＿＿＿＿＿

学习项目完成时间＿＿＿＿＿＿＿＿＿指导教师＿＿＿＿＿＿＿＿＿学习地点＿＿＿＿＿＿＿＿

二、任务准备

1．写出本项目要完成的内容

2．请你确定本项目所需要完成的工作任务

3．小组分工：（1）请写出你要完成的工作任务；（2）写写你要完成此项目的计划（或步骤）；（3）工具；（4）安全注意事项。

三、任务实施

1．试写出C语言的三种基本结构分别是什么？

2．写一写“if”、“if else”、“switch”指令是怎么理解的？应如何使用。

续表

3．画出流水灯的程序流程图。

4．请你用三种编程方法编写流水灯的程序，并把主要的程序写下来。

5．在最小系统焊接电路的基础上，制作投篮游戏机指示灯、流水灯电路，原理图如图 4-3-9 所示。如焊接过程中遇到问题，请把它写下来。

6．在投篮游戏机控制板上进行实物安装与调试。

（1）将生成的 hex 文件导入到 Proteus 中进行软件仿真。

（2）在投篮游戏机安装控制板，并调试。

在程序联调过程遇到什么问题了吗？请写下来。

四、知识拓展

编写程序，实现如下流水灯效果：

（1）1 个亮的 LED 灯左移；

（2）1 个亮的 LED 灯右移；

（3）1 个灭的 LED 灯左移（其余 7 个灯全亮）；

（4）1 个灭的 LED 灯右移（其余 7 个灯全亮）；

（5）8 个 LED 灯同时闪烁。

学习评价

序号	项目		考核内容	配分	评分标准	自评	师评	得分
1	知识准备	项目内容	写出本项目要完成的内容	10	能写出本项目要完成的内容得 10 分			
2		工作任务	写出本项目所需要完成的工作任务	10	能基本写出本项目的工作任务得 10 分			
3		工作计划及分工	写出你的工作计划及分工	10	能写出自己要完成的计划及分工得 10 分			
4	实际操作	C 语言的三种基本结构	写出 C 语言的三种基本结构	5	能正确写出 C 语言的三种基本结构得 5 分			
5		if、if else、switch 指令	正确理解 if、if else、switch 指令的应用	5	能正确理解各指令的应用方法得 10 分			
6		程序流程图	画出流水灯的程序流程图	5	能正确画出流水灯的程序流程图得 10 分			
7		编写并调试程序	能使用编程软件编写程序，并在 Proteus 软件中正确调试	15	能正确编写程序，并在 Proteus 软件中正确调试效果得 15 分			
8		投篮游戏机板调试	能在投篮游戏机控制板上进行调试	5	能正确使用开发板调试流水灯效果得 5 分			
9		电路制作	制作投篮游戏机指示灯、流水灯的电路	10	能正确焊接制作指示灯、流水灯电路得 10 分			
10		拓展	完成拓展题	15	能正确完成拓展题得 15 分			
11	安全文明生产		遵守安全操作规程，正确使用仪器设备，操作现场整洁	10	每项扣 5 分，扣完为止			
			安全用电，防火，无人身、设备事故		因违规操作发生重大人身和设备事故，此题按 0 分计			
12	分数合计			100				

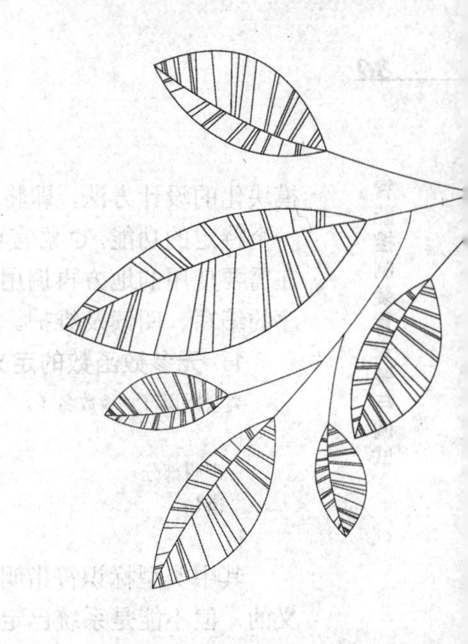

项目五

使用按键控制投篮游戏机的开始

Chapter 5

投篮游戏机上有“开始”、“联机”等功能按键，它们可以用单片机的I/O口控制。单片机的四个I/O口，既可以作为输出，控制LED灯的发光，也可以作为信号输入，检测信号状态。本次任务将学习使用按键作为单片机的输入设备来控制投篮游戏机。

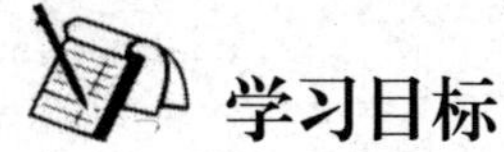

学习目标

1. 懂得函数的格式及调用的方法。
2. 学会常用按键的使用及其检测方法。
3. 学会绘制按键的流程图，并能在老师的引导下调试按键程序。
4. 能把实验板正确安装在投篮游戏机上，并通电试运行实现的按键功能。

做什么？

使用两个独立的按键控制投篮游戏机指示灯的亮灭，要求当按下SB1按键后，游戏机开始运行，指示灯亮。当按下SB2按键后，游戏机停止运行，指示灯灭。

学什么？

一、函数定义

C语言程序是由各种不同的函数组成。对于一个较大的、比较复杂的程序，可以采用模块化的设计方法，即将一个复杂的程序按功能划分为若干个程序模块，每一个模块实现一个特定的功能，C 语言程序中的函数就是一个模块。把程序写成一个个相对独立的函数，在需要使用的地方再调用，这种采用函数结构的写法，使得程序代码的结构清晰，方便程序的编写、阅读及维护。

1．无参数函数的定义形式

```
类型标识符  函数名（）
{
  声明部分
  语句
}
```

其中类型标识符指明了函数值的类型，或者是函数返回值的类型。函数名是由自己定义的，但不能是系统已定义的关键字。函数名后面是一个空括号，因为没有参数，所以里面没有内容，但括号不可以省略不写。

大括号内的内容为函数体，在函数体内声明的各种变量，仅在函数体内有效，称为局部变量。

例如，下面的 delay()函数就是一个无参数的函数，它没有返回值。

```
void delay()
{
unsigned char i,j;
     for( i=0;i<255;i++)
          for(j=0;j<255;j++);
}
```

这里 void 表示函数类型为空，没有返回值。

2．有参数函数的定义形式

```
类型标识符  函数名（形式参数列表）
{
  声明部分
  语句
}
```

有参数与无参数的主要区别在于多了一个形式参数列表，括号中的参数称为形式参数，简称形参。每个参数之间用逗号分隔。在函数调用时，主调用函数将传递实际的值给这些形式参数。

例如：

```
int min( int a,int b)
{
if (a<b) return a;
else returm b;
}
```

程序第一行说明 min 函数的返回值为整形数。a 和 b 为函数的形参，当 min 函数被调用时，上级函数会将实际的值传给形参 a 和形参 b。函数体中 return 语句的作用是，如果 $a<b$，就把 a 作为函数返回值，否则就把 b 作为函数的返回值。

二、函数的调用

1．函数调用的一般形式

在C语言中，函数调用的一般形式为：

函数名（实际参数）；

如果是无参函数，则不存在实际参数。

2．函数调用的方式

C 语言的函数是可以相互调用的，但在调用函数前，必须对函数的类型进行声明。C语言编译系统中将各种常用的系统函数封装成标准库函数，这些库函数在使用时也要声明，可以使用#include<文件名>预处理语句引入相应的文件。

调用是指一个函数体中引用另一个已定义的函数来实现所需要的功能，这时函数体称为主调用函数，函数体中所引用的函数称为被调用函数。只有一个函数是不能被调用的，它就是main()主函数。一个完整的程序必须有且只有一个main()函数。

可以用以下几种方式来调用函数。

（1）函数表达式：例如 X=min(a,b)是一个赋值语句，将函数min的返回值赋予变量X。

（2）函数语句：例如delay()。

（3）C语言规定在以下几种情况时可以省去主调用函数中对被调用函数的函数声明。

① 如果被调用函数的返回值类型是整型或字符型时，可以不做说明，而直接调用它。

② 程序中，被调用函数的定义位置在主调用函数之前。例如在上一任务流水灯程序中使用到的延时程序。

③ 如在所有函数定义之前，在主函数外先说明了各个函数的类型，这时也可以不对被调用函数做说明而直接调用。

④ 对系统库函数的调用不用再加说明，但必须把该函数相应的头文件用include命令包含于源文件前部。

例如，在控制LED灯的任务中，程序也可以书写为如下这样的形式。

```
#include <reg51.h>
void delay();           //声明一个类型为空的函数
main()                  //主调用函数
{
    while(1)
    {
       P1=0;
       delay();         //调用 delay()函数
       P1=0xff;
       delay();
    }
}
void delay()
{
    unsigned char i,j;
    for( i=0;i<255;i++)
        for(j=0;j<255;j++);
}
```

三、使用按键控制指示灯的亮灭

在控制一个 LED 指示灯亮灭的电路图的基础上，利用 P2 端口再添加两个按钮控制 LED 指示灯，其电路图如图 5-1 所示。在正常状态下，按钮没有按下，P2 口内部的上拉电阻将会把 P2.0~P2.7 引脚置为高电平。当按下 SB1 按钮后，P2.0 接地，变为低电平。编程时只需要判断按钮对应引脚 P2.0 或 P2.1 是否为低电平，再由此控制 P0.0 引脚，即能实现 LED 指示灯亮灭的控制。

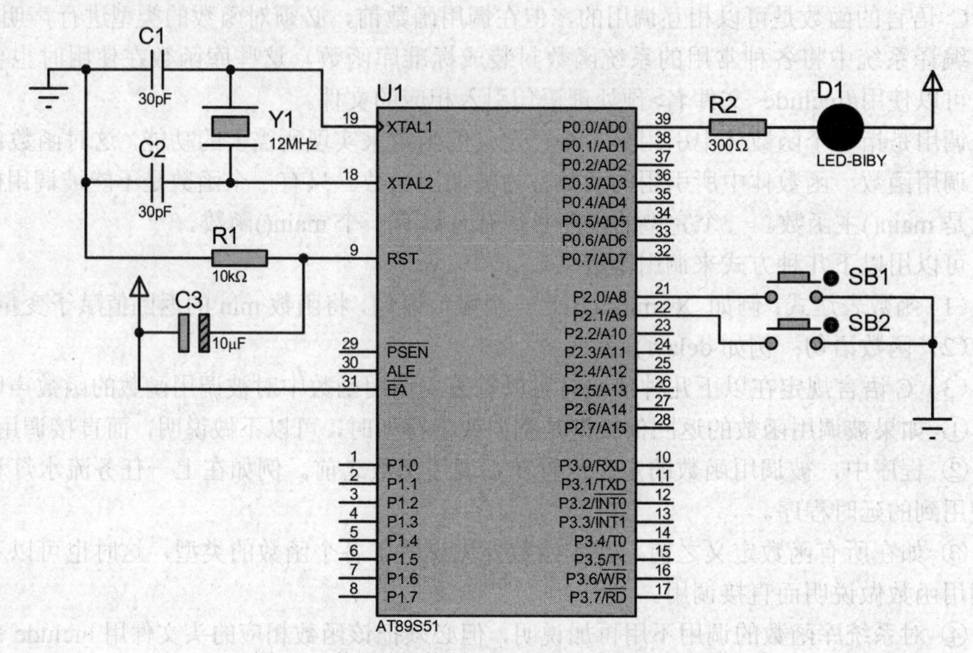

图 5-1　使用按键控制 LED 指示灯亮灭的电路图

四、常用开关及去抖动处理

开关作为单片机最基本的输入器件，种类很多，一般来说，有按钮开关和拨动开关，如图 5-2 所示。按钮开关也叫按键开关，一般常用的是轻触按键。

（a）按键　　（b）自锁开关　　（c）拨码开关

图 5-2　常用开关实物图

开关去抖动的方法如下。

常用的机械触点开关在实际应用中，并不是理想地断开和闭合的。在断开和闭合的瞬间都会有抖动，一般为 5~10ms，如图 5-3 所示。因此应用时要采取一定的措施来消除抖动，使系统更加可靠。

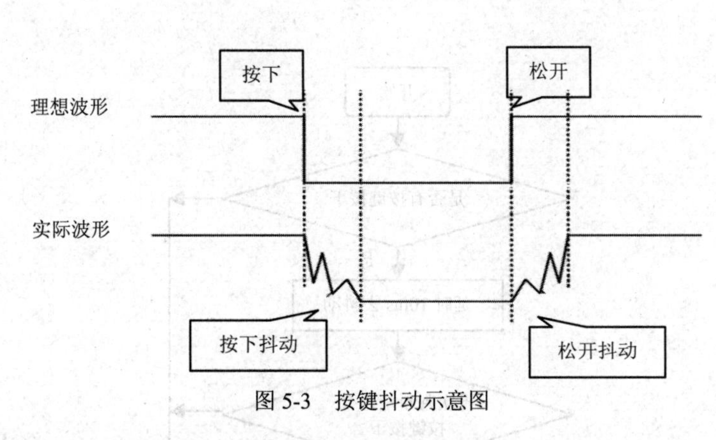

图 5-3　按键抖动示意图

通常去抖动的方法有两种：硬件去抖动和软件去抖动。

（1）硬件去抖动

在硬件上可采用在输入端加双稳态触发器或单稳态触发器的方法构成去抖动电路，图 5-4（a）所示是一种由双稳态触发器构成的去抖动电路。按键的抖动只发生在触发器的输入端，当触发器发生翻转，触点抖动对触发器输出到 P2.0 口的信号不会产生任何影响。如果对输入要求不是很高时也可以采用 RC 电路去抖动，如图 5-4（b）所示。

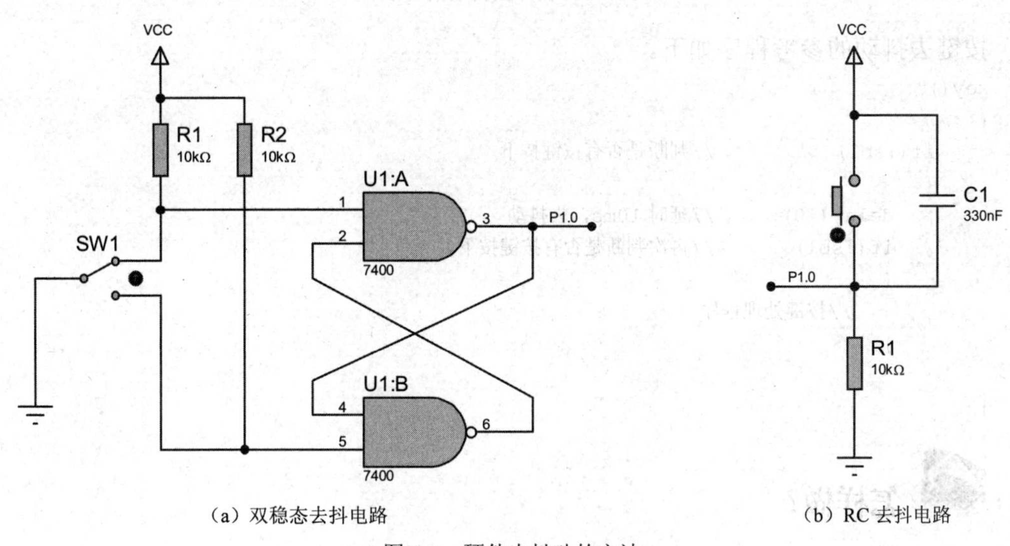

（a）双稳态去抖电路　　（b）RC 去抖电路

图 5-4　硬件去抖动的方法

采用硬件去抖动，在一定程度上增加了电路的复杂性，占用了电路板的位置，增加了成本，加大了开发的难度。因此在实际应用中，一般会采用软件的方法去抖动。

（2）软件去抖动

软件去抖动的方法是：当单片机检测到有按键按下时，延时 5~10ms 后，再检测是否有按键按下，若再次检测到有按键按下，则执行按键程序；若再次检测时无按键按下，则不执行按键程序。通过延时再次检测按键是否有按下的方法，可以避开抖动的时间，以达到去抖动的目的。

软件去抖动的流程图如图 5-5 所示。

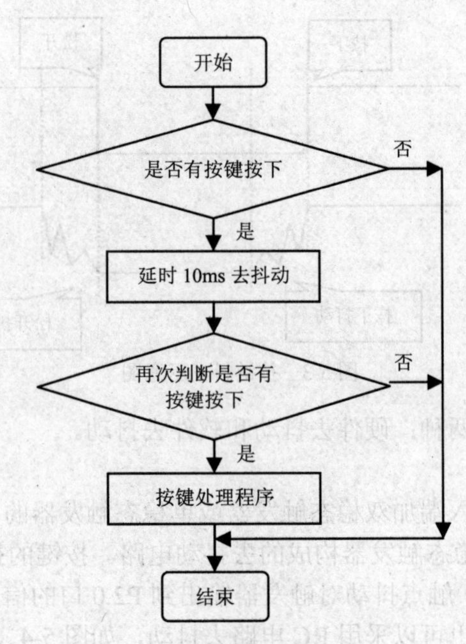

图 5-5　软件去抖动的方法

按键去抖动的参考程序如下。

```
key()
{
    if(!sb1)            //判断是否有按键按下
    {
        delay(10);      //延时 10ms，去抖动
        if(!sb1)        //再次判断是否有按键按下
        {
            //按键处理程序
        }
    }
}
```

怎样做?

一、绘制电路图

打开 Proteus 软件，绘制如图 5-1 所示的电路图，其中 LED 指示灯接在 P0.0 引脚，按键 SB1 和 SB2 分别接在 P2.0 和 P2.1 引脚，文件命名为：key.dsn。

二、绘制程序流程图

根据电路所需要实现的功能，绘制按键程序的流程图，如图 5-6 所示。

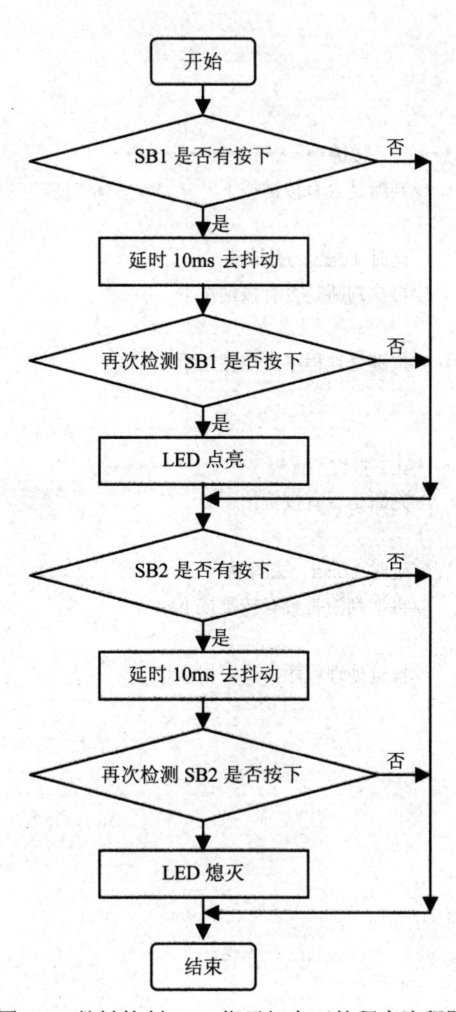

图 5-6　按键控制 LED 指示灯亮灭的程序流程图

三、编写源程序

1．输入参考程序，将文件名命名为：key.c。

```
#include <reg51.h>                //预处理 reg51.h
#define uchar unsigned char       //宏定义
#define uint unsigned int         //宏定义
sbit led =P0^0;                   //led 指示灯
sbit sb1=P2^0;                    //定义 sb1 为点亮
sbit sb2=P2^1;                    //定义 sb2 为熄灭

delay(uint t)      //带形式参数的延时子程序，t 为形式参数
{
     uchar i;
     while(t--)
       for(i=0;i<123;i++);
}
```

```
key()
{
    //****************sb1 按键****************//
    if(!sb1)            //判断是否有按键按下
    {
        delay(10);      //延时 10ms，去抖动
        if(!sb1)        //再次判断是否有按键按下
        {
            led=0;      //按键处理程序，点亮指示灯
        }
    }
    //****************sb2 按键****************//
    if(!sb2)            //判断是否有按键按下
    {
        delay(10);      //延时 10ms，去抖动
        if(!sb2)        //再次判断是否有按键按下
        {
            led=1;      //按键处理程序，熄灭指示灯
        }
    }
}
main()
{
    while(1)
    {
        key();
    }
}
```

2．编译程序，生成与源文件同名的.bin 和.hex 文件。

四、Proteus 软件仿真

运行 Proteus 软件，打开电路图“key.dsn”文件，双击 AT89S51 芯片，添加生成的“key.hex”文件。

按开始按钮 ▶ ，全速执行程序，其仿真效果如图 5-7 所示。当按下 SB1 按键时 LED 灯亮，当按下 SB2 按键时，LED 灯熄灭。

五、硬件验证

仿真通过后，将.hex 文件写入单片机，实现操作 SB1 和 SB2 按键控制 LED 亮灭的效果。

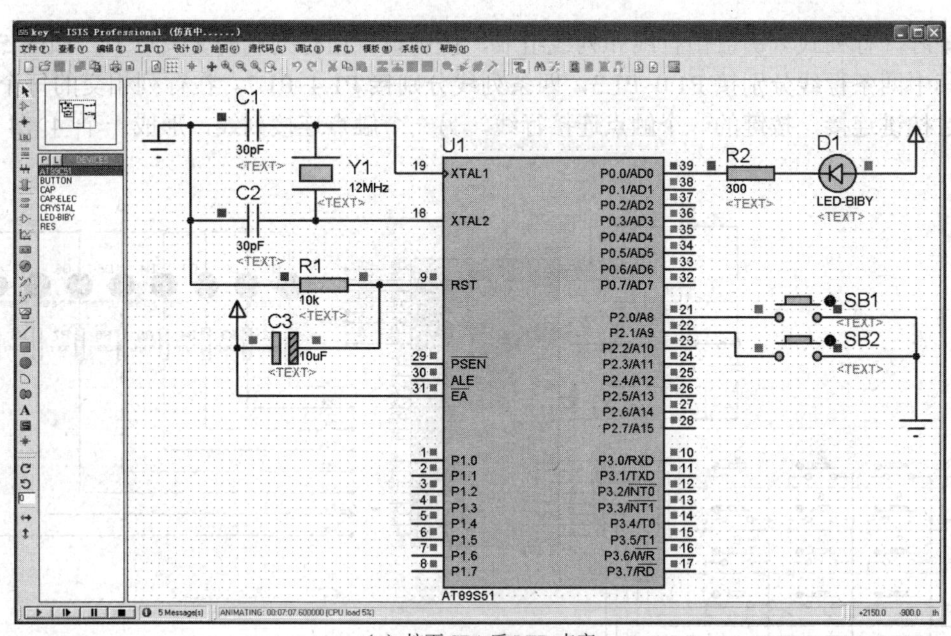

（a）按下 SB1 后 LED 点亮

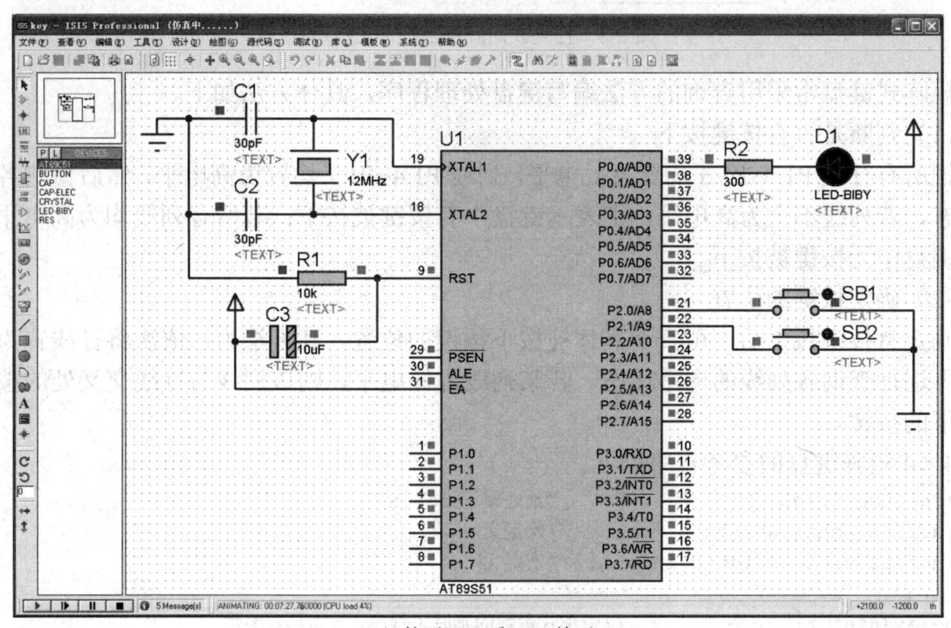

（b）按下 SB2 后 LED 熄灭

图 5-7 按键仿真效果

知识链接与延伸

4×4 矩阵键盘简介如下。

前面任务所使用的按键均为独立按键，每个按键占用一个 I/O 口，当所需要的按键比较多时，就会占用太多单片机的 I/O 端口，为节省 I/O 口，可使用矩阵键盘来代替。

矩阵（行列式）键盘由行线和列线组成，按键设置在行列线的交叉点上，如图 5-8 所示。其中四条行线分别接 P1.0~P1.3，四条列线分别接 P1.4~P1.7。在行列相交的每个交点上通过按键连接，按键的一个触点连接行线，另一个触点连接列线，形成一个 4×4 矩阵键盘。

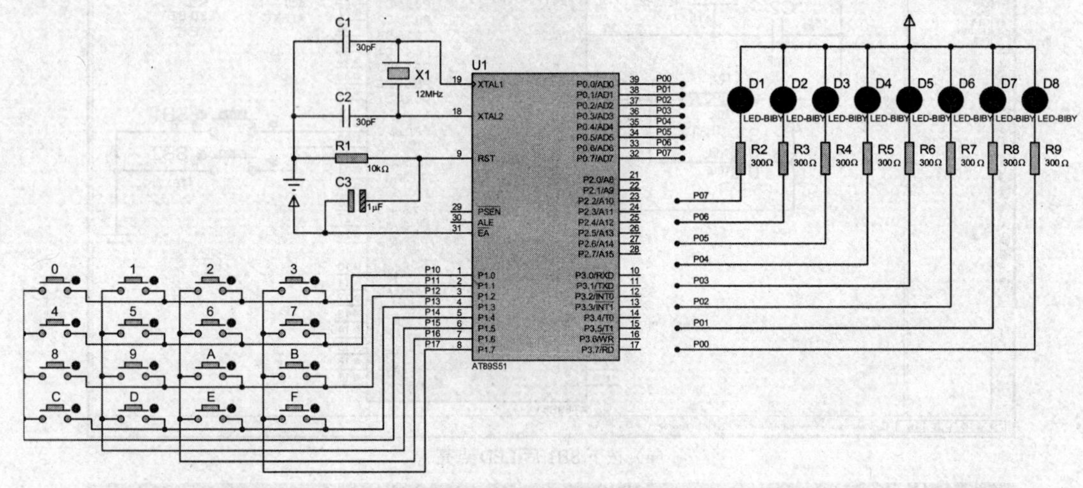

图 5-8　行列式矩阵键盘控制 LED 灯

矩阵式键盘常采用查询的方法编写键盘处理程序，具体方法如下。

（1）判断是否有按键按下

把所有行线 P1.0~P1.3 均置为低电平，列线 P1.4~P1.7 均置为高电平，然后检测各列线的状态，若列线不全为高电平，则表示键盘中有按键被按下；若所有列线均为高电平，则表示键盘中无按键被按下。

（2）确定按键的位置

确定有按键按下后，可查询具体被按下按键的位置，其方法为：依次将行线置为低电平，再逐行查询各列线的电平状态。若某列线为低电平，则该列线与行线交叉处的按键就是按下的按键。

4×4 矩阵键盘的参考程序如下。

```
#include <reg51.h>                //预处理 reg51.h
#define uchar unsigned char       //宏定义
#define uint unsigned int         //宏定义

delay(uint t)                  //带形式参数的延时子程序，t 为形式参数
{
uchar i;
while(t--)
     for(i=0;i<123;i++);
}

uchar scan()                   //键盘扫描函数
{
   P1=0xf0;                    //P1.0~P1.3 行线输出均为 0，准备读列状态
   if((P1&0xf0)!=0xf0)         //如果 P1.4~P1.7 不全为 1，则可能有按键按下
   {
```

```
        delay(10);                  //延时 10ms 去抖动
        if((P1&0xf0)!=0xf0)
        {
            P1=0xfe;                            //置 P1.0 为 0，判断哪列为 0
            if(!(P1&0x10))    return(0);     //判断第一列是否为 0
            if(!(P1&0x20))    return(1);     //判断第二列是否为 0
            if(!(P1&0x40))    return(2);     //判断第三列是否为 0
            if(!(P1&0x80))    return(3);     //判断第四列是否为 0
            P1=0xfd;                            //置 P1.1 为 0，判断哪列为 0
            if(!(P1&0x10))    return(4);     //判断第一列是否为 0
            if(!(P1&0x20))    return(5);     //判断第二列是否为 0
            if(!(P1&0x40))    return(6);     //判断第三列是否为 0
            if(!(P1&0x80))    return(7);     //判断第四列是否为 0
            P1=0xfb;                            //置 P1.2 为 0，判断哪列为 0
            if(!(P1&0x10))    return(8);     //判断第一列是否为 0
            if(!(P1&0x20))    return(9);     //判断第二列是否为 0
            if(!(P1&0x40))    return(10);    //判断第三列是否为 0
            if(!(P1&0x80))    return(11);    //判断第四列是否为 0
            P1=0xf7;                            //置 P1.3 为 0，判断哪列为 0
            if(!(P1&0x10))    return(12);    //判断第一列是否为 0
            if(!(P1&0x20))    return(13);    //判断第二列是否为 0
            if(!(P1&0x40))    return(14);    //判断第三列是否为 0
            if(!(P1&0x80))    return(15);    //判断第四列是否为 0
        }
    }
    return(0xff);                               //无按键按下，返回 0xff
}

main()
{
    while(1)
    {
        P0=scan();                              //将键值直接送到 P0 口的 LED 显示
    }
}
```

以上程序实现的功能是：按下某个按键，该按键的键值直接送到 P0 口的 LED 显示，将键值转换为二进制代码即可读出。

思考与练习

1. 使用 1 个按键来控制指示灯的亮灭。
2. 使用 SB1 按键控制流水灯的左移，使用 SB2 按键控制流水灯全部熄灭。
3. 试一试将 4×4 矩阵键盘的扫描程序再精简一下。

拓展训练

1. 编写程序，使用 5 个按键，每个按键实现一个效果，效果如下：

（1）1 个亮的 LED 灯左移；

（2）1 个亮的 LED 灯右移；

（3）1 个灭的 LED 灯左移（其余 7 个灯全亮）；

（4）1 个灭的 LED 灯右移（其余 7 个灯全亮）；

（5）8 个 LED 灯同时闪烁。

2. 编写程序，使用 1 个按键实现上题的效果。要求每按下一次按键，流水灯转换一次效果，如此循环。

学习任务的工作页

项目五　使用按键控制投篮游戏机的开始　　　　工作页编号：ZNKZ05-01

一、基本信息

学习班级及小组________________学生姓名______________学生学号____________

学习项目完成时间______________指导教师______________学习地点____________

二、任务准备

1. 写出本项目要完成的内容

2. 请你确定本项目所需要完成的工作任务

3. 小组分工：（1）请写出你要完成的工作任务；（2）写写你要完成此项目的计划（或步骤）；（3）工具；（4）安全注意事项。

三、任务实施

1. 函数的格式是怎样的？请写出来。并试举例写出函数是如何调用的。

2. 有哪些常用的按键？按键的去抖动有什么方法？

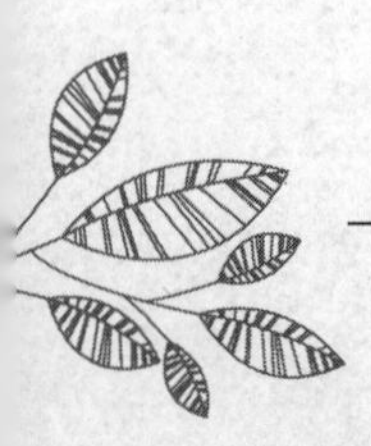

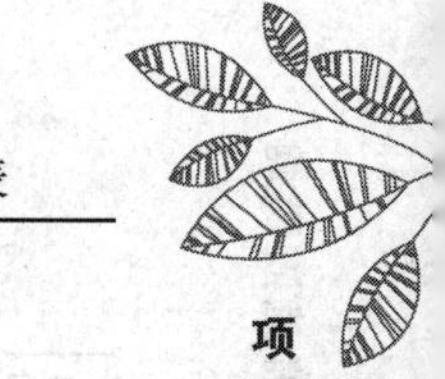

续表

3．写出一个按键的函数格式，命名为key()。

4．绘制本任务要完成的两个按键控制一个LED灯亮灭的程序流程图。

5．请你编写程序实现上述按键功能，并把主要的程序写下来。

6．在投篮游戏机控制板上进行实物安装与调试。
（1）将生成的.hex文件导入到Proteus中进行软件仿真。
（2）在投篮游戏机上安装控制板，并调试。
在程序联调过程遇到什么问题了吗？请写下来。

四、知识拓展

1．编写程序，使用5个按键，每个按键实现一个效果，效果如下：
（1）1个亮的LED灯左移；
（2）1个亮的LED灯右移；
（3）1个灭的LED灯左移（其余7个灯全亮）；
（4）1个灭的LED灯右移（其余7个灯全亮）；
（5）8个LED灯同时闪烁。

2．编写程序，使用1个按键实现上题的效果。要求每按下一次按键，流水灯转换一次效果，如此循环。

学习评价

序号	项目		考核内容	配分	评分标准	自评	师评	得分
1	知识准备	项目内容	写出本项目要完成的内容	10	能写出本项目要完成的内容得10分			
2		工作任务	写出本项目所需要完成的工作任务	10	能基本写出本项目的工作任务得10分			
3		工作计划及分工	写出你的工作计划及分工	10	能写出自己要完成的计划及分工得10分			
4	实际操作	函数的格式	写出函数的格式	5	能正确写出函数的格式得5分			
5		函数的调用	写出函数的调用方法	5	能正确写出函数的调用方法得5分			
6		按键程序函数	写出key()按键函数	5	能正确写出key()按键函数得5分			
7		程序流程图	画出程序流程图	10	能正确画出两个按键控制LED灯的程序流程图得10分			
8		编写并调试程序	能使用编程软件编写程序，并在Proteus软件中正确调试	15	能正确编写程序，并在Proteus软件中正确调试效果得15分			
9		投篮游戏机板调试	能在投篮游戏机控制板上进行调试	5	能正确使用开发板调试按键效果得5分			
10		拓展	完成拓展题	15	能正确完成拓展题得15分			
11	安全文明生产		遵守安全操作规程，正确使用仪器设备，操作现场整洁	10	每项扣5分，扣完为止			
			安全用电，防火，无人身、设备事故		因违规操作发生重大人身和设备事故，此题按0分计			
12	分数合计			100				

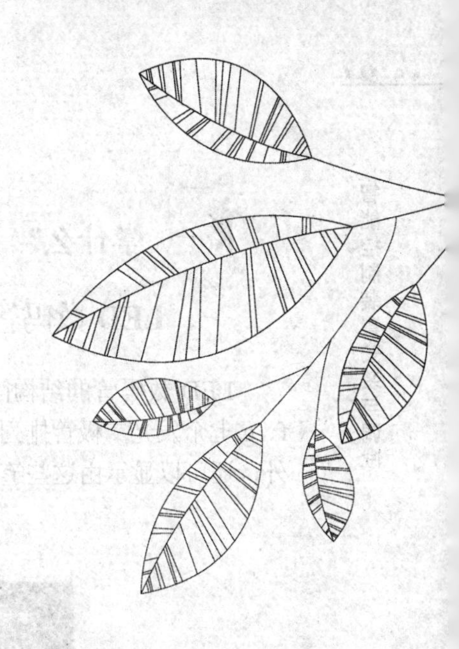

项目六

实现投篮游戏机的计球及计时

Chapter 6

任务一　控制一位数码管显示

数码管是单片机与人对话的重要输出设备，是单片机应用系统中较常用的显示器件之一。在实际应用中，如红绿灯的计时器，广告牌上的电子钟等都使用了八段 LED 数码管，而投篮游戏机的数码管则用来显示投球的时间和分数。数码管的应用非常广泛，在此任务中先学习一位数码管的控制方法。

学习目标

1. 认识数码管，懂得共阴、共阳数码管的字形编排方法。
2. 学会一维数组的定义及应用方法。
3. 能绘制数码管显示的流程图，并能在老师的引导下调试数码管显示程序。
4. 能把实验板正确安装在投篮游戏机上，并通电试运行，实现数码管显示功能。

做什么？

使用投篮游戏机开发板的一位数码管循环显示 0~9 的数字，要求所显示的数字每隔 0.5s 变换一次。

学什么?

一、LED 数码管的结构

LED 数码管的结构简单，其内部结构由 8 个发光二极管组成，包括了 a、b、c、d、e、f、g 七个发光二极管排列成“8”字形状，一个发光二极管为小数点。除了能显示 0~9 的数字外，还可以显示由这些笔画段构成的各种字符。数码管的实物图及其引脚图如图 6-1-1 所示。

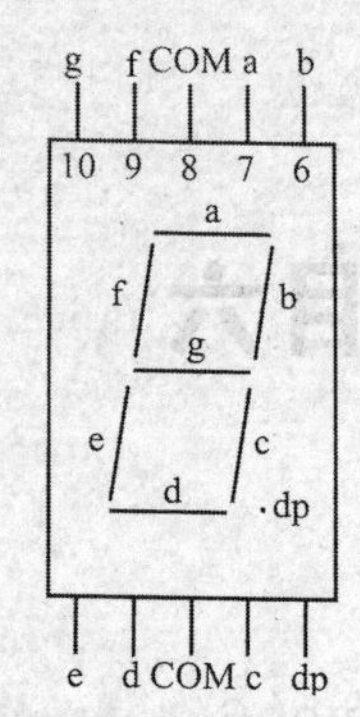

图 6-1-1　数码管的实物图及其引脚图

根据数码管内部发光二极管的连接方式，可分为共阴极和共阳极两种，其内部结构分别如图 6-1-2 和图 6-1-3 所示。共阳极 LED 数码管的 8 个发光二极管的阳极全部连接在一起构成公共端 COM，使用时公共端接+5V 电源，当阴极输入低电平时，发光二极管点亮；共阴极 LED 数码管的 8 个发光二极管的阴极全部连接在一起构成公共端 COM，使用时公共端接地，当阳极输入高电平时，发光二极管点亮。

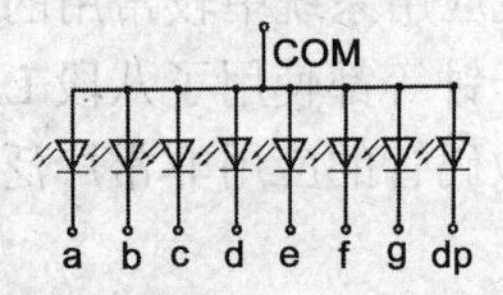

图 6-1-2　共阳极数码管内部结构

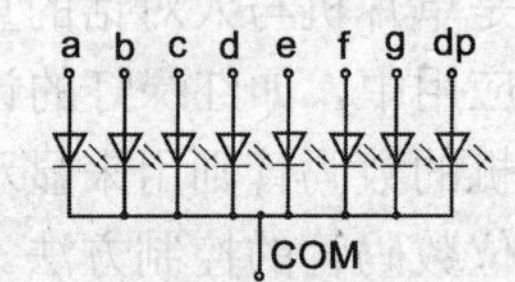

图 6-1-3　共阴极数码管内部结构

将单片机端口的 8 个引脚（如 P0 口）与数码管的管脚 a~dp 端对应连接，并在单片机的端口输出不同的 8 位二进制数，即可显示不同的数字或字符，而输出到单片机端口的 8 位二进制数称为段码。下面以共阳极数码管连接到 P0 口为例，编写数码管显示字形段码表如表 6-1-1 所示。

表 6–1–1　　数码管段码表

P0 口	P0.7	P0.6	P0.5	P0.4	P0.3	P0.2	P0.1	P0.0	共阳段码（十六进制）
数码管显示段	dp	g	f	e	d	c	b	a	
显示“0”	1	1	0	0	0	0	0	0	0xc0
显示“1”	1	1	1	1	1	0	0	1	0xf9
显示“2”	1	0	1	0	0	1	0	0	0xa4
显示“3”	1	0	1	1	0	1	0	0	0xb0

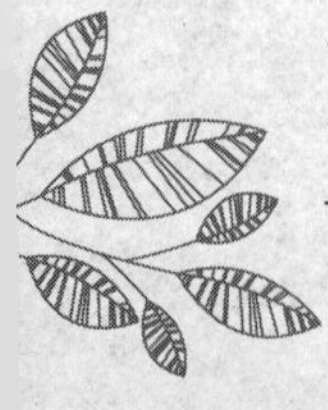

续表

P0 口 数码管显示段	P0.7 dp	P0.6 g	P0.5 f	P0.4 e	P0.3 d	P0.2 c	P0.1 b	P0.0 a	共阳段码 （十六进制）
显示“4”	1	0	0	1	1	0	0	1	0x99
显示“5”	1	0	0	1	0	0	1	0	0x92
显示“6”	1	0	0	0	0	0	1	0	0x82
显示“7”	1	1	1	1	1	0	0	0	0xf8
显示“8”	1	0	0	0	0	0	0	0	0x80
显示“9”	1	0	0	1	0	0	0	0	0x90
显示“A”	1	0	0	0	1	0	0	0	0x88
显示“B”	1	0	0	0	0	0	1	1	0x83
显示“C”	1	1	0	0	0	1	1	0	0xc6
显示“D”	1	0	1	0	0	0	0	1	0xa1
显示“E”	1	0	0	0	0	1	1	0	0x86
显示“F”	1	0	0	0	1	1	1	0	0x8e
无显示	1	1	1	1	1	1	1	1	0xff

将共阳极的段码表取反后，就能得到共阴数码管的段码表，请自行写出。

二、数码管的静态显示

数码管的静态显示是数码管显示某个字符时，相应的段码能够恒定点亮的显示方式。每位数码管的段码线（a~dp）都分别由一个 I/O 端口驱动，每位数码管均使用独立的端口，公共端恒定接地（共阴）或接电源（共阳），其示意图如图 6-1-4 所示。只要 I/O 口有段码输出，即能显示相应的字符并保持不变，直到 I/O 口送入下一个显示字符的段码。因此，静态显示方式的显示无闪烁，亮度较高，且占用 CPU 的时间少、编程简单，但占用的端口较多，硬件电路较复杂，只适合于较少位数的显示。

图 6-1-4　数码管静态显示的示意图

三、一维数组

数组是一组具有相同类型和名称的变量的集合，这些变量称为数组的元素，每个数组元素都有一个编号，这个编号叫做下标，可以通过下标来区别这些元素。数组元素的个数称为数组的长度。

1．一维数组的定义

类型说明符 数组名[常量表达式]；

C 语言中的数据类型包括基本数据类型、构造数据类型、指针类型、空类型。其中基本数据类型又可分为字符型数据、整型数据、实型数据，具体如表 4-2-1 所示 Keil C51 的数据类型。

例如：

```
int a[5];                //说明整型数组 a，有 5 个元素。
char b[10];              //说明字符数组 c，有 10 个元素。
float c[8], d[8];        //说明浮点型数组 c 和浮点型数组 d，各有 8 个元素。
```

2．一维数组的注意事项

（1）C 语言中数组的下标是从 0 开始的，如一个具有 8 个元素的数组 a，它的下标从 a[0]~a[7]，如引用单个元素就要数组名加下标，如 a[1]就是引用 a 数组中的第二个元素，如引用 a[8]，则出错。

（2）在程序中只有字符型的数组可以一次引用整个数组，其他类型的，则需要逐个引用数组中的元素，不能一次引用整个数组。

（3）数组的类型根据数组元素的数据类型所定，对于同一个数组，其所有元素的数据类型都是相同的。

（4）数组名不能与其他变量名相同。

（5）数组后的方括号内的表达式不可以是变量，但可以是符号常数或常量表达式。例如，int a[1+8]； //定义一个有 9 个元素的整型数组。

（6）允许在同一个类型说明中，说明多个数组和多个变量。

例如，int a, b, c, mm[10], nn[20];　　//定义了 3 个变量和 2 个数组。

3．数组的初始化

数组定义后，数组元素的值是随机的，可以在定义数组的同时，为数组元素赋值，这称为数组的初始化，其形式为：

类型说明符　数组名[常量表达式] = {初值,初值, , ,初值}；

例如：

（1）int a[10]={0,1,2,3,4,5,6,7,8,9}；//定义了一个有 10 个元素的整型数组 a，其元素分别为 0~9，即相当于 a[0]=0；a[1]=1；…a[9]=9；

（2）int a[10]={0,1,2}；//定义了一个有 10 个元素的整型数组 a，a[0]=0；a[1]=1；a[2]=2；其他元素未知；

（3）一维数组的数据可以定义为存储在内部程序存储器或数据存储器。

例如：uchar code tab[]={0xc0,0xf9,0xa4,0xb0,0x99,0x92,0x82,0xf8,0x80,0x90};

//code 表示存放在程序存储器，data 或不写则表示存储在数据存储器。其中 tab[]方括号内的常量表达式可不写。

怎样做?

一、绘制电路图

打开 Proteus 软件，绘制单片机控制一位数码管的电路图，文件命名为 seg. dsn，如

图 6-1-5 所示。数码管通过限流电阻与单片机的 P0 口相连，图中使用了共阳极数码管，公共端接正电源。其中部分元器件的查找关键词是：排阻为 RES16DIPIS，数码管为 7SEG-MPX1-CA（共阳极）。

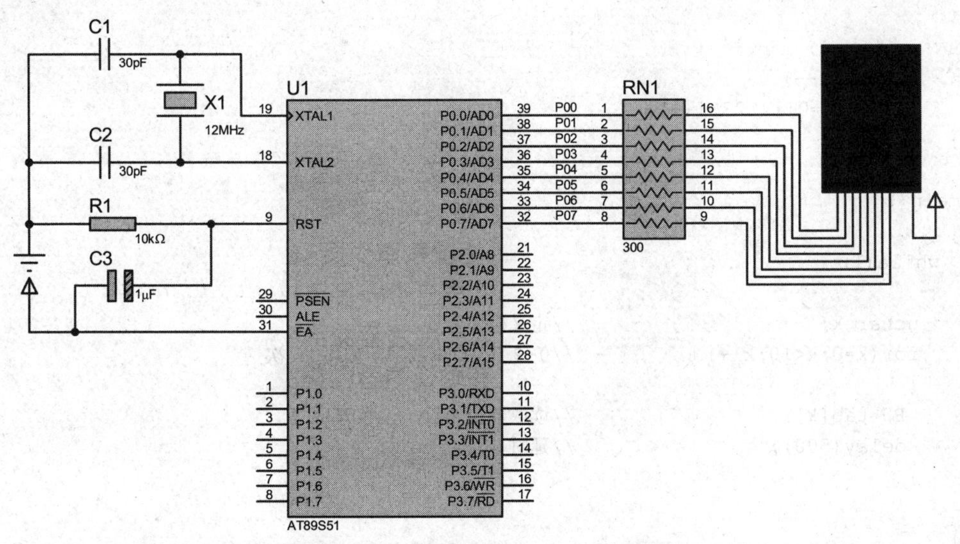

图 6-1-5　控制一位数码管的电路图

二、绘制程序流程图

一位数码管循环显示 0~9 的程序流程图如图 6-1-6 所示。

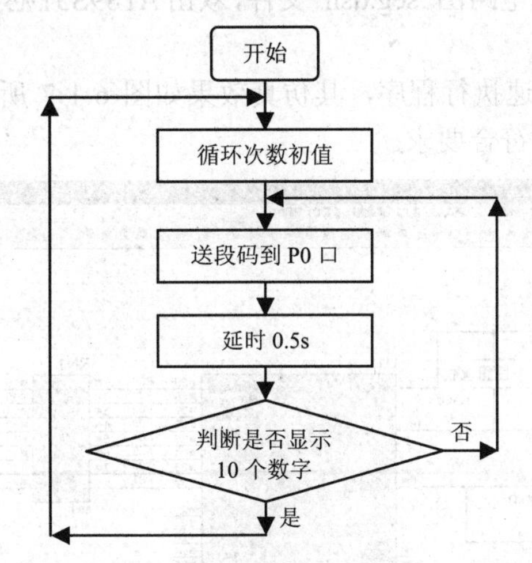

图 6-1-6　一位数码管循环显示 0~9 的流程图

三、编写程序

1．输入参考程序，将文件名命名为：seg.c。

```
#include <reg51.h>                //预处理 reg51.h 头文件
#define uchar unsigned char       //宏定义
#define uint unsigned int         //宏定义
```

```
//共阳数码管 0~9 的段码数据
uchar code tab[]={0xc0,0xf9,0xa4,0xb0,0x99,0x92,0x82,0xf8,0x80,0x90};
                  // 0    1    2    3    4    5    6    7    8    9
delay(uint t)      //延时程序，t 为形式参数
{
    uchar i;
    while(t--)
      for(i=0;i<123;i++);
}

main()
{
  while(1)
  {
    uchar k;                              //定义循环变量
    for(k=0;k<10;k++)                     //0~9 共 10 个数字，循环 10 次
    {
     P0=tab[k];                           //读取数组元素，送 P0 口
     delay(500);                          //延时 500ms
    }
  }
}
```

2．编译程序，生成与源文件同名的.bin 和.hex 文件。

四、Proteus 软件仿真

运行 Proteus 软件，打开电路图“seg.dsn”文件，双击 AT89S51 芯片，添加生成的“seg.hex”文件。

按开始按钮 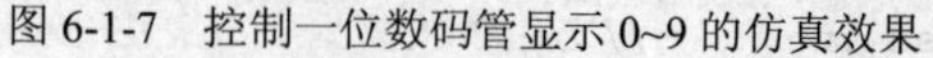，全速执行程序，其仿真效果如图 6-1-7 所示。数码管以 0.5s 的频率显示数字 0~9，程序运行符合要求。

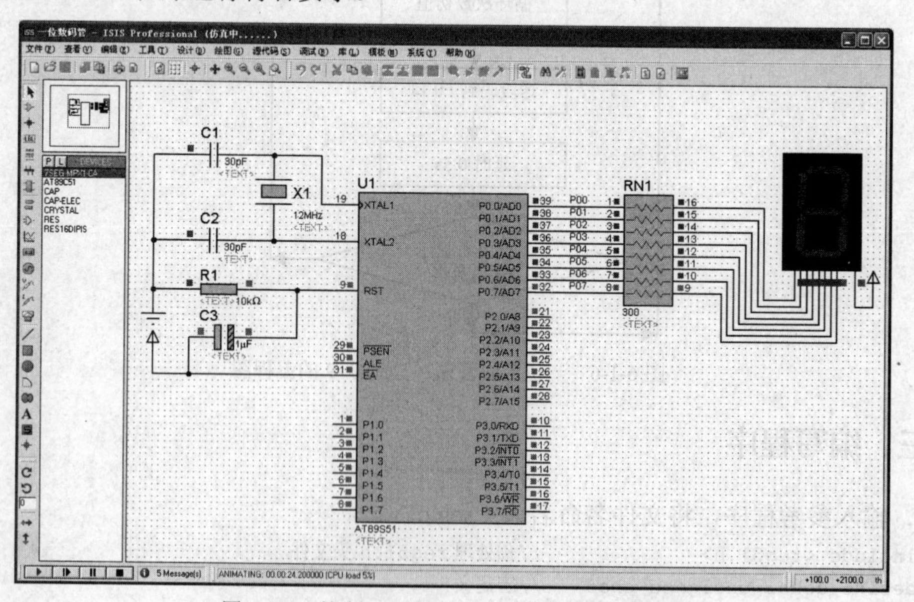

图 6-1-7　控制一位数码管显示 0~9 的仿真效果

五、硬件验证

仿真通过后，将.hex 文件写入单片机，实现一位数码管显示数字 0~9 的效果。

思考与练习

1. 请写出共阴极数码管的 0~F 的段码，并用一维数组的定义格式，定义一个共阴极数码管的段码表。

2. 简述数码管静态显示的原理。

3. 用一位数码管依次显示 A~F 六个字符，时间间隔为 0.5s。

4. 试应用一维数组的形式，编写流水灯的左移程序。

5. 试绘制 2 位数码管静态显示的电路图，并编程显示“68”。

拓展训练

1. 用一位数码管依次显示自己的身份证号码，时间间隔为 1s。

2. 使用一个独立按键实现以下功能：

（1）数码管初始显示“0”；

（2）每按下按键一次，数码管显示的数加 1；

（3）当数码管显示加到“9”后，再从“0”开始重新循环显示。

学习任务的工作页

项目六　实现投篮游戏机的计球及计时

任务一　控制一位数码管显示　　　　工作页编号：ZNKZ06-01

一、基本信息

学习班级及小组______________________ 学生姓名__________________ 学生学号________________

学习项目完成时间____________________ 指导教师__________________ 学习地点________________

二、任务准备

1. 写出本项目要完成的内容

2. 请你确定本项目所需要完成的工作任务

3. 小组分工：（1）请写出你要完成的工作任务；（2）写写你要完成此项目的计划（或步骤）；（3）工具；（4）安全注意事项。

续表

三、任务实施

1．请你将数码管的引脚图画出来。按公共端连接的不同，数码管可分为哪两种？请将它们的内部结构图画出来。

2．请你写出共阳极数码管 0~F 的段码表，通过对比再写出共阴极数码管的段码表。

3．请你利用一维数组的定义格式，定义一个 0~9 的共阳极数码管的段码表。

4．新建“seg.dsn”文件，绘制一位数码管的仿真电路图。

5．绘制一位数码管循环显示 0~9 的程序流程图。

6．请你编写程序，控制一位数码管循环显示 0~9，时间间隔为 0.5s，把主要的程序写下来。

7．在投篮游戏机控制板上进行实物安装与调试。

（1）将生成的.hex 文件导入到 Proteus 中进行软件仿真。

（2）在投篮游戏机安装控制板，并调试。

在程序联调过程遇到什么问题了吗？请写下来。

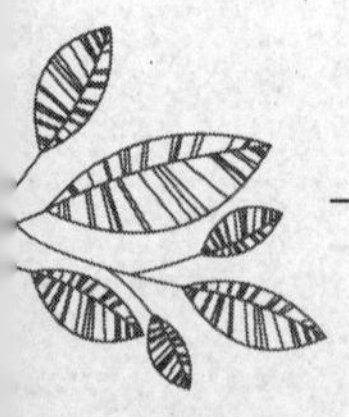

续表

四、知识拓展
1．用一位数码管依次显示自己的身份证号码，时间间隔为1s。 2．使用一个独立按键实现以下功能： （1）数码管初始显示“0”； （2）每按下按键一次，数码管显示的数加1； （3）当数码管显示加到“9”后，再从“0”开始重新循环显示。

学习评价

序号	项目		考核内容	配分	评分标准	自评	师评	得分
1	知识准备	项目内容	写出本项目要完成的内容	5	能写出本项目要完成的内容得5分			
2		工作任务	写出本项目所需要完成的工作任务	10	能基本写出本项目的工作任务得10分			
3		工作计划及分工	写出你的工作计划及分工	10	能写出自己要完成的计划及分工得10分			
4	实际操作	数码管	画出数码管的引脚图，内部结构图	5	能正确画出数码管的引脚图和内部结构图得5分			
5		数码管的段码表	写出共阴、共阳极数码管的段码表	5	能正确写出共阴、共阳极数码管的段码表得5分			
6		数组	用一维数组形式写出共阳极数码管的段码	5	能正确用一维数组形式写出共阳极数码管的段码得5分			
7		电路图	绘制一位数码管电路图	5	能正确绘制一位数码管的电路图得5分			
8		程序流程图	画出程序流程图	10	能正确画出数码管显示1~9的程序流程图得10分			
9		编写并调试程序	能使用编程软件编写程序，并在Proteus软件中正确调试	15	能正确编写程序，并在Proteus软件中正确调试效果得15分			
10		投篮游戏机板调试	能在投篮游戏机控制板上进行调试	5	能正确使用开发板调试一位数码管的显示效果得5分			

续表

序号	项目		考核内容	配分	评分标准	自评	师评	得分
11	实际操作	拓展	完成拓展题	15	能正确完成拓展题得15分			
12	安全文明生产		遵守安全操作规程，正确使用仪器设备，操作现场整洁	10	每项扣5分，扣完为止			
			安全用电，防火，无人身、设备事故		因违规操作发生重大人身和设备事故，此题按0分计			
13	分数合计			100				

任务二　控制多位数码管动态显示

投篮游戏机使用了八位数码管，其中三位数码管显示投球的分数“SCORD”，两位数码管显示投篮的时间“TIME”，剩下的三位显示每局的最高记录“RECORD”。八位数码管的显示若用静态显示的方式显然要占用很多的I/O端口，那么怎样才能使用尽量少的I/O端口控制多位数码管的显示呢？带着这个问题开展本任务的学习。

学习目标

1. 认识多位一体数码管及内部结构。
2. 学会多位数码管的动态扫描显示原理。
3. 能绘制多位一体数码管显示的流程图，并能在老师的引导下调试数码管显示程序。
4. 能把实验板正确安装在投篮游戏机上，并通电试运行，实现数码管显示投球的分数。

做什么？

使用投篮游戏机开发板的四位数码管显示投球分数，要求显示投球分数初值为“0012”。

学什么？

一、认识四位一体的数码管

四位一体的数码管实际上是将四个数码管中相同的段码线（a~dp）连接在一起，而每位数码管的公共端则独立引出作为供电引脚。四位一体数码管的实物图如图6-2-1所示，其内部结构示意图如图6-2-2所示。

图 6-2-1　实物图

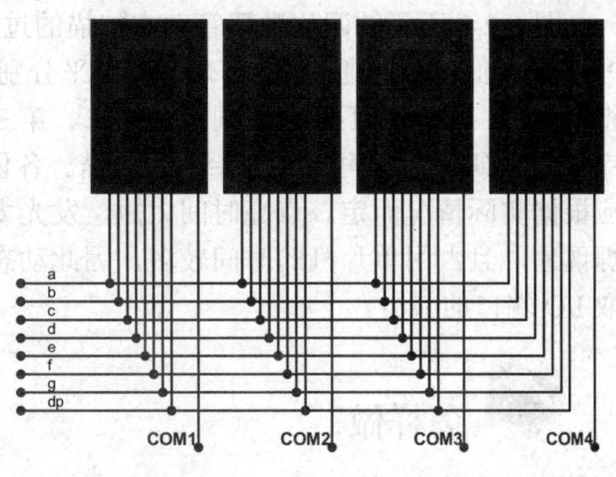

图 6-2-2　内部结构示意图

二、数码管的动态显示

在数码管的显示位数较多时，采用静态显示则需要占用较多的 I/O 口，这时常采用动态显示。为节约 I/O 口的数目，通常将所有数码管的段码线的相应端并联在一起，再由一个 8 位 I/O 端口（如 P0 口）控制，而各显示位的公共端分别由另一单独的 I/O 端口线控制，应用电路如图 6-2-3 所示。

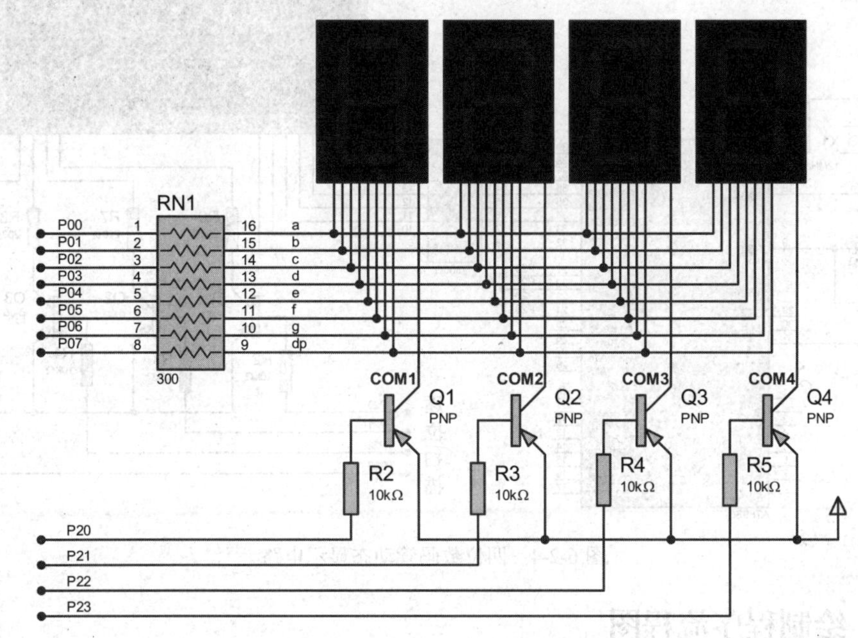

图 6-2-3　四位数码管动态扫描电路

数码管动态显示就是单片机向端口（如 P0 口）输出显示字符的段码，并选中某一位显示位，其他各位无效。每隔一定时间，逐位、轮流点亮下一个数码管，由于数码管的余辉及人眼的视觉延时效应，只要控制每位数码管显示的时间和间隔，则可感觉所有的数码管是同时显示的。

图 6-2-3 所示的四位数码管动态扫描的过程如下：将第一个数码管的段码送到 P0 口，P2.0 置为低电平选通 Q1，其余为高电平分别使 Q2、Q3、Q4 截止，此时第一位数码管得电显示，其余的不得电。同理，第二、第三和第四位数码管的扫描方式相同。当扫描完 4 位数码管后，再从头开始重新扫描。各位数码管轮流点亮的时间间隔（扫描间隔）应根据实际情况而定。点亮时间太短，发光太弱，人眼无法看清；时间太长，会产生闪烁现象，且占用单片机的时间较多，因此动态扫描显示的实质是以执行程序的时间来换取 I/O 端口的减少。

怎样做?

一、绘制电路图

打开 Proteus 软件，绘制单片机控制四位数码管的电路图，文件命名为：4seg. dsn，如图 6-2-4 所示。四位一体数码管通过限流电阻 RN1 与单片机的 P0 口相连，P2.0~P2.3 分别控制 Q1~Q4 三极管以选位。其中部分元器件的查找关键词是：三极管为 PNP，排阻为 RES16DIPIS，四位一体数码管为 7SEG-MPX4-CA（共阳极）。

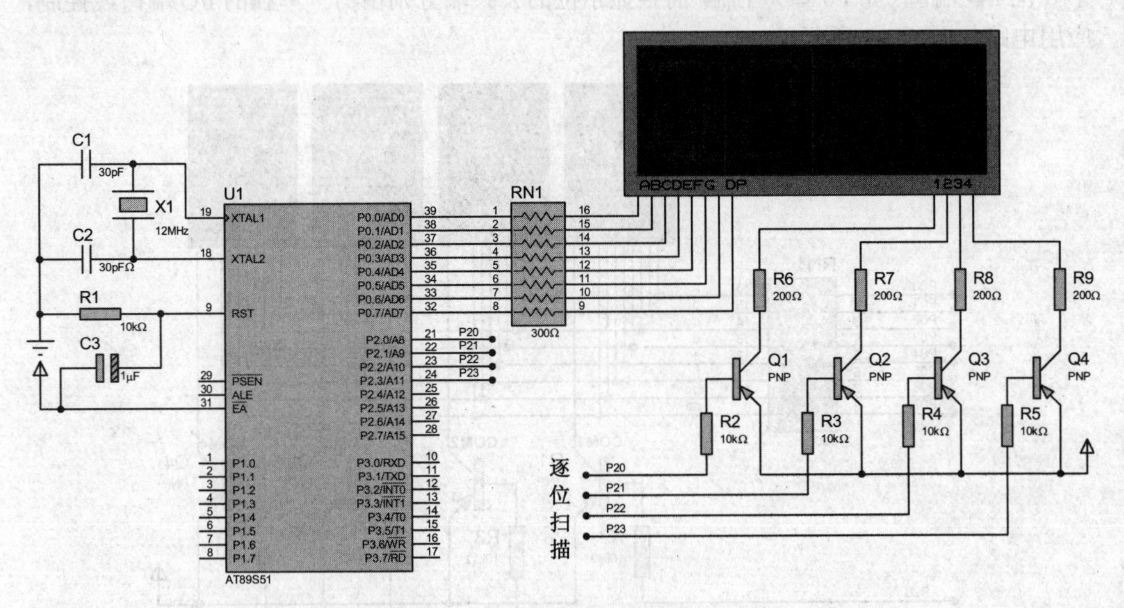

图 6-2-4 四位数码管动态显示电路

二、绘制程序流程图

四位数码管动态显示“0012”的程序流程图如图 6-2-5 所示。

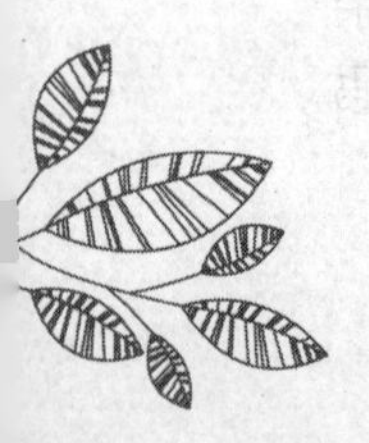

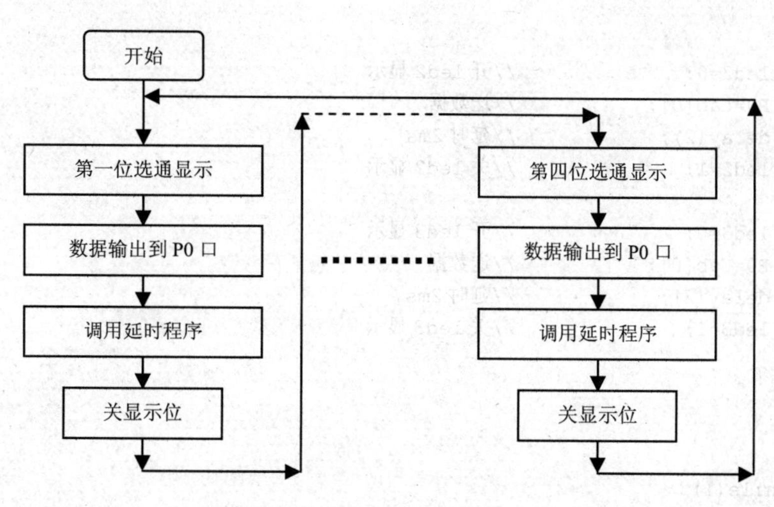

图 6-2-5　四位数码管动态扫描显示“0012”的流程图

三、编写程序

1．按照图 6-2-5 所示的四位数码管动态扫描程序流程图，编写显示程序，将文件名命名为：4seg.c，参考程序如下。

（1）方法一：直接赋值（如 tab[0]），P2 口用位控制。

```
#include <reg51.h>              //预处理 reg51.h 头文件
#define uchar unsigned char     //宏定义
#define uint unsigned int       //宏定义
sbit led0=P2^0;                 //定义第一位数码管控制引脚
sbit led1=P2^1;                 //定义第二位数码管控制引脚
sbit led2=P2^2;                 //定义第三位数码管控制引脚
sbit led3=P2^3;                 //定义第四位数码管控制引脚
uchar code tab[]={0xc0,0xf9,0xa4,0xb0,0x99,0x92,0x82,0xf8,0x80,0x90};

delay(uint t)              //延时程序，t 为形式参数
{
    uchar i;
    while(t--)
      for(i=0;i<123;i++);
}

disp()                     //数码管显示程序
{
      led0=0;              //开 led0 显示
      P0=tab[0];           //送数据
      delay(2);            //延时 2ms
      led0=1;              //关 led0 显示

      led1=0;              //开 led1 显示
      P0=tab[0];           //送数据
      delay(2);            //延时 2ms
      led1=1;              //关 led1 显示
```

```
    led2=0;              //开 led2 显示
    P0=tab[0];           //送数据
    delay(2);            //延时 2ms
    led2=1;              //关 led2 显示

    led3=0;              //开 led3 显示
    P0=tab[0];           //送数据
    delay(2);            //延时 2ms
    led3=1;              //关 led3 显示
}

main()
{
   while(1)
   {
      disp();            //调用数码管显示程序
   }
}
```

（2）方法二：变量形式（如 tab[k]），P2 口直接赋值。

```
#include <reg51.h>                //预处理 reg51.h 头文件
#define uchar unsigned char       //宏定义
#define uint unsigned int         //宏定义
uchar code tab[]={0xc0,0xf9,0xa4,0xb0,0x99,0x92,0x82,0xf8,0x80,0x90};
uchar k1=0,k2=0,k3=1,k4=2;        //定义数码管显示变量，入口单元

delay(uint t)              //延时程序，t 为形式参数
{
   uchar i;
   while(t--)
     for(i=0;i<123;i++);
}

disp()                     //数码管显示程序，入口单元：k1、k2、k3、k4
{
     P2=0xfe;          //开 led0 显示
     P0=tab[k1];       //送数据
     delay(2);         //延时 2ms
     P2=0xff;          //关 led0 显示

     P2=0xfd;          //开 led1 显示
     P0=tab[k2];       //送数据
     delay(2);         //延时 2ms
     P2=0xff;          //关 led1 显示

     P2=0xfb;          //开 led2 显示
     P0=tab[k3];       //送数据
     delay(2);         //延时 2ms
     P2=0xff;          //关 led2 显示
```

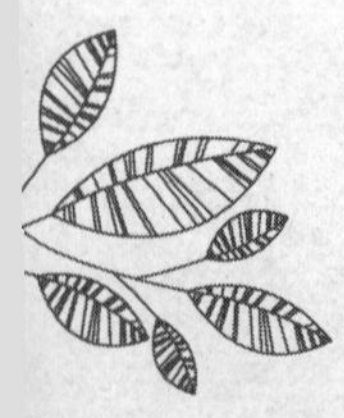

```
    P2=0xf7;                //开 led3 显示
    P0=tab[k4];             //送数据
    delay(2);               //延时 2ms
    P2=0xff;                //关 led3 显示
}

main()
{
   while(1)
   {
     disp();                //调用数码管显示程序
}
}
```

（3）方法三：数组形式（如 tab[dy[k]]），P2 口选位也使用数组形式 P2=wei[k]。

```
#include <reg51.h>                //预处理 reg51.h 头文件
#define uchar unsigned char       //宏定义
#define uint unsigned int         //宏定义
uchar code tab[]={0xc0,0xf9,0xa4,0xb0,0x99,0x92,0x82,0xf8,0x80,0x90};
uchar dy[]={0,0,1,2};                              //送显的数据，数据存在 RAM
uchar code wei[]={0xfe,0xfd,0xfb,0xf7};      //选位数据，存在程序存储器 ROM
uchar k=0;                     //定义 k 为第几位数码管

delay(uint t)                  //延时程序，t 为形式参数
{
   uchar i;
   while(t--)
    for(i=0;i<123;i++);
}

disp()                         //数码管显示程序，入口单元：dy[0]、dy[1]、dy[2]、dy[3]
{
    P2=wei[k];                 //开显示
    P0=tab[ dy[k] ];           //送数据
    delay(2);                  //延时 2ms
    P2=0xff;                   //关数码管显示

    k++;                       //k 加 1，显示下一位数码管
    if(k==4)                   //判断是否显示完第四位数码管
    k=0;                       //重新置初值 0，从第 0 位数码管开始显示。
}

main()
{
   while(1)
   {
    disp();                    //调用数码管显示程序
    }
}
```

注意：方法一和方法二均按照图 6-2-5 的程序流程图编写数码管动态显示程序，方法

三则利用了循环的形式编写程序（程序流程图未给出）。对比三种方法，如表 6-2-1 所示。方法一没有入口单元，只能固定显示“0012”。方法二和方法三均有显示单元，只要改变 k1~k4 或 dy[0]~dy[3]的值，数码管对应位的显示就会改变，因此在调试成功数码管显示程序后，显示程序可以不再关注，而只需关注显示单元（入口单元）就可以了。

表 6-2-1　显示程序对比

显示程序	数码管显示单元（入口单元）				
方法一	无入口单元	0	0	1	2
方法二	k1、k2、k3、k4	k1	k2	k3	k4
方法三	dy[0]、dy[1]、dy[2]、dy[3]	dy[0]	dy[1]	dy[2]	dy[3]

2．编译程序，生成与源文件同名的.bin 和.hex 文件。

四、Proteus 软件仿真

运行 Proteus 软件，打开电路图“4seg.dsn”文件，双击 AT89S51 芯片，添加生成的“4seg.hex”文件。

按开始按钮 ▶ ，全速执行程序，其仿真效果如图 6-2-6 所示。四位数码管动态显示“0012”，程序运行符合要求。

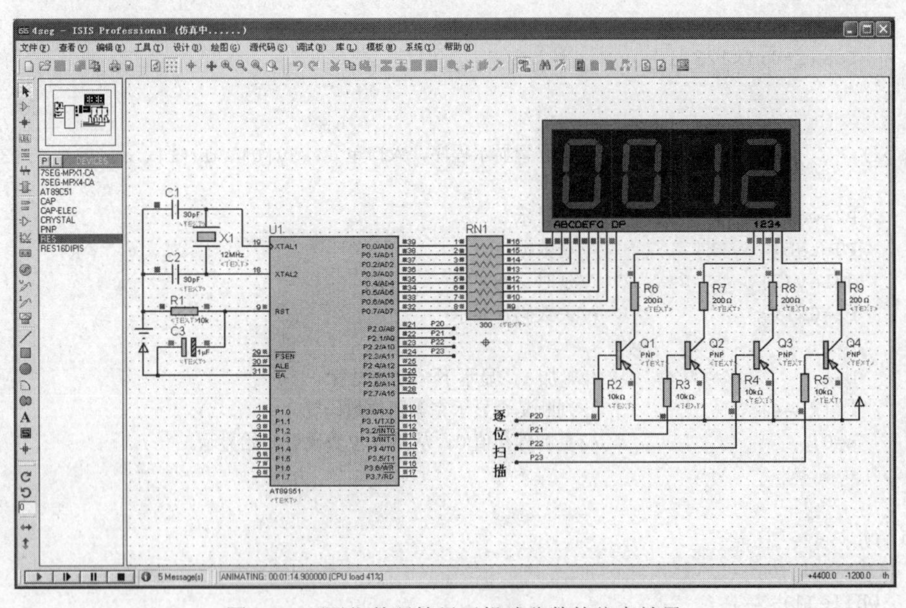

图 6-2-6　四位数码管显示投球分数的仿真效果

五、硬件验证

仿真通过后，将.hex 文件写入单片机，实现投篮游戏机开发板的四位数码管动态显示

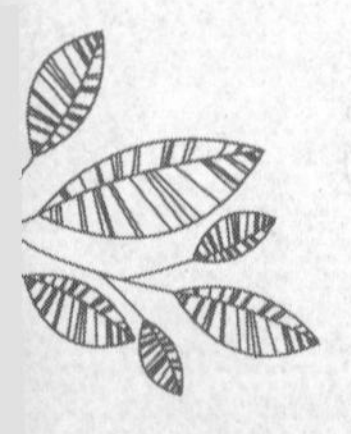

数字“0012”的效果。

思考与练习

1. 简述四位一体数码管的内部结构是如何连接的。
2. 简述动态扫描显示的原理。
3. 使用 Proteus 软件，画出八位数码管动态显示电路，并编程调试显示“1234578”。

拓展训练

1. 使用四个独立按键及四位数码管完成以下功能：

（1）初始化四位数码管显示：0000；

（2）按下按键 1，第一位数码管显示“5”；

（3）按下按键 2，第二位数码管显示“6”；

（4）按下按键 3，第三位数码管显示“7”；

（5）按下按键 4，第四位数码管显示“8”。

2. 使用图 6-2-4 所示电路图中的 2 位数码管，编写 0~99 循环显示的程序。

学习任务的工作页

项目六 实现投篮游戏机的计球及计时

任务二 控制多位数码管动态显示 工作页编号：ZNKZ06-02

一、基本信息

学习班级及小组____________学生姓名____________学生学号____________

学习项目完成时间____________指导教师____________学习地点____________

二、任务准备

1. 写出本项目要完成的内容

2. 请你确定本项目所需要完成的工作任务

3. 小组分工：（1）请写出你要完成的工作任务；（2）写写你要完成此项目的计划（或步骤）；（3）工具；（4）安全注意事项。

续表

三、任务实施

1．请你画出四位一体数码管的内部结构示意图或者用文字描述一下四位一体数码管的内部连接方式。

2．请你写写数码管动态显示的原理。

3．新建“4seg.dsn”文件，绘制四位一体数码管的显示电路图。

4．绘制四位一体数码管显示投球分数的程序流程图。

5．请你使用三种方法编写程序实现投球分数显示程序，并把主要的程序写下来。注意互相对照，看它们之间有什么区别。

6．在投篮游戏机控制板上进行实物安装与调试。

（1）将生成的.hex 文件导入到 Proteus 中进行软件仿真。

（2）在投篮游戏机上安装控制板，并调试。

在程序联调过程遇到什么问题了吗？请写下来。

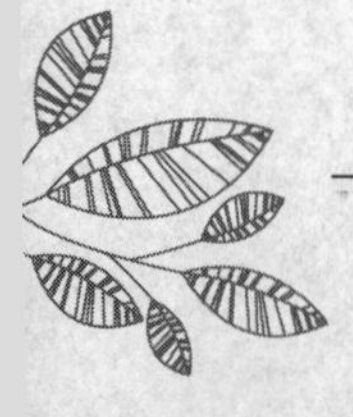

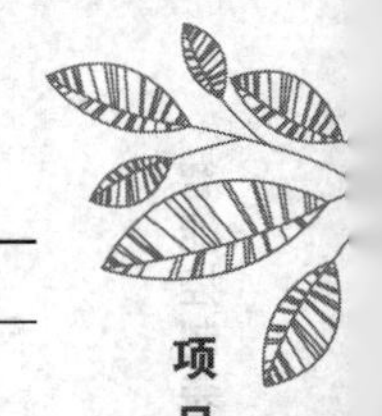

续表

四、知识拓展
1．使用四个独立按键及四位数码管完成以下功能： （1）初始化四位数码管显示：0000； （2）按下按键 1，第一位数码管显示“5”； （3）按下按键 2，第二位数码管显示“6”； （4）按下按键 3，第三位数码管显示“7”； （5）按下按键 4，第四位数码管显示“8”。 2．使用图 6-2-4 所示电路图中的 2 位数码管，编写 0~99 循环显示的程序。

学习评价

序号	项目		考核内容	配分	评分标准	自评	师评	得分
1	知识准备	项目内容	写出本项目要完成的内容	5	能写出本项目要完成的内容得 5 分			
2		工作任务	写出本项目所需要完成的工作任务	10	能基本写出本项目的工作任务得 10 分			
3		工作计划及分工	写出你的工作计划及分工	10	能写出自己要完成的计划及分工得 10 分			
4	实际操作	多位一体数码管	画出四位一体数码管的内部示意图	5	画出四位一体数码管的内部示意图得 5 分			
5		数码管的动态显示	写出数码管动态显示的原理	10	能正确写出数码管动态显示的原理得 10 分			
6		电路图	绘制四位一体数码管电路图	5	能正确绘制四位一体数码管的电路图得 5 分			
7		程序流程图	画出程序流程图	10	能正确画出四位一体数码管显示投球分数程序流程图得 10 分			
8		编写并调试程序	能使用编程软件编写程序，并在 Proteus 软件中正确调试	15	能正确编写程序，并在 Proteus 软件中正确调试效果得 15 分			
9		投篮游戏机板调试	能在投篮游戏机控制板上进行调试	5	能正确使用开发板调试一位数码管的显示效果得 5 分			
10		拓展	完成拓展题	15	能正确完成拓展题得 15 分			

续表

序号	项目	考核内容	配分	评分标准	自评	师评	得分
11	安全文明生产	遵守安全操作规程，正确使用仪器设备，操作现场整洁	10	每项扣 5 分，扣完为止			
		安全用电，防火，无人身、设备事故		因违规操作发生重大人身和设备事故，此题按 0 分计			
12	分数合计		100				

任务三　实现投篮游戏机的计球

在前面的任务里，已经分步实现了投篮游戏机的电源指示灯、流水灯和开始按键等功能。本任务将结合数码管的动态显示及相关的传感器技术来实现投篮游戏机的计球功能。

学习目标

1. 懂得红外传感器的正确安装及应用。
2. 学会设置中断控制寄存器 IE、TCON、IP，并能编程实现。
3. 通过查阅相关资料，学生能在老师的引导下正确绘制投篮游戏机计球与显示电路图。
4. 学会绘制计球程序的流程图，并能在老师的引导下调试计球显示程序。
5. 能把实验板正确安装在投篮游戏机上，并通电试运行，实现投篮计球效果。

做什么?

编程实现投篮游戏机的计球功能，要求整合指示灯、流水灯、按键及数码管显示的程序，使用外部中断的知识，实现投球加 1 的功能。具体要求如下：

（1）初始化时，流水灯左移一次；

（2）4 位数码管显示“灭 000”；

（3）按下“开始”按键，指示灯点亮；

（4）按下“开始”按键后，才能进行计球加 1，否则不能加 1。

学什么?

相关基本知识一

一、投篮游戏机的计球显示

投篮游戏机的计球显示使用了 3 位数码管，安装在投篮游戏机正面的面板上，如图

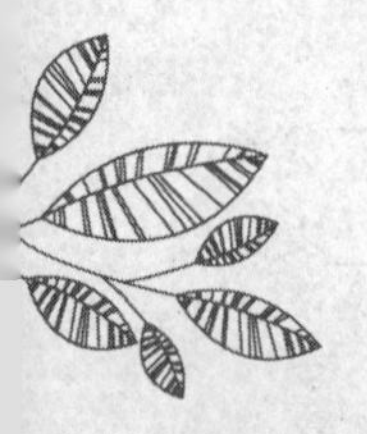

6-3-1 所示。

图 6-3-1　数码管计球显示

二、投篮计数传感器

投篮游戏机的计数器是依靠一个红外传感器来进行监测的。

当红外传感器监测到物体接近时，会输出低电平。在红外传感器的背面有一个电位器旋钮，可以调节障碍的检测距离。调节电位器（如调节其最大距离为 60cm）使其在有效距离内（如 40cm 处有障碍物），只要被测物体距离小于调节的距离，输出端（黄线）就会输出一个低电平信号，通过单片机的识别处理后作加分显示。

投篮游戏机使用的红外传感器比较简单，如图 6-3-2 所示。

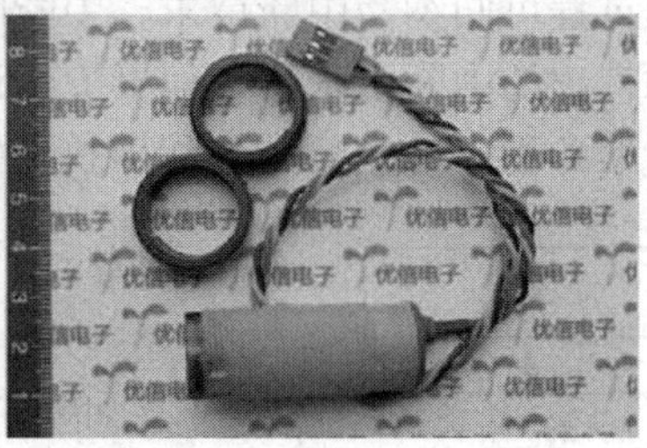

图 6-3-2　红外传感器

红外传感器的电气参数、机械参数如下。

1．红外传感器的电气特性

（1）红色：VCC+；黑色：GND -；黄色：out 信号输出。

（2）工作电压：12V DC。

（3）工作电流：10~15mA。

（4）驱动电流： 100mA。

（5）感应距离：3~80cm。

2．红外传感器的机械特性

（1）颜色：橙黄色。

（2）直径：18mm。

（3）长度：45mm。

（4）工作温度：–25~70℃。

在电路设计中，可以在输出端（黄线）加上拉电阻 10kΩ到 5V 电源，再接入单片机进行检测，那么输出信号就会比较稳定。

相关基本知识二

一、什么是中断?

中断的概念相对比较抽象，为了更好地理解，先举一个生活中的例子来类比说明。实际上，在日常生活中就会经常遇到类似于单片机中断的情境，如你正在家里看书时，电话响了，你暂停看书并迅速在书上做好记号，然后接听电话，电话接听结束后，你继续在做过记号的地方看书……这个例子其实就是一个 “中断”的过程——“看书”的事情被“接听电话”的事情打断。

单片机的 CPU 在执行某一程序的过程中被另外一个外部或内部的事件突然打断，CPU 必须暂停正在执行的程序而转去处理这个突发事件，等处理结束后再返回继续执行被暂停的程序，这个过程称为“中断”。能实现中断功能并能对中断进行管理的硬件和软件称为中断系统。

二、单片机中断处理流程

通过与前面所列举的生活实例的类比，可知单片机中断响应处理的流程，如图 6-3-3 所示。中断处理过程可归纳为中断请求、中断响应、中断处理及中断返回四个部分。当单片机得到中断源提出的中断请求后，如果中断请求被允许的话，单片机就对中断请求做出响应并执行中断服务程序。中断服务程序执行完毕后返回主程序继续执行被中断的程序。

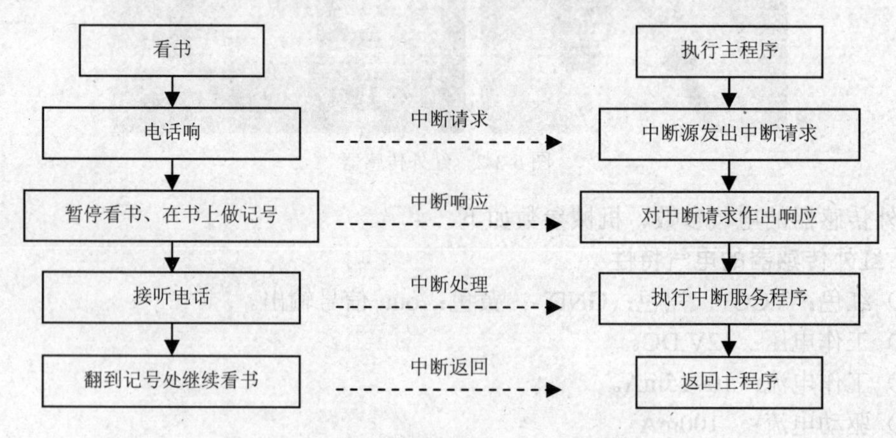

图 6-3-3　中断响应处理流程与生活实例的类比

三、中断源及中断控制寄存器

MCS-51 单片机中断系统的结构示意图如图 6-3-4 所示。由图可见，中断系统共有 5 个中断请求源，两个中断优先级控制，可实现两级中断服务嵌套。每一个中断源可用软件

独立地控制为开中断或关中断状态，每个中断源的优先级可用软件来设置。

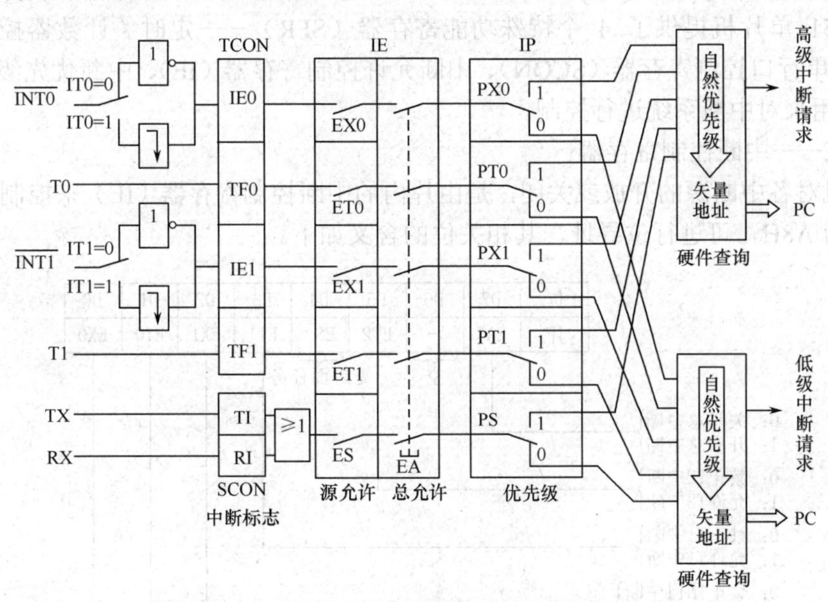

图 6-3-4 MCS-51 单片机的中断系统内部结构图

1. 中断源——$\overline{\text{INT0}}$、T0、$\overline{\text{INT1}}$、T1、串行口

所谓中断源是指任何能够引起单片机中断的（源）原因，比如前面提到的例子中“电话铃响”就是引起中断的（源）原因。AT89S51 单片机有两类共五个中断源，分别是外部中断 0（$\overline{\text{INT0}}$）、外部中断 1（$\overline{\text{INT1}}$）、内部定时/计数中断 0（T0）、内部定时/计数中断 1（T1）和串行通信中断（RI/TI），如图 6-3-5 所示。

单片机的 P3 口除用于通用 I/O 口外，还有第二个功能。AT89S51 单片机中与各中断源相关的 P3 口第二功能引脚如图 6-3-5 所示。

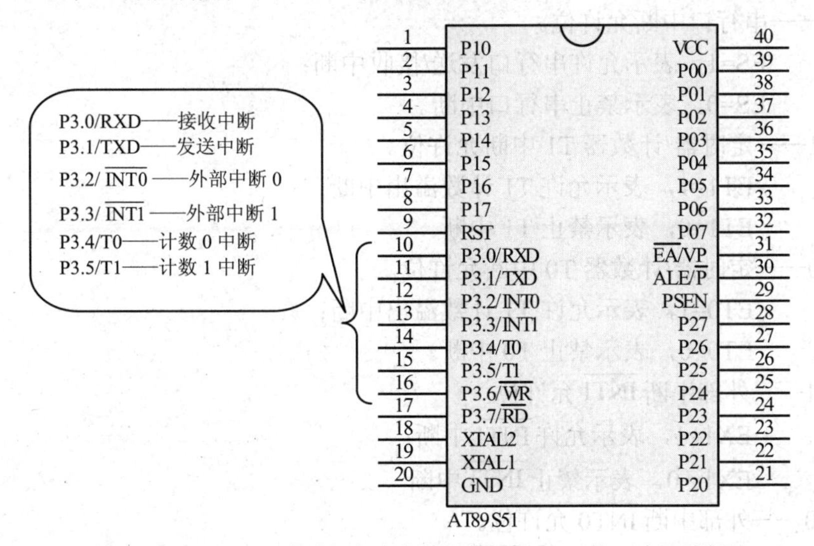

图 6-3-5 AT89S51 单片机与各中断源相关的 P3 口第二功能引脚图

2. 中断控制寄存器

MCS-51 单片机提供了 4 个特殊功能寄存器（SFR）——定时 / 计数器控制寄存器（TCON）、串行口控制寄存器（SCON）、中断允许控制寄存器（IE）、中断优先级控制寄存器（IP），用来对中断系统进行控制。

（1）IE——中断控制寄存器

单片机对各中断源的开放或关闭，是由片内的中断控制寄存器（IE）来控制的。IE 的字节地址为 A8H，可进行位寻址，其相关位的含义如下。

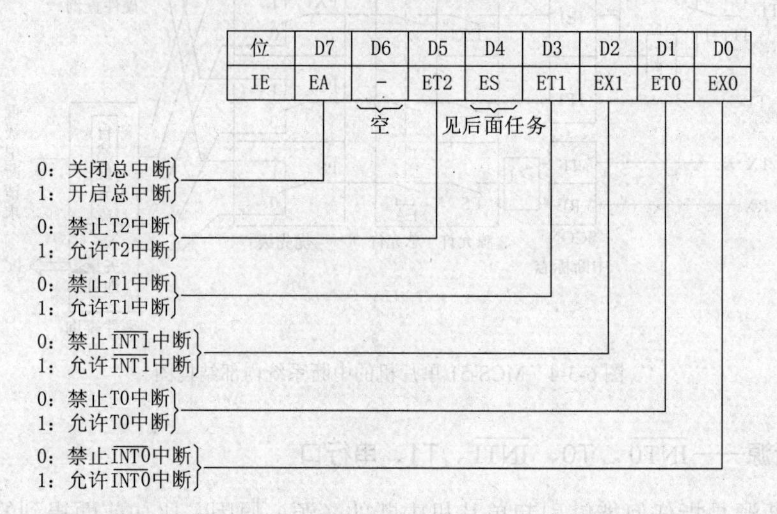

IE 寄存器的各位对应相应的中断源，“置 1”表示允许中断，“清 0”则禁止该中断。IE 各位的功能如下。

① EA——中断总控开关，是 CPU 是否响应中断的前提，即总大门。

EA=1，表示 CPU 开启总中断；

EA=0，表示 CPU 关闭总中断。

② ES——串行口中断允许位。

ES=1，表示允许串行口发送/接收中断；

ES=0，表示禁止串行口中断。

③ ET1——定时器/计数器 T1 中断允许位。

ET1=1，表示允许 T1 计数溢出中断；

ET1=0，表示禁止 T1 中断。

④ ET0——定时器/计数器 T0 中断允许位。

ET0=1，表示允许 T1 计数溢出中断；

ET0=0，表示禁止 T0 中断。

⑤ EX1——外部中断 $\overline{INT1}$ 允许位。

EX1=1，表示允许 $\overline{INT1}$ 中断；

EX1= 0，表示禁止 $\overline{INT1}$ 中断 。

⑥ EX0——外部中断 $\overline{INT0}$ 允许位。

EX0=1，表示允许 $\overline{INT0}$ 中断；

EX0= 0，表示禁止 $\overline{\text{INT0}}$ 中断。

（2）TCON——定时器/计数器的控制寄存器

TCON 为定时器/计数器的控制寄存器，字节地址为 88H，可位寻址。低 4 位跟外部中断控制相关，高 4 位含义是关于定时器控制（下一任务），其含义如下。

位	D7	D6	D5	D4	D3	D2	D1	D0
TCON	TF1	TR1	TF0	TR0	IE1	IT1	IE0	IT0

见后面任务（D7～D4）

IE1：0：无 $\overline{\text{INT1}}$ 中断请求；1：有 $\overline{\text{INT1}}$ 中断请求

IT1：0：$\overline{\text{INT1}}$ 低电平触发；1：$\overline{\text{INT1}}$ 下降沿触发

IE0：0：无 $\overline{\text{INT0}}$ 中断请求；1：有 $\overline{\text{INT0}}$ 中断请求

IT0：0：$\overline{\text{INT0}}$ 低电平触发；1：$\overline{\text{INT0}}$ 下降沿触发

TCON 寄存器各标志位的功能如下。

① IE1——外部中断源 $\overline{\text{INT1}}$ 中断请求状态标志位。

IE1=0，表示无 $\overline{\text{INT1}}$ 中断请求，当 IE1=1 时，表示有 $\overline{\text{INT1}}$ 中断请求，当 CPU 响应完中断转向执行中断服务程序时，硬件会自动把 IE1 清 0。

② IT1——外部中断源 $\overline{\text{INT1}}$ 中断触发方式选择控制位。

当 IT1=0 时，表示 $\overline{\text{INT1}}$ 选择低电平触发，当 IT1=1 时，表示 $\overline{\text{INT1}}$ 选择下降沿触发。

③ IE0——外部中断源 $\overline{\text{INT0}}$ 中断请求状态标志位，其意义同 IE1。

④ IT0——外部中断源 $\overline{\text{INT0}}$ 中断触发方式选择控制位，其意义同 IT1。

（3）IP——中断优先级管理寄存器

IP 为中断优先级寄存器，其字节地址为 B8H，可位寻址，其相关位的含义如下。

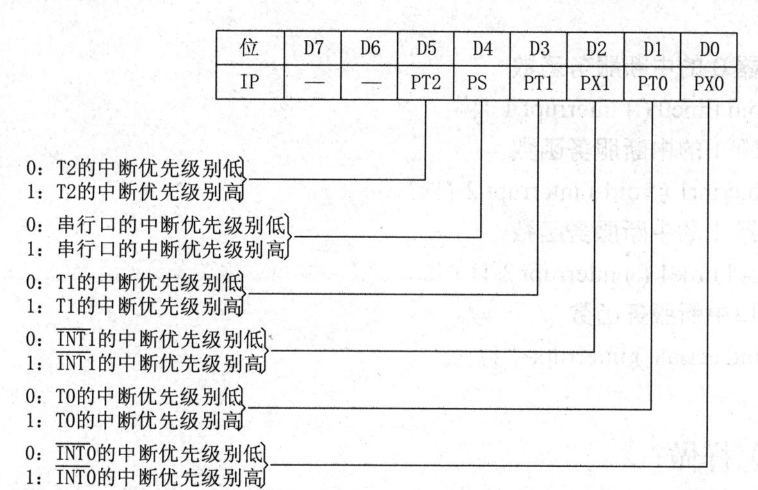

位	D7	D6	D5	D4	D3	D2	D1	D0
IP	—	—	PT2	PS	PT1	PX1	PT0	PX0

IP 寄存器管理着五个中断源的优先级别，只要通过对 IP 对应位“置 1”或“置 0”即能改变该中断请求的优先级别。

中断优先级寄存器 IP 各位的含义如下（1 为高优先级，0 为低优先级）。

① PS——串行口中断优先级控制位。

② PT1——定时器 T1 中断优先级控制位。

③ PX1——外部中断 1 中断优先级控制位。

④ PT0——定时器 T0 中断优先级控制位。

⑤ PX0——外部中断 0 中断优先级控制位。

四、C51 中的中断服务函数

中断服务函数的一般形式为：

```
函数类型  函数名（形式参数表） interrupt n  using n
{
   //声明部分
   //语句
}
```

中断服务函数与其他子函数有所不同，必须在函数名后加 interrupt n 关键字，其中 n 取 0~4 值，分别对应外中断 0、定时中断 0、外中断 1、定时中断 1 和串行中断。

AT89S51 单片机的内部 RAM 中可使用 4 个工作寄存器区，每个工作寄存器区包含 8 个工作寄存器（R0~R7）。C51 扩展了一个关键字 using，using 后面的 n 专门用来选择 AT89S51 的 4 个不同的工作寄存器区。using n 也可以不使用。

1．外中断 0 的中断服务函数

例如：void int0 (void) interrupt 0 using 1

```
{
   //声明部分
   //语句
}
```

这里定义了一个外部中断 0 的服务函数，函数类型为空，无参数，选用 1 区工作寄存器组。

2．定时器 0 的中断服务函数

例如，void time0 ( ) interrupt 1 {}

3．外中断 1 的中断服务函数

例如，void int1 (void) interrupt 2 {}

4．定时器 1 的中断服务函数

例如，void time1 ( ) interrupt 3 {}

5．串行口中断服务函数

例如，void serial( ) interrupt 4 {}

怎样做?

一、绘制电路图

打开 Proteus 软件，绘制投篮游戏机计球电路图，文件命名为 ball.dsn。把四位数码管显示电路、流水灯电路、按键电路及新增加的投球接口电路与单片机端口相连，如图 6-3-6 所示。其中部分元器件的查找关键词是：三极管为 PNP，排阻为 RES16DIPIS，四位一体数码管为 7SEG-MPX4-CA（共阳极），按键为 BUTTON，J1 接口为 SIL-100-03。

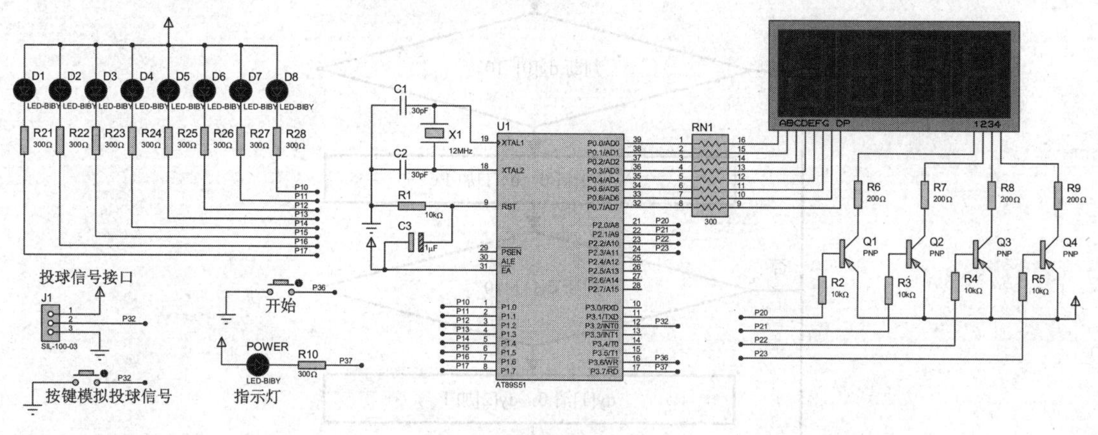

图 6-3-6 投篮游戏机计球电路

投球信号通过 J1 接口送到 P3.2，因投球信号与按键信号类似，图中使用了按键模拟投球的信号。在仿真时，J1 的接口属性要勾选“本元件不进行仿真”，如图 6-3-7 所示，否则会出错。

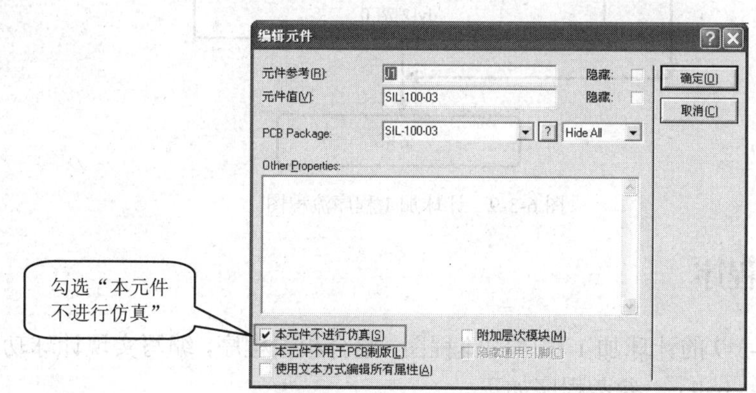

图 6-3-7 J1 接口属性设置

二、绘制计球程序流程图

投篮游戏机使用了 3 位数码管作为计球的显示。数码管的显示与其对应的显示单元有关，若要数码管显示不同的数字，只需要改变对应数码管显示单元的值就可以了。因此，要计算进球多少，只需要对 dy[0]、dy[1]、dy[2]进行加 1 操作即可，图 6-3-8 所示为对应的计球单元。

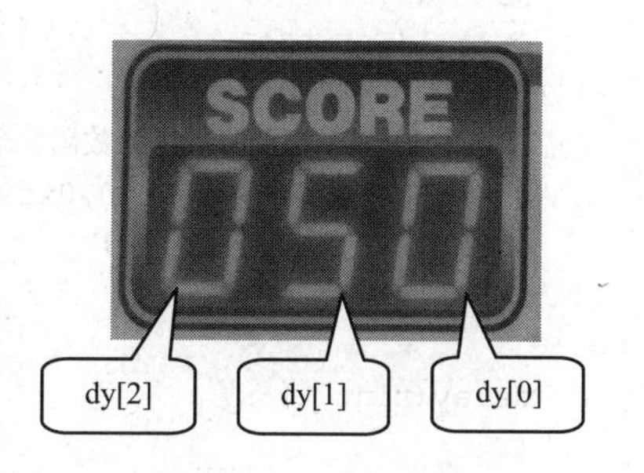

图 6-3-8 计球显示单元

当个位 dy[0]加 1，一直加到 10 后要向十位进位，即十位 dy[1]要加 1；当十位 dy[1]一直加到 10 后，同样要向百位进位，即 dy[2]加 1；当 dy[2]加到 10 后，三位数码管全部清零。3 位数码管的最大显示为“999”，计球程序的流程图如图 6-3-9 所示。

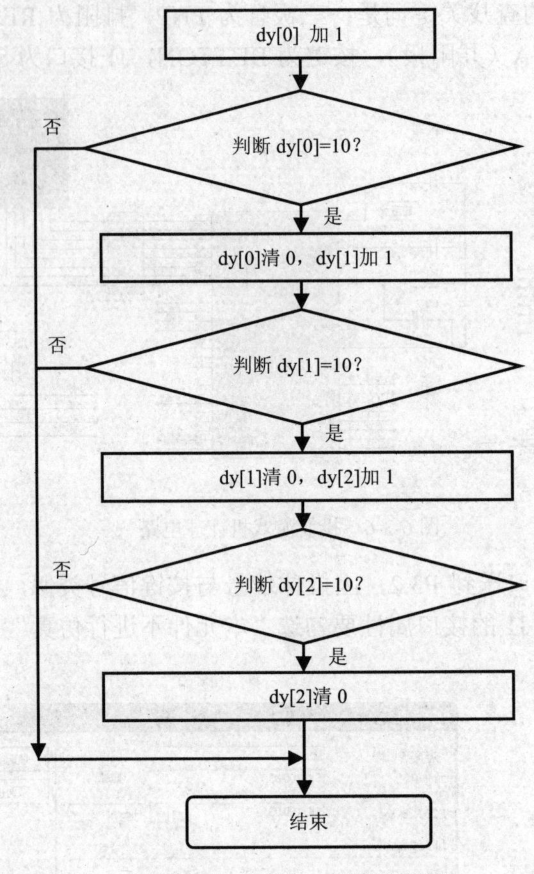

图 6-3-9　计球加 1 程序流程图

三、编写程序

1. 按照图 6-3-9 的计球加 1 程序的流程图，整合相关程序，编写实现计球功能的程序，将文件名命名为：ball.c，参考程序如下。

```
#include <reg51.h>                  //预处理 reg51.h
#define uchar unsigned char         //宏定义无符号字符型变量
#define uint unsigned int           //宏定义无符号整型变量
sbit key1=P3^6;                     //定义开始按键
sbit start=P3^7;                    //定义指示灯

//0~9 的数码管段码，10 为数码管全灭。
uchar code tab[]={0xc0,0xf9,0xa4,0xb0,0x99,0x92,0x82,0xf8,0x80,0x90,0xff};
uchar dy[]={0,0,0,10};              //定义显示单元
uchar shu;                          //定义流水灯的显示变量

delay(uint t)                       //延时程序
{
 uchar i;
```

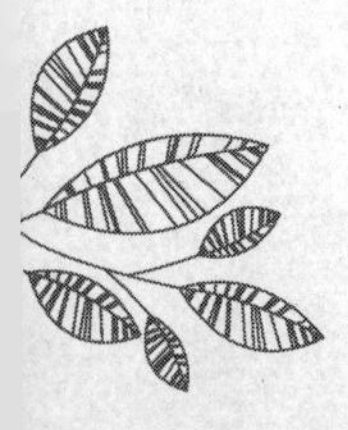

```
 while(t--)
 for(i=0;i<123;i++);
}

key()                    //按键程序
{
  if(!key1)              //判断开始按键是否有按下
  {
    start=0;             //点亮电源指示灯，可以开始计球
  }
}

led()                    //流水灯程序
{
    uchar i;
    shu=0x01;            //赋初值 shu 只有 1 位为 1
    for(i=0;i<8;i++)     //循环八次
    {
        P1=~shu;         //将 shu 取反后送 P1 口输出
        delay(500);      //延时
        shu=shu<<1;      //shu 的数据左移 1 位
    }
        P1=0xff;         //P1 口输出全 1，关闭 P1 口的八个灯
}

disp()                   //数码管显示程序，入口单元：dy[0]、dy[1]、dy[2]、dy[3]。
{
 P2=0xfe;                //选位
 P0=tab[dy[3]];          //送段码
 delay(2);               //延时
 P2=0xff;                //关闭个位数码管电源

 P2=0xfd;                //选位
 P0=tab[dy[2]];          //送段码
 delay(2);               //延时
 P2=0xff;                //关闭十位数码管电源

 P2=0xfb;                //选位
 P0=tab[dy[1]];          //送段码
 delay(2);               //延时
 P2=0xff;                //关闭百位数码管电源

 P2=0xf7;                //选位
 P0=tab[dy[0]];          //送段码
 delay(2);               //延时
 P2=0xff;                //关闭百位数码管电源
}

jiqiu()                  //计球子程序
{
```

```
  dy[0]++;                 //个位加 1
  if(dy[0]==10)            //判断个位是否等于 10
  {
    dy[0]=0;               //个位等于 10，则个位清零
    dy[1]++;               //十位加 1
    if(dy[1]==10)          //判断十位是否等于 10
    {
        dy[1]=0;           //十位等于 10，则十位清零
        dy[2]++;           //百位加 1
        if(dy[2]==10)      //判断百位是否等于 10
        {
           dy[2]=0;        //百位等于 10，则百位清零
        }
     }
  }
}
void main()                //主函数
{
  led();                   //初始化流水灯左移程序
  IE=0x81;                 //开放总中断和 INT0 外部中断
  IT0=1;                   //设置 INT0 为边沿触发方式

  while(1)
  {
    key();                 //按键程序
    disp();                //数码管显示程序
  }
}

void  int0  ()  interrupt 0       //外中断 0 的中断服务函数
{
  if(!start)
  jiqiu();                 //计球程序
}
```

2．编译程序，生成与源文件同名的.bin 和.hex 文件。

四、Proteus 软件仿真

运行 Proteus 软件，打开电路图“ball.dsn”文件，双击 AT89S51 芯片，添加生成的“ball.hex”文件。

按开始按钮 ▶，全速执行程序，其仿真效果如图 6-3-10 所示。实现投篮计球的效果，程序运行符合要求。

五、硬件验证

仿真通过后，将.hex 文件写入单片机，实现投篮游戏机开发板的计球加 1 功能。

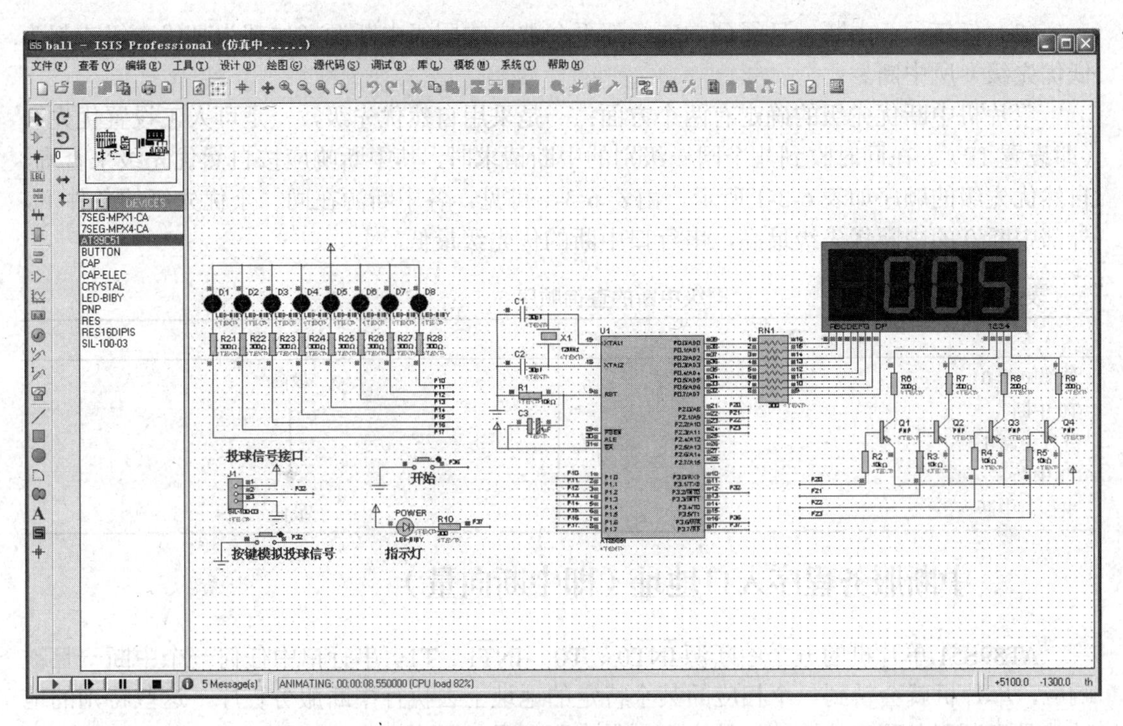

图 6-3-10　投篮游戏机计球仿真效果

知识链接与延伸

一、中断嵌套

中断嵌套是指单片机正在执行低优先级中断的服务程序时，被高优先级中断请求所中断，待高优先级中断处理完毕后，再返回到低优先级中断继续执行。中断嵌套的过程如图 6-3-11 所示。

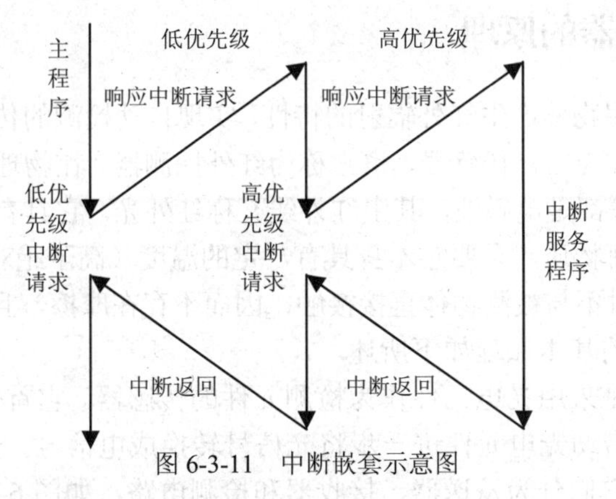

图 6-3-11　中断嵌套示意图

各中断源的中断优先级关系，可归纳为以下两个基本原则。

（1）低优先级可被高优先级中断，高优先级不能被低优先级中断。

（2）任何一个中断一旦得到响应，都不会被它的同级中断源（如都为高优先级或都为低优先级）所中断。

单片机中断优先级的确定有两个方面：一是采用自然优先级，一是可人工设置优先级（即设置 IP）。在同时收到几个同一级别的中断请求时，其中断响应按自然优先级来查询，自然优先级的顺序如表 6-3-1 所示。由表 6-3-1 可见，各中断源在同一个优先级的条件下，外部中断 0 的中断优先级最高，串行口中断的优先级最低。

表 6–3–1　　同级中断的查询顺序

中 断 源	中断级别
外部中断 0 T0 中断 外部中断 1 T1 中断 串行口中断	最高 ↓ 最低

二、中断服务程序入口地址（即中断向量）

AT89S51 单片机的五个中断源 $\overline{\text{INT0}}$ 、T0、$\overline{\text{INT1}}$ 、T1、串行口中任何一个中断一旦被响应，单片机就会转到一个相应的某个特定的地址上去执行中断服务程序，这些特别的地址就是中断服务程序的入口地址，也叫做中断向量，见表 6-3-2。

表 6–3–2　　中断服务程序入口地址表——中断向量表

中 断 源	中断服务程序入口地址
外部中断 0（$\overline{\text{INT0}}$）	0003H
定时中断 0（T0）	000BH
外部中断 1（$\overline{\text{INT1}}$）	0013H
定时中断 1（T1）	001BH
串行中断（RI/TI）	0023H

三、红外传感器的原理

红外传感器是利用物体产生红外辐射的特性，实现自动检测的传感器。能将红外辐射转换成电能的光敏元件称为红外传感器，也常称为红外探测器。在物理学中，可见光、不可见光、红外光及无线电等都是电磁波，其中红外线又称红外光，它具有反射、折射、散射、干涉、吸收等性质。任何物质，只要它本身具有一定的温度（高于绝对零度），都能辐射红外线。红外传感器测量时不与被测物体直接接触，因而不存在摩擦，且灵敏度高、响应快。

红外光电传感器的基本原理如下所述。

红外光电传感器是采用光电元件作为检测元件的传感器。它首先把被测量的变化转换成光信号的变化，再借助光电元件进一步将光信号转换成电信号。光电传感器在一般情况下，由三部分构成，它们分为发送器、接收器和检测电路，如图 6-3-12 所示。

发送器对准目标发射光束，发射的光束一般来源于半导体光源，发光二极管(LED)、激光二极管及红外发射二极管。光束不间断地发射，或者改变脉冲宽度。接收器由光电二

极管、光电三极管、光电池组成。在接收器的前面，装有光学元件如透镜和光圈等，接着是检测电路，它能滤出有效信号并输出。

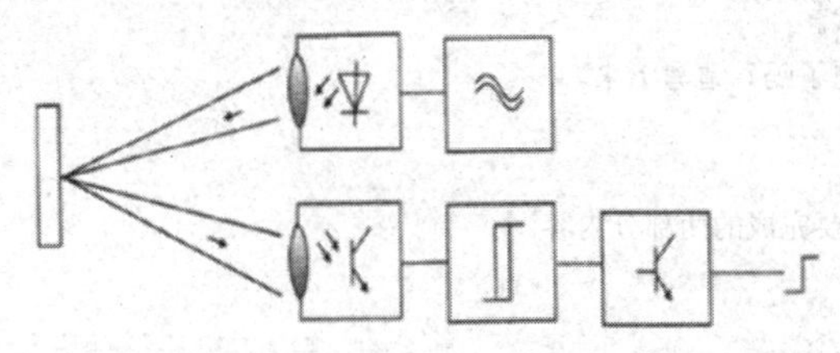

图 6-3-12 红外光电传感器组成

红外技术是在最近几十年中发展起来的一门新兴技术。由于红外温度传感器实现了无接触测温、远距离测量高温等功能，具有较高的灵敏度，因此它常用于无接触温度测量、气体成分分析和无损探伤，在医学、军事、空间技术和环境工程等领域得到了广泛应用。

思考与练习

1. MCS-51 单片机有几个中断源？各中断源的中断请求标志是什么？
2. 简述 MCS-51 单片机各中断源的自然优先级。
3. MCS-51 单片机各中断源的中断入口地址是什么？
4. 请写出外部中断 0（$\overline{INT0}$）为下降沿触发的高优先级别的中断系统初始化程序段。
5. 若允许定时中断 T0 和 T1 的中断请求，禁止其他中断源的中断请求，请写出定时中断 0（T0）为低优先级别、定时中断 1（T1）为高优先级别的中断系统初始化程序段。

拓展训练

1. 原来的功能是设定进一球加 1 分，现在改为投入一个球加 2 分的功能。
2. 在拓展题 1 的基础上，设置投篮游戏有两关。

（1）第一关：投球大于 40 分后自动清零，进入下一关。

（2）第二关：投球分数不设置过关分数。

（3）重新按“开始”按键后，计球重新开始，清零计分。

学习任务的工作页

项目六　实现投篮游戏机的计球及计时

任务三　实现投篮游戏机的计球　　工作页编号：ZNKZ06-03

一、基本信息

学习班级及小组________ 学生姓名________ 学生学号________

学习项目完成时间________ 指导教师________ 学习地点________

二、任务准备

1．复习：在 Proteus 软件和电路板，调试功能按键、流水灯和指示灯等功能。

（1）在 Proteus 软件中，打开 dsn 项目文件。

续表

（2）使用伟福 WAVE 软件打开源程序文件，并进行软件调试。
（3）在电路板上进行硬件调试。
在程序调试过程遇到什么问题了吗？请写下来。

2．实现投篮游戏机计球功能要完成的两部分内容。

3．请你确定本项目所需要完成的工作任务。

4．小组分工：（1）请写出你要完成的工作任务；（2）写写你要完成此项目的计划（或步骤）；（3）工具；（4）安全注意事项。

三、任务实施

1．请想一下，要实现投篮计数，红外传感器应该安装在什么地方呢？请指出来。（为什么要安装在那里呢？）

2．红外传感器输出的信号是怎样的？怎样将信号传给单片机？画出有障碍物遮挡时红外传感器输出的信号波形。

3．新建“ball.dsn”文件，绘制“计球功能”电路图，重新整合并分配单片机端口，控制指示灯、流水灯、按键及数码管显示，并在此处试画出红外传感器电路图。

4．编写流水灯、按键、数码管显示等程序，使用 Proteus 软件、硬件仿真。
（1）新建 ball.c 程序文件。
（2）编写流水灯、按键、数码管显示等程序。
（3）将生成的 hex 文件导入到 Proteus 中进行软件仿真。
（4）调试成功后，将程序下载到单片机，进行硬件电路的仿真。
在程序调试过程遇到什么问题了吗？请写下来。

5．编写红外传感器计球程序。
（1）什么叫中断？请举一个生活中有关中断的例子。

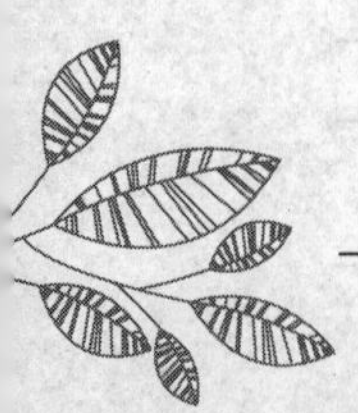

续表

（2）中断控制寄存器的设置。

① 中断允许控制寄存器 IE

试对 IE 寄存器进行设置：允许外部中断 0（$\overline{\text{INT0}}$），请填写下表。

D_7	D_6	D_5	D_4	D_3	D_2	D_1	D_0
EA	—	ET2	ES	ET1	EX1	ET0	EX0

IE=（　　　　）

指令：____。

② 中断优先级控制寄存器 IP

试对 IP 寄存器进行设置：定义外部中断 0（$\overline{\text{INT0}}$）为最高优先级，请填写下表。

D_7	D_6	D_5	D_4	D_3	D_2	D_1	D_0
—	—	PT2	PS	PT1	PX1	PT0	PX0

IP=（　　　　）

指令：____。

③ 设置 TCON 寄存器

试对 TCON 寄存器进行设置：选择外部中断 0 为边沿触发方式，请填写下表。

D_7	D_6	D_5	D_4	D_3	D_2	D_1	D_0
TF1	TR1	TF0	TR0	IE1	IT1	IE0	IT0

指令：____。

（3）试编写程序，将定时器 T1、外部中断 0 开放及串行口中断开放，并设置外部中断 0 为边沿触发方式，定时器 T1 为高优先级。

（4）写出外部中断 1 的中断服务函数，定时器 0 的中断服务函数。

6．画出计球程序流程图（提示：加 1 程序流程图）。

续表

7．编写计球加 1 程序并调试。成功后将程序下载到实物电路板，并请在下面写下加 1 程序。

8．对所有功能程序进行联调，并在投篮游戏机控制板实物安装与调试。
（1）测试原来的功能按键、流水灯程序等是否无误。
（2）将生成的.hex 文件导入到 Proteus 中进行软件仿真。
（3）在投篮游戏机上安装控制板，并调试。
在程序联调过程遇到什么问题了吗？请写下来。

四、知识拓展

1．原来的功能是设定进一球加 1 分，现在改为投入一个球加 2 分的功能。

2．在拓展题 1 的基础上，设置投篮游戏有两关。
（1）第一关：投球大于 40 分后自动清零，进入下一关。
（2）第二关：投球分数不设置过关分数。
（3）重新按“开始”按键后，计球重新开始清零计分。

学习评价

序号	项目		考核内容	配分	评分标准	自评	师评	得分
1	知识准备	项目内容	写出实现计球功能要完成的内容	2	能写出实现计球功能要哪部分内容得 2 分			
2		工作任务	写出实现计球功能所需要完成的工作任务	5	能基本写出本项目的工作任务得 5 分			
3		工作计划及分工	写出你的工作计划及分工	3	能写出自己要完成的内容得 3 分			

续表

序号	项目		考核内容	配分	评分标准	自评	师评	得分
4	知识准备	红外传感器的安装	正确指出红外传感器安装位置	2	能正确指出红外传感器的位置得 2 分			
5		红外传感器的信号	正确画出红外传感器的信号	2	能正确画出红外传感器的信号得 2 分			
6		中断控制寄存器	IE 的设置	2	设置正确得 2 分			
			TCON 的设置	2	设置正确得 2 分			
			IP 的设置	2	设置正确得 2 分			
7	实际操作	红外传感器的电路	在 Proteus 软件中，正确画出红外传感器的电路图	3	能正确画出红外传感器的电路得 3 分			
8		数码管显示的电路	在 Proteus 软件中，正确画出数码管显示的电路图	4	能正确画出数码管显示电路得 4 分			
9		计球程序流程图	正确画出计球程序流程图	5	计球流程图正确得 5 分			
10		编写数码管显示程序	打开项目程序，添加数码管显示程序	15	数码管显示程序正确得 10 分			
11		编写计球程序	打开项目程序，添加计球程序	16	计球程序正确得 20 分			
12		项目程序是否冲突	测试前面所调试程序是否会与当前程序冲突	10	程序能通过验证，无冲突得 10 分			
13		硬件连接，程序验证。	将控制板连接到投篮游戏机，能实现计球功能	10	把控制板接到投篮游戏机上，调试是否能实现计球功能。能实现得 10 分			
14		拓展功能	编程实现拓展功能。	8	完成功能一加 4 分，完成功能二加 4 分			
15	安全文明生产		遵守安全操作规程，正确使用仪器设备，操作现场整洁	10	每项扣 5 分，扣完为止			
			安全用电，防火，无人身、设备事故		因违规操作发生重大人身和设备事故，此题按 0 分计			
16	分数合计			100				

任务四　实现投篮游戏机的计时

投篮游戏机不仅要实现投球计分的功能，还要对每局的游戏进行计时。投篮的计时采用了两位数码管来显示，最大的投篮时间设计为“99”s。为了能得到准确的秒计时，在这个任务将学习如何利用定时中断来实现投篮游戏机的计时功能。

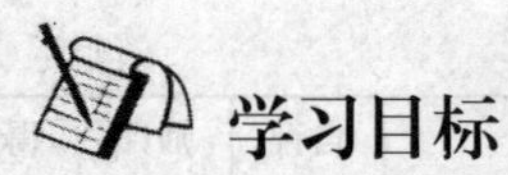

学习目标

1. 学会定时中断的设置，并能编程实现。
2. 学会定时器初值的计算方法。
3. 学会绘制投球计时程序的流程图，并能在老师的引导下调试计时显示程序。
4. 能把实验板正确安装在投篮游戏机上，并通电试运行，实现投篮倒计时效果。

做什么?

编程实现投篮游戏机的投篮计时功能，要求在实现计球功能的基础上，使用定时中断的知识及添加两位数码管作倒计时显示，具体的要求如下：

（1）倒计时显示的两位数码管初始值设置为“25”s；

（2）按下“开始”按键后，倒计时开始，可以投球计分。

学什么?

相关基本知识一

一、定时器/计数器的结构

在 MCS-51 系列单片机的内部有两个 16 位的定时/计数器，分别为定时器 T0 和定时器 T1，其结构如图 6-4-1 所示。它们都具有定时和计数功能，工作于定时方式可以实现控制系统的定时或延时控制；工作于计数方式可以用于对外部输入脉冲的计数。

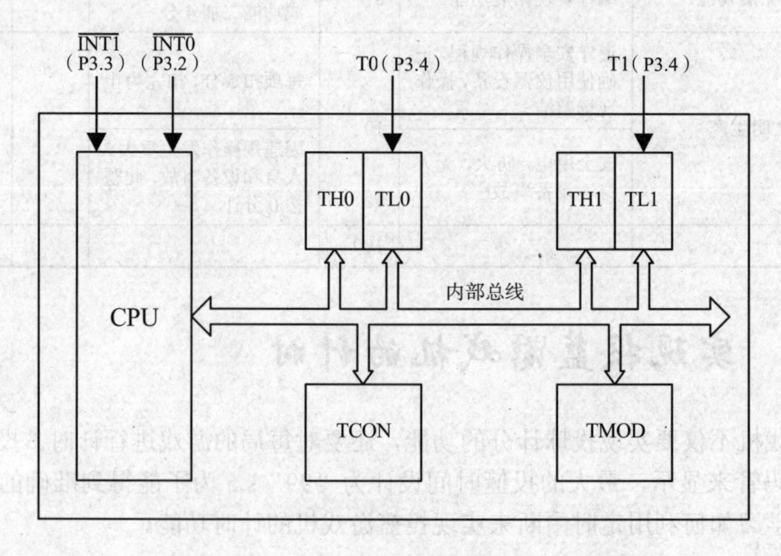

图 6-4-1　单片机内部定时/计数器的结构

由图 6-4-1 可知，T0 由两个 8 位的计数器 TH0（高 8 位）和 TL0（低 8 位）构成一个 16 位的计数器。同样，T1 由 TH1 和 TL1 构成。T0（T1）作为计数器使用时，端口 P3.4（P3.5）作为 T0（T1）计数器的外部计数脉冲输入端，当输入的脉冲从 1 跳到 0 负跳变时，计数器自动加 1；作为定时器使用时，单片机内部会提供一个稳定的脉冲信号给定时器。

定时/计数器的控制由两个 8 位的特殊功能寄存器 TCON 和 TMOD 来实现。TCON 主要用来控制定时/计数器的启动、停止，及保存定时/计数器的溢出中断标志。TMOD 主要用来设置定时/计数器的工作方式。系统复位时，TCON 和 TMOD 的各位均被清零。

二、定时/计数器控制寄存器

1. 定时器/计数器控制寄存器 TCON

TCON 的结构如图 6-4-2 所示，高 4 位（TFl、TRl、TF0 和 TR0）用于定时器/计数器，低 4 位（IEl、ITl、IE0 和 IT0）用于中断系统，每一位均可位操作。

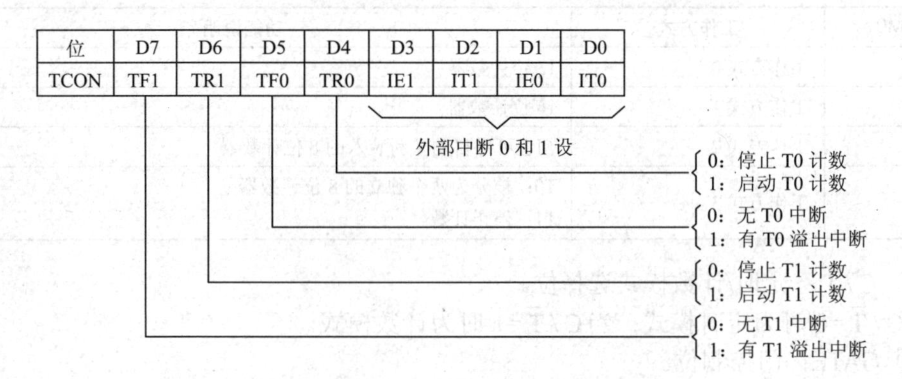

图 6-4-2　定时器/计数器控制寄存器 TCON

（1）TF1：定时/计数器 T1 的溢出标志位。当 T1 被允许计数后，T1 从初值开始加 1 计数，至计满到最大值并溢出时，由硬件使 TF1 置“1”，并且申请中断，进入中断服务程序后，由硬件自动清“0”；在查询方式下用软件清“0”。

（2）TR1：定时/计数器 T1 运行控制位。靠软件置位或清零，当 TR1=1 时启动定时/计数器 T1，TR1=0 时停止定时/计数器 T1。

（3）TF0：定时/计数器 T0 溢出标志位，其意义同 TF1。

（4）TR0：定时/计数器 T0 运行控制位，其意义同 TR1。

（5）IEl、ITl、IE0、IT0 用于外部中断，详见上一任务。

2. 定时器/计数器模式控制寄存器 TMOD

TMOD 用于设置定时/计数器的工作模式和工作方式。低 4 位用于设置定时/计数器 T0，高 4 位用于设置定时/计数器 T1，其结构和各位的名称如图 6-4-3 所示。

（1）M1、M0：定时器工作方式选择位。通过对 M1、M0 两位的设置，可以使定时器工作于以下 4 种工作方式之一，具体功能见表 6-4-1。

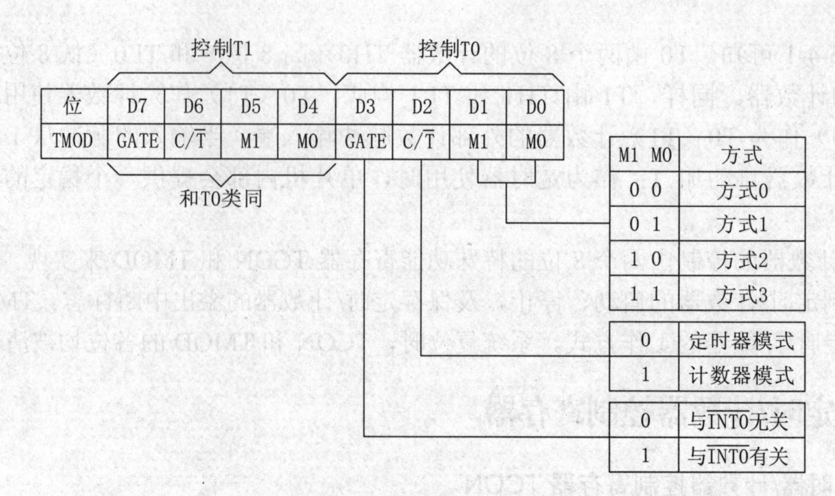

图 6-4-3　定时器/计数器模式控制寄存器 TMOD

表 6-4-1　定时/计数器工作方式选择位

M1 M0	工作方式	功能说明
0　0	工作方式 0	13 位计数器
0　1	工作方式 1	16 位计数器
1　0	工作方式 2	初值可以自动重新装入的 8 位计数器
1　1	工作方式 3	T0：被分为两个独立的 8 位计数器 T1：停止计数

（2）$C/\overline{T}$：定时/计数模式选择位。

当 $C/\overline{T}=0$ 时为定时模式；当 $C/\overline{T}=1$ 时为计数模式。

（3）GATE：门控制位。

当 GATE=0 时，仅由 TCON 中的控制位 TR0（TR1）置 1 来启动 T0（T1）工作；当 GATE=1 时，由控制寄存器的 TR0（TR1）和引脚 P3.2（P3.3）输入的电平来共同控制。

关于定时器具体的工作方式的知识，请读者查阅本任务中的知识链接与延伸中的内容。

三、定时/计数器的溢出及初值

1. 定时/计数器的溢出

下面来看一个水滴的例子，当水滴不断滴下，水杯的水就会慢慢装满。当最后一滴水将水杯装满后，这时如果再滴下一滴水，水就会漫出水杯，这种现象描述为“溢出”。同样，把定时/计数器想像为水杯，计数脉冲想像为水滴，定时/计数器计数满了也会溢出。水杯滴满溢出会流在地上，定时/计数器计数计满了溢出就会使 TF0 置 1，申请中断。

2. 定时/计数器的初值

将水滴滴入两个同样大小的杯子中，排除其他因素的影响，假设滴入杯子的水滴大小和速度都一样。一个杯子开始是空的，另一个杯子已经装了半杯水，那么要将两个杯子都滴满至溢出的话，哪个杯子用的时间少？答案是装了半杯水的杯子，这跟杯子开始装了多少水有关。

同样，定时/计数器是计数的容器，它计数时间的长短，取决于定时/计数器初值设置的大小。设置的初值小，计数至溢出的时间就长，反之计数至溢出的时间就短。

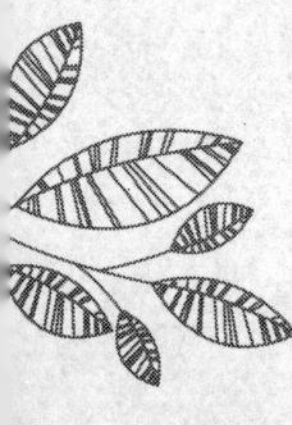

3. 计算定时/计数器计数初值的方法

定时/计数器定时时间的设置除了跟初值有关，还跟单片机的晶振频率有关，这就像滴水溢出与水滴滴入杯中的速度有关一样。滴水的速度快，水杯的水到溢出的时间就短；滴水的速度慢，水杯的水到溢出的时间就长。而单片机的晶振频率就决定了计数的速度，下面来看单片机是如何计算定时/计数器计数的初值的。

（1）确定计数脉冲周期

若某 51 系列单片机系统的晶振频率为 $f_{osc}=12\text{MHz}$，则计数脉冲周期为

$$T=\frac{12}{f_{OSC}}=\frac{12}{12\text{MHz}}=\frac{12}{12\,000\,000}=1\mu\text{s}$$

由上式可知，只需要知道晶振频率 f_{osc} 即可以计算出脉冲周期。

（2）根据定时时间确定计数脉冲的个数

假设定时时间 10ms，晶振频率为 12MHz，那么计数脉冲个数 N 为

$$N=\frac{\text{定时时间}}{\text{计数脉冲周期}}=\frac{10\text{ms}}{1\mu\text{s}}=10\,000$$

（3）计算定时/计数器的初值

定时/计数器在不同的工作方式下，其最大计数脉冲数不同，对应的计算初值的方法也不同，具体的方法见表 6-4-2。

表 6-4-2　　不同工作方式的最大计数脉冲、最大定时时间及初值

工作方式	最大计数脉冲数	最大定时时间（晶振为 12MHz）	装入初值
工作方式 0	2^{13}=8 192	8.192ms	8 192–计数脉冲数
工作方式 1	2^{16}=65 536	65.536ms	65 536–计数脉冲数
工作方式 2	2^{8}=256	0.256ms	256–计数脉冲数
工作方式 3	2^{8}=256	0.256ms	256–计数脉冲数

假设使用 T0 定时器定时 10ms，晶振频率为 12MHz，工作在方式 1，那么其初值为：65 536–10 000=55 536。

最后将计算出的数值转换为十六进制数 0xd8f0，并将初值装入定时器 T0，即 TH0=0xd8，TL0=0xf0。

相关基本知识二

一、设置定时/计数器的工作模式及工作方式

假设 T0 作为定时器，工作在方式 1；T1 作为计数器，工作在方式 2，如表 6-4-3 所示。

表 6-4-3　　定时/计数器模式的设置

	T1 定时器的设置				T0 定时器的设置			
TMOD	GATE	$C/\overline{T}$	M1	M0	GATE	$C/\overline{T}$	M1	M0
位操作	0	1	1	0	0	0	0	1

编程指令为：

TMOD=0110 0001

或写为：TMOD=0x61;

二、定时/计数器的计数初值

假设单片机晶振频率为 12MH$_Z$，同时使用定时器 T0 和 T1，其中 T0 定时时间为 50ms，T1 定时时间为 1ms，计算两个定时器的初值。

晶振频率为 12MH$_Z$，计数脉冲周期为 1μs。

（1）定时 50ms 需要计数 50ms/1μs =50 000 个脉冲。对照表 6-4-2 可知，定时器工作在方式 1 的最大定时时间为 65.536ms，满足题目要求。将 T0 设置为工作方式 1，初始值的计算为：65 536−50 000=15 536。

使用电脑的计算器，并设置为科学型，将 15 536 转化为十六进制数为 0x3cb0，如图 6-4-4 所示。

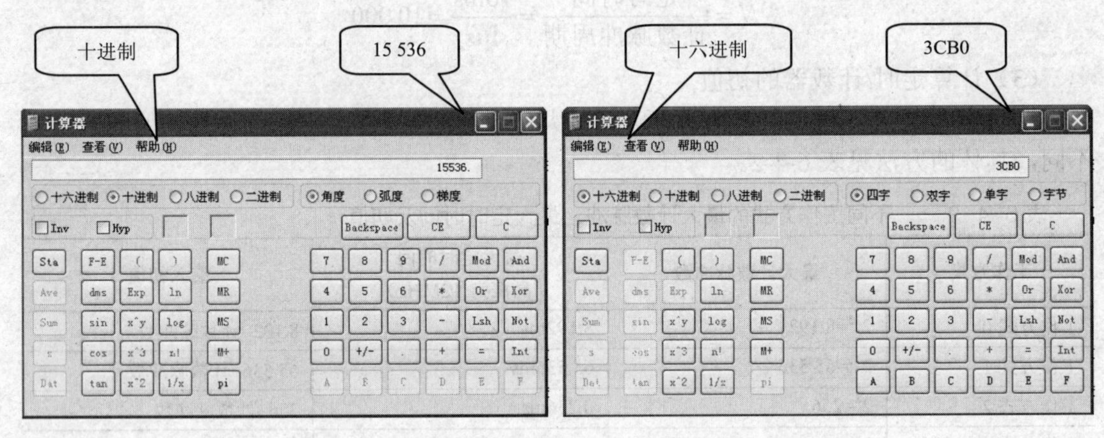

图 6-4-4　利用计算器将十进制数转换位十六进制数

（2）定时 1ms 需要计数 1ms/1μs=1 000 个脉冲。对照表 6-4-2 可知，定时器可以工作在方式 0 或方式 1，将 T1 设置为工作方式 0，最大定时时间为 8.192ms，满足要求。初始值的计算方法为：8 192−1 000=7 192，转化为十六进制数为 1C18H。

定时器 T1 工作在方式 0，TH1 的 8 位和 TL1 的低 5 位作为定时/计数器，因此，需要将 1C18H 拆开分别赋值给 TH1 和 TL1 的低 5 位，如表 6-4-4 所示。

表 6–4–4　　　　定时/计数器工作在方式 0 时初值的计算

十六进制初值	1				C				1				8			
二进制初值	0	0	0	1	1	1	0	0	0	0	0	1	1	0	0	0
转为十六进制				E0								18				
TH1\TL1 赋值	不用			TH1 的 8 位								TL1 的低 5 位				

TH1=0xe0,TL1=0x18;

（3）单片机编程指令为：

TMOD=0x01;　//T0 工作在方式 1，T1 工作在方式 0。

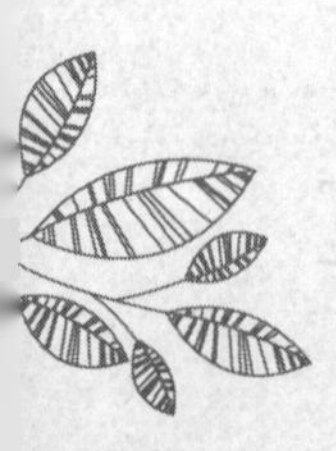

```
TH0=0x3c;    //T0 的 TH0 初值
TL0=0xb0;    //T0 的 TL0 初值
TH1=0xe0;    //T1 的 TH1 初值
TL1=0x18;    //T1 的 TL1 初值
```

相关基本知识三

一、定时/计数器的启动、停止的方法

1．启动和停止定时/计数器 T0

```
TR0=1;  //启动 T0
TR0=0;  //停止 T0
```

2．直接对 TCON 整个字节操作，如表 6-4-5 所示

表 6-4-5　　设置 TCON 启动定时器 T0 和 T1

	用于定时计数器的启动和停止				用于外部中断控制			
TCON	TF1	TR1	TF0	TR0	IE1	IT1	IE0	IT0
位操作	0	1	0	1	0	0	0	0

TCON=01010000;　//同时启动定时器 T0 和 T1。

二、定时器定时 1s 的编程思路。

由表 6-4-2 可知，定时器工作在方式 1 的定时时间最大为 65.536ms。若需要比较长的定时时间，如 1s，该怎么办呢？这时可以使用一个变量单元 cishu（次数）来计算进行定时的次数。

设置定时器的定时时间为 50ms，每到 50ms 定时就使变量 cishu 加 1，当 cishu 加到 20 次后，即为 50ms×20 次=1 000ms=1s，这样就可以实现 1s 的定时。

1．变量 cishu 初始化为 0 次

```
cishu=0;
```

2．定时器 T0 工作在方式 1

设定 T0 作为定时器，工作在方式 1，设置的方法如表 6-4-6 所示。

表 6-4-6　　TMOD 的设置

	T1 定时器的设置				T0 定时器的设置			
TMOD	GATE	$C/\overline{T}$	M1	M0	GATE	$C/\overline{T}$	M1	M0
位操作	0	0	0	0	0	0	0	1

编程指令为：

```
TMOD=0000 0001;
```

或写为：TMOD=0x01;

3．定时器的定时时间为 50ms，计算定时器的初始值

假设单片机晶振频率为 12MHz，每隔 50ms 定时一次，则计数脉冲的个数为：50ms/1μs=50 000 个。65 536－50 000=15 536，转化为十六进制为 0x3cb0，即 TH0=0x3c，

TL0=0xb0，编程指令为：

```
TH0=0x3c;
TL0=0xb0;
```

4．计算定时 50ms 次数的程序

```
cishu++;            //每 50ms 软件计数器 cishu 加 1，加满 20 次为 1s
if(cishu==20)       //判断是否已记满 20 次，即是否到 1s
{
  cishu=0;          //软件计数器清零
}
```

三、利用定时中断完成 1s 的定时。

若要实现 1s 的定时，要使用中断及定时中断服务函数的相关知识，以下程序是利用定时中断编写的程序格式。在 main()函数里，主要对定时中断进行设置：（1）IE，设置开启定时中断；（2）TMOD，设置定时器的工作方式；（3）设置定时初值；（4）TR0 开启定时中断 0。

定时器 T0 定时 1s 的中断服务函数程序流程图如图 6-4-5 所示。

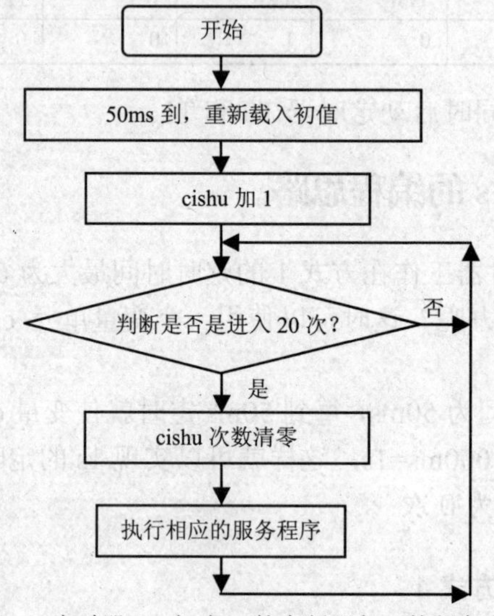

图 6-4-5　定时器 T0 定时 1s 的中断服务函数程序流程图

以下是利用定时器 T0 实现 1s 定时的程序。

```
#include <reg51.h>                //预处理 reg51.h
#define uchar unsigned char       //宏定义无符号字符型变量
#define uint unsigned int         //宏定义无符号整型变量
uchar cishu;                      //定义次数变量

main()
{
  cishu=0;                        //设置次数为 0
  IE=0x82;                        //开启定时中断 T0
  TMOD=0x01;                      //设置 T0 工作在方式 1
  TH0=0x3c;                       //设置初值 50ms
  TL0=0xb0;
  TR0=1;                          //启动定时/计数器
```

```
  while(1)
  {
   ;
  }
}

void timer0() interrupt 1
{
  TH0=0x3c;                //重新置初值
  TL0=0xb0;

  cishu++;                 //每 50ms 次数 cishu 加 1，加满 20 次为 1s
  if(cishu==20)            //判断是否已记满 20 次，即是否到 1s
  {
   cishu=0;                //软件计数器 cishu 清零
  //1s 时间到所需要完成的任务，程序填写在这里。（如时间加 1 等）
  }
}
```

怎样做?

一、绘制电路图

打开 Proteus 软件，在实现计球功能电路图的基础上更改为 8 位数码管显示，文件命名为：time.dsn，如图 6-4-6 所示。其中部分元器件的查找关键词是：三极管为 PNP，排阻为 RES16DIPIS，八位数码管为 7SEG-MPX8-CA-BLUE，按键为 BUTTON，J1 接口为 SIL-100-03。

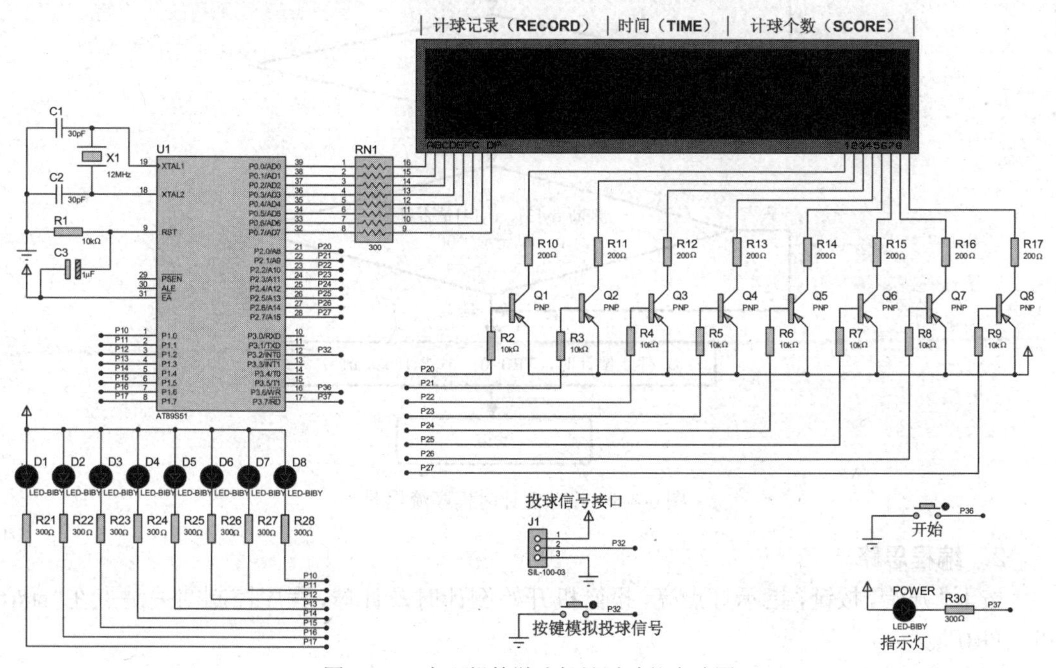

图 6-4-6 实现投篮游戏机计时功能电路图

二、绘制程序流程图

1．“TIME”数码管倒计时

在投篮游戏机“SCORE”位置的 3 位数码管已作为计球的显示，定义的显示单元为：dy[0]、dy[1]和 dy[2]。而在“TIME”位置的 2 位数码管则作为投球计时，定义的显示单元为：dy[3]和 dy[4]，如图 6-4-7 所示。

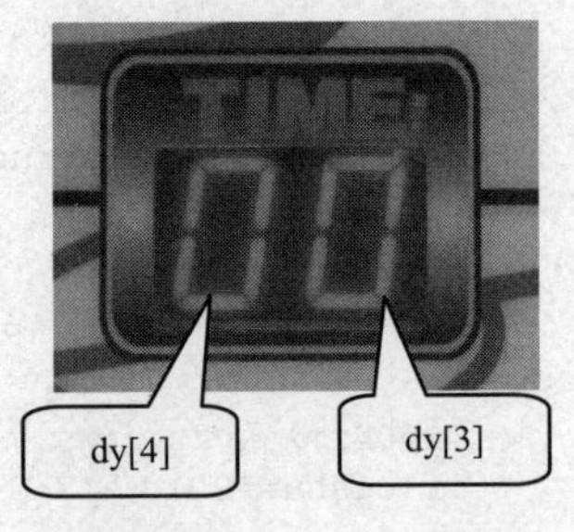

图 6-4-7　投球计时显示单元

投球倒计时只需处理 dy[3]和 dy[4]即可，处理的方法为：当 dy[3]减 1，一直减到–1 时要向十位借位，即 dy[4]要减 1；当 dy[4]减到–1 时，两位数码管全部清零，显示为“00”。当“TIME”数码管显示为“00”，即 dy[3]=0，dy[4]=0 时，倒计时停止。投球倒计时程序流程图如图 6-4-8 所示。

实现“25”s 倒计时的程序流程图如图 6-4-8 所示。

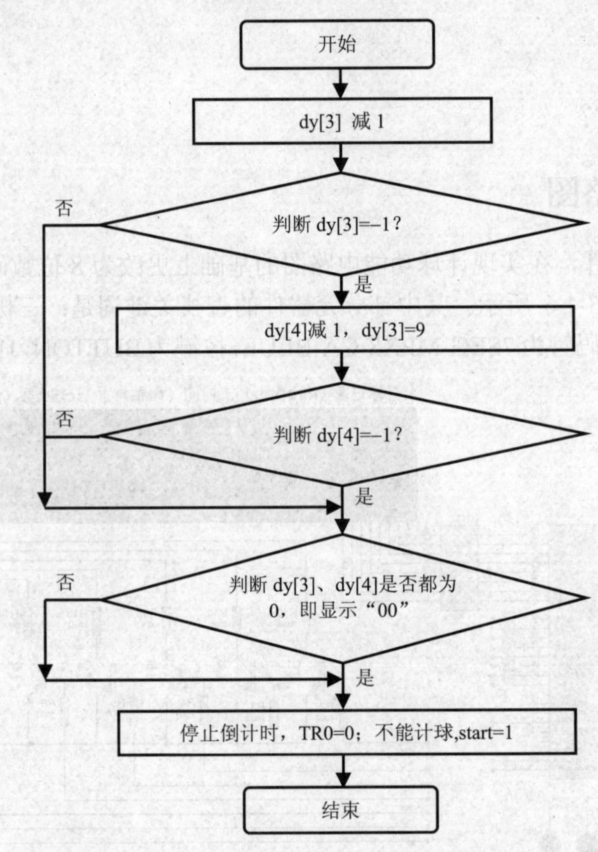

图 6-4-8　投球倒计时程序流程图

2．编程思路

按下“开始”按键，指示灯点亮，投篮机开始倒计时及计球，程序控制的关键点在“start”和“TR0”。

（1）当 start=1，TR0=0 时，不能计球和倒计时。

（2）当 start=0，TR0=1 时，开始计球和倒计时。

因此，投篮游戏机开始运行的节点在按键：当按下“开始”按键时，投篮游戏机开始计时和计球，即将 start=0，TR0=1（开启定时中断）；

投篮游戏机游戏结束的节点在 TIME 数码管显示“00”：当数码管显示“00”时，停止计时和计球，即将 start=1，TR0=0（关闭定时中断）。

三、编写程序

1．按照图 6-4-8 所示的倒计时程序流程图及编程思路，整合相关程序，编写实现计球和计时的程序，将文件命名名为：time.c，参考程序如下。

```
#include <reg52.h>                    //预处理 reg51.h
#define uchar unsigned char           //宏定义无符号字符型变量
#define uint unsigned int             //宏定义无符号整型变量
sbit key1=P3^6;                       //定义开始按键
sbit start=P3^7;                      //定义指示灯

//0~9 的数码管段码，10 为数码管全灭。
uchar code tab[]={0xc0,0xf9,0xa4,0xb0,0x99,0x92,0x82,0xf8,0x80,0x90,0xff};
uchar code wei[]={0x7f,0xbf,0xdf,0xef,0xf7,0xfb,0xfd,0xfe};
uchar dy[]={0,0,0, 5,1, 10,10,10};      //定义显示单元
uchar shu,cishu=0,k=0; //分别定义流水灯的显示变量、计时次数变量、选位

delay(uint t)                   //延时程序
{
 uchar i;
 while(t--)
 for(i=0;i<123;i++);
}

key()                           //按键程序
{
    if(!key1)                   //判断开始按键是否有按下
    {
        start=0;                //点亮电源指示灯，可以开始计球
        TR0=1;                  //启动定时/计数器
    }
}

led()                           //流水灯程序
{
uchar i;
shu=0x01;                       //赋初值 shu 只有 1 位为 1
    for(i=0;i<8;i++)            //循环八次
    {
        P1=~shu;                //将 shu 取反后送 P1 口输出
        delay(200);             //延时
        shu=shu<<1;             //shu 的数据左移 1 位
    }
```

```
        P1=0xff;                //P1 口输出全 1，关闭 P1 口的八个灯
}

disp()                          //数码管显示程序，入口单元：dy[0]~dy[7]
{
    P2=wei[k];                  //开显示
    P0=tab[ dy[k] ];            //送数据
    delay(2);                   //延时 2ms
    P2=0xff;                    //关数码管显示

    k++;                        //k 加 1，显示下一位数码管
    if(k==8)                    //判断是否显示完第四位数码管
    k=0;                        //重新置初值 0，从第 0 位数码管开始显示。
}

jiqiu()                         //计球子程序
{
  dy[0]++;                      //个位加 1
  if(dy[0]==10)                 //判断个位是否等于 10
  {
    dy[0]=0;                    //个位等于 10，则个位清零
    dy[1]++;                    //十位加 1
    if(dy[1]==10)               //判断十位是否等于 10
    {
        dy[1]=0;                //十位等于 10，则十位清零
        dy[2]++;                //百位加 1
        if(dy[2]==10)           //判断百位是否等于 10
        {
           dy[2]=0;             //百位等于 10，则百位清零
        }
    }
  }
}

jishi()                         //计时子程序
{
  dy[3]--;                      //个位减 1
  if(dy[3]==-1)                 //判断个位是否等于-1
  {
    dy[3]=9;                    //个位等于-1，则个位重新置为 9

    dy[4]--;                    //十位减 1
    if(dy[4]==-1)               //判断十位是否等于-1
    {
      dy[4]=0;                  //十位等于-1，则十位清零
    }
  }

if((dy[3]==0)&&(dy[4]==0))
{
```

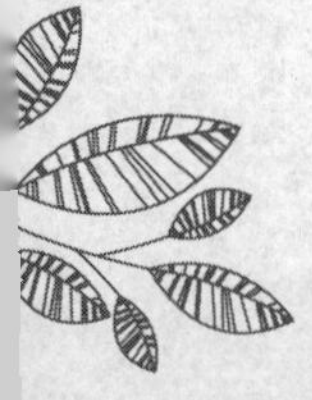

```
    TR0=0;                  //停止计时，关闭定时中断
    start=1;                //指示灯灭，停止计球
  }
}

void main()                 //主函数
{
  led();                    //初始化流水灯左移程序
  IE=0x83;                  //开放总中断和 INT0 外部中断和 T0 中断。
  IT0=1;                    //设置 INT0 为边沿触发方式
  TMOD=0x01;                //设置 T0 工作在方式 1
  TH0=0x3c;                 //设置初值 50ms
  TL0=0xb0;

  while(1)
  {
    key();                  //按键程序
    disp();                 //数码管显示程序
  }
}

void  int0  ()  interrupt 0  //外中断 0 的中断服务函数
{
  if(!start)                //判断是否开始计球
  jiqiu();                  //计球程序
}

void timer0() interrupt 1
{
  TH0=0x3c;                 //重新置初值
  TL0=0xb0;

  cishu++;                  //每 50ms 次数 cishu 加 1，加满 20 次为 1s
  if(cishu==20)             //判断是否已记满 20 次，即是否到 1s
  {
   cishu=0;                 //次数 cishu 清零
   jishi();                 //1s 时间到，时间减 1
  }
}
```

2．编译程序，生成与源文件同名的.bin 和.hex 文件。

四、Proteus 软件仿真

运行 Proteus 软件，打开电路图“time.dsn”文件，双击 AT89S51 芯片，添加生成的“time.hex”文件。

按开始按钮 ▶ ，全速执行程序，其仿真效果如图 6-4-9 所示。实现投篮计球、倒计时的效果，程序运行符合要求。

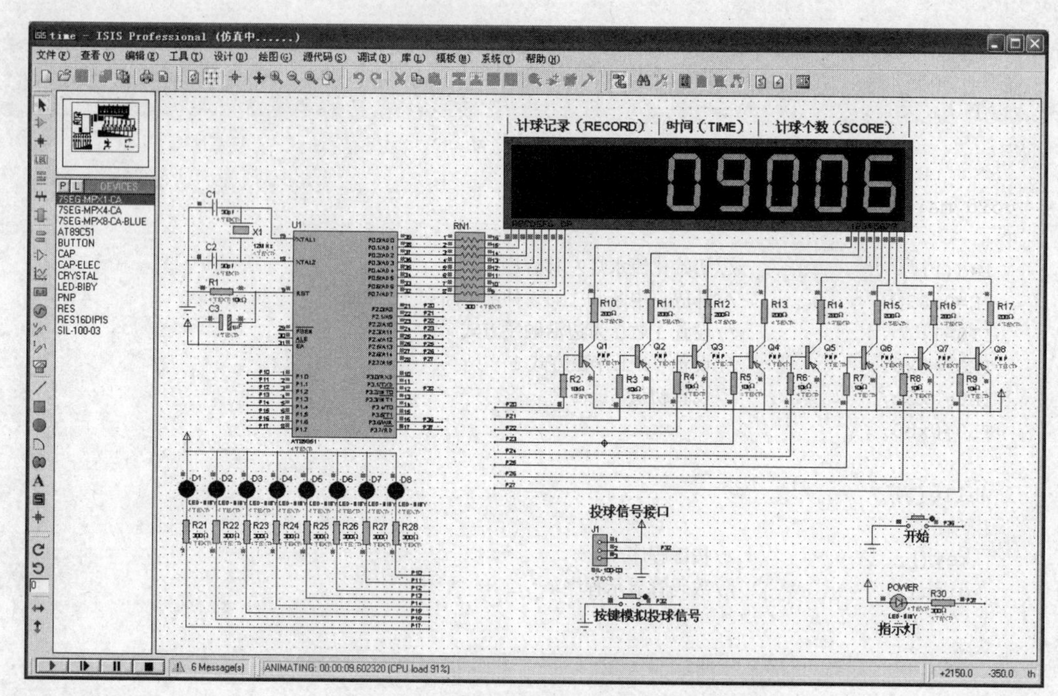

图 6-4-9 实现投篮计球、倒计时的效果

五、硬件验证

仿真通过后，将.hex 文件写入单片机，实现投篮游戏机开发板的计球、倒计时的功能。

六、制作硬件电路

在投篮游戏机指示灯、流水灯电路的基础上，焊接制作投篮游戏机计球、计时电路，电路原理图如图 6-4-6 所示。

知识链接与延伸

一、定时/计数器的工作方式

定时/计数器的工作方式由特殊功能寄存器 TMOD 的 M1、M0 位确定，方式 0、方式 1 和方式 2 均适用于 T0 和 T1，但方式 3 只使用于 T0。因 T1 与 T0 在方式 0、方式 1 和方式 2 下基本一致，下面仅以 T0 为例介绍定时/计数器的四种工作方式。

1. 工作方式 0

设置 TMOD 中的 M1M0=00 时，定时/计数器被设置为工作方式 0，此时其内部逻辑结构如图 6-4-10 所示。方式 0 是 13 位的计数器，T0 由 TH0 的 8 位和 TL0 的低 5 位构成，TL0 的高 3 位未用。

当 $C/\overline{T}=0$ 时，电子开关接通振荡器，输出 12 分频振荡脉冲到 13 位计数器，并对振荡脉冲进行计数，这种功能就是定时功能。当 $C/\overline{T}=1$ 时，电子开关接通计数引脚 P3.4(T0)，

外部计数脉冲由 P3.4（T0）输入，当计数脉冲发生负跳变时，计数器加 1，这种功能就是计数功能。

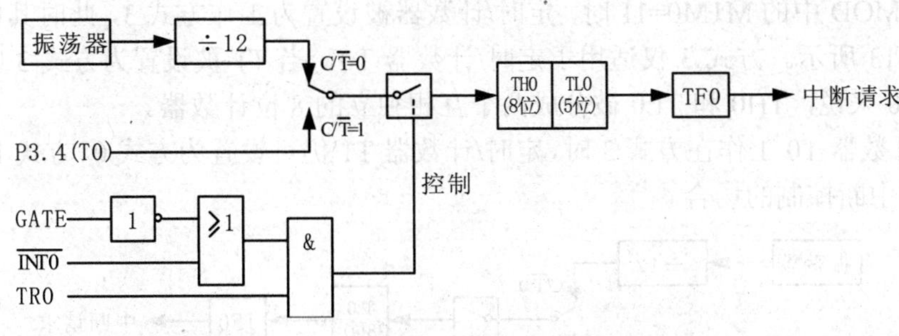

图 6-4-10　定时/计数器 T0（T1）工作方式 0 的结构

当 13 位计数器加满至“全 1”后，再加 1 就会产生溢出，此时会使 TF0 置 1，并申请中断。TF0 溢出中断被 CPU 响应，转入中断时由硬件清零。TF0 也可由软件查询清零。

2．工作方式 1

设置 TMOD 中的 M1M0=01 时，定时/计数器被设置为工作方式 1，此时其内部逻辑结构如图 6-4-11 所示。方式 1 与方式 0 的工作情况相同，差别在于它是一个 16 位的计数器，由 TH0 作为高 8 位，TL0 为低 8 位。

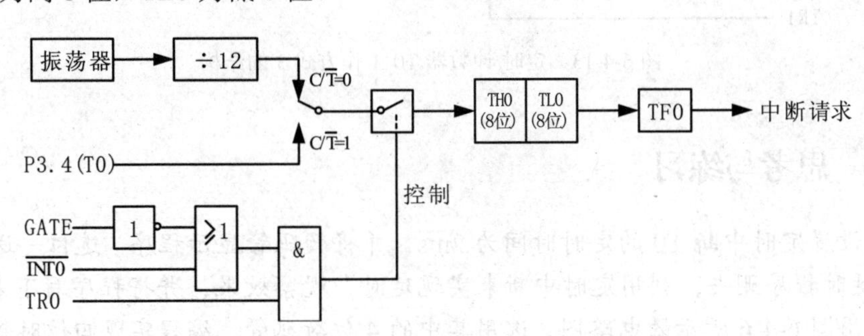

图 6-4-11　定时/计数器 T0（T1）工作方式 1 的结构

3．工作方式 2

设置 TMOD 中的 M1M0=10 时，定时/计数器被设置为工作方式 2，此时其内部逻辑结构如图 6-4-12 所示。方式 2 是具有自动重装初值的 8 位定时/计数器，TL0 为 8 位计数器，TH0 为常数寄存器，它们的初值由程序预置。当 TL0 计数器计数溢出时，一方面使溢出标志 TF0 置 1，向 CPU 申请中断；另一方面自动将 TH0 中的初值送到 TL0 重新计数。

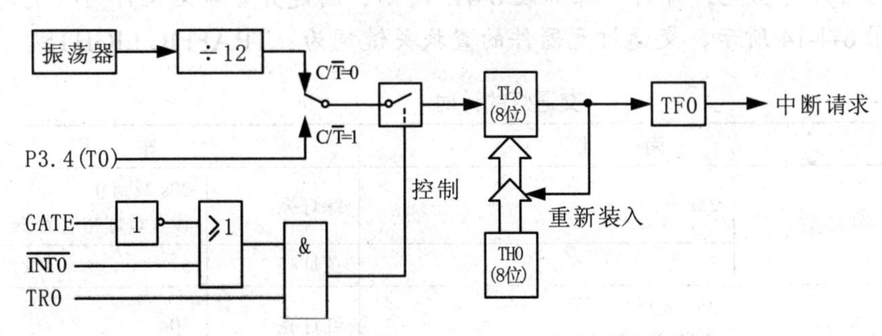

图 6-4-12　定时/计数器 T0（T1）工作方式 2 的结构

这种工作方式避免了重新装入初值而对计数精度的影响，常用作串行口波特率发生器。

4．工作方式 3

设置 TMOD 中的 M1M0=11 时，定时/计数器被设置为工作方式 3，此时其内部逻辑结构如图 6-4-13 所示。方式 3 仅适用于定时/计数器 T0，当 T1 被设置为方式 3 时，则停止工作。对 T0 来说，TH0 和 TL0 被分成两个互相独立的 8 位计数器。

定时/计数器 T0 工作在方式 3 时，定时/计数器 T1 仍可设置为方式 0、方式 1 或方式 2，用于不需要中断控制的场合。

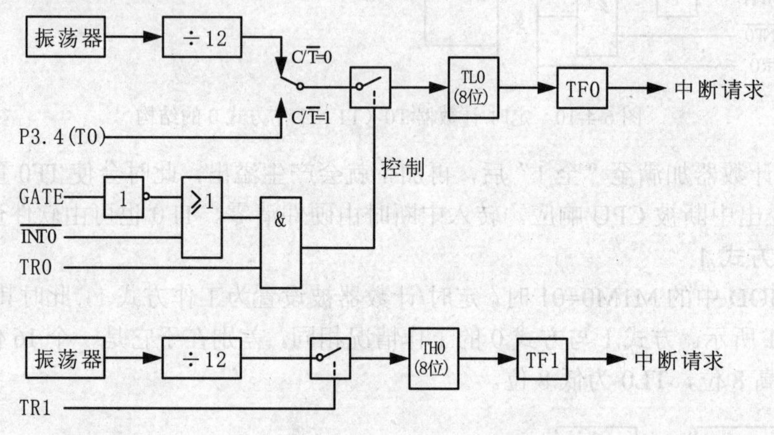

图 6-4-13　定时/计数器 T0 工作方式 3 的结构

思考与练习

1. 试设置定时中断 T0 的定时时间为 2ms，并将数码管显示程序“选位—送段码—延时”中的延时程序删去，利用定时中断来实现延时，观察效果，并将程序写下来。

2. 利用图 6-4-6 所示的电路图，选用其中的 4 位数码管，编程实现四位时钟，初始设置为“0000”，最大为 59 分 59 秒。

拓展训练

使用 4 位数码管电路图和红绿黄灯三色 LED，编写程序，实现“南北”方向和“东西”方向的交通灯计时功能，计时步骤如表 6-4-7 所示，新建并重命名文件为“交通灯.dsn”，电路图如图 6-4-14 所示，交通灯元器件的查找关键词为：TRAFFIC LIGHTS。

表 6-4-7　　交通灯的计时

步　骤	南　北		东　西	
1	红灯亮	25s	绿灯亮	20s 减到 0 设置黄灯初值为 5s
2		5s	黄灯亮	5s
3	绿灯亮	25s 减到 0 设置黄灯初值为 5s	红灯亮	30s

续表

步　骤	南　北		东　西	
4	黄灯亮	5s	红灯亮	5s
循环				

图 6-4-14　交通灯电路图

学习任务的工作页

项目六　实现投篮游戏机的计球及计时

任务四　实现投篮游戏机的计时　　　　工作页编号：ZNKZ06-04

一、基本信息

学习班级及小组__________________学生姓名________________学生学号____________

学习项目完成时间_________________指导教师________________学习地点____________

二、任务准备

1．写出本项目要完成的内容

2．请你确定本项目所需要完成的工作任务

3．小组分工：（1）请写出你要完成的工作任务；（2）写写你要完成此项目的计划（或步骤）；（3）工具；（4）安全注意事项。

三、任务实施

1．你知道 AT89S51 单片机有几个定时/计数器吗？有什么功能？如何设置定时/计数器的工作模式和工作方式呢？

续表

2．AT89S51 单片机的定时/计数器由什么构成的？定时/计数器的控制由哪些特殊功能寄存器来设置？

3．AT89S51 单片机使用 6MHz 的晶振，需要定时 10ms，用哪种工作模式和工作方式？计数初值怎么计算？

4．通过哪个特殊功能寄存器可以将定时/计数器设置为计数功能？假设将 T0 设定为计数器，T1 设置为定时器，均工作在方式 1，如何设置？

5．绘制投球倒计时程序流程图。

6．请你编写程序实现投篮时间的倒计时程序，并把主要的程序写下来。

7．在投篮游戏机指示灯、流水灯电路的基础上，制作投篮游戏机计球、计时电路，原理图如图 6-4-6 所示。如焊接过程中遇到问题，请把它写下来。

8．在投篮游戏机控制板上进行实物安装与调试。

（1）将生成的.hex 文件导入到 Proteus 中进行软件仿真。

（2）在投篮游戏机上安装控制板，并调试。

在程序联调过程遇到什么问题了吗？请写下来。

续表

四、知识拓展
1．试设置定时中断 T0 的定时时间为 2ms，并将数码管显示程序“选位—送段码—延时”中的延时程序删去，利用定时中断来实现延时，观察效果，并将程序写下来。 2．利用图 6-4-6 所示的电路图，选用其中的 4 位数码管，编程实现四位时钟，初始设置为“0000”，最大为 59 分 59 秒。 3．按照拓展训练题的要求绘制交通灯电路图，如图 6-4-14 所示，并编写交通灯程序实现其功能。请你将主要的子程序写下来。

学习评价

序号	项目		考核内容	配分	评分标准	自评	师评	得分
1	知识准备	项目内容	写出本项目要完成的内容	5	能写出本项目要完成的内容得 5 分			
2		工作任务	写出本项目所需要完成的工作任务	10	能基本写出本项目的工作任务得 10 分			
3		工作计划及分工	写出你的工作计划及分工	10	能写出自己要完成的计划及分工得 10 分			
4	实际操作	定时/计数器的工作模式和工作方式	写出定时/计数器的工作模式和工作方式	5	能正确写出定时/计数器的工作模式和工作方式得 5 分			
5		定时/计数器的特殊功能寄存器	写出定时/计数器的特殊功能寄存器	5	能正确写出定时/计数器的特殊功能寄存器得 5 分			
6		计数初值的计算	写出计数初值的计算方法	5	能正确计算出计数初值得 5 分			
7		程序流程图	画出程序流程图	5	能正确画出投篮计时程序的流程图得 5 分			
8		编写并调试程序	能使用编程软件编写程序，并在 Proteus 软件中正确调试	15	能正确编写程序，并在 Proteus 软件中正确调试效果得 15 分			
9		投篮游戏机板调试	能在投篮游戏机控制板上进行调试	5	能正确使用开发板调试一位数码管的显示效果得 5 分			
10		拓展	完成三个拓展题	25	能正确完成拓展题得 25 分，第一题 5 分，其余两题各 10 分			
11	安全文明生产		遵守安全操作规程，正确使用仪器设备，操作现场整洁	10	每项扣 5 分，扣完为止			
			安全用电，防火，无人身、设备事故		因违规操作发生重大人身和设备事故，此题按 0 分计			
12	分数合计			100				

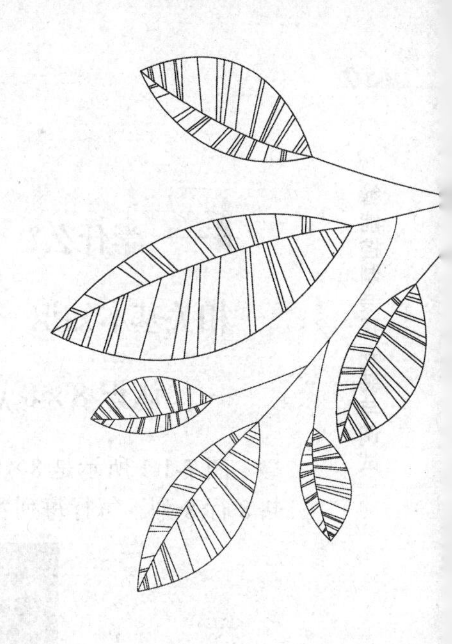

项目七

实现投篮游戏机的广告显示

Chapter 7

任务一 使用8×8显示屏循环显示“0~9”

为了能使投篮游戏机达到良好的宣传效果，提供信息的传递，使用了点阵显示屏作为宣传的输出设备。在学习使用大型广告屏前，先来学习 8×8 点阵显示屏的控制方法。

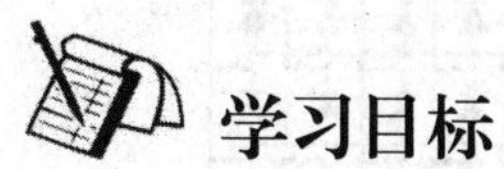

1. 认识 8×8 点阵，懂得共阴、共阳极点阵内部电路图。
2. 学会点阵的扫描方式。
3. 能绘制点阵显示的流程图，并能在老师的引导下调试点阵显示程序。
4. 能在实验板正确调试 8×8 点阵屏，并通电试运行实现点阵屏显示功能。

做什么?

使用投篮游戏机开发板控制 8×8 点阵显示屏，要求显示屏以 0.5s 的频率循环跳动显示“0~9”十个数字。

学什么？

相关基本知识一

一、认识 8×8 点阵显示屏

图 7-1-1 所示是 8×8 阵列的点阵发光显示屏。该点阵发光显示屏是由 8×8 阵列组成，共 8 行 8 列。每行每列各 8 个发光二极管，共 64 个发光二极管。

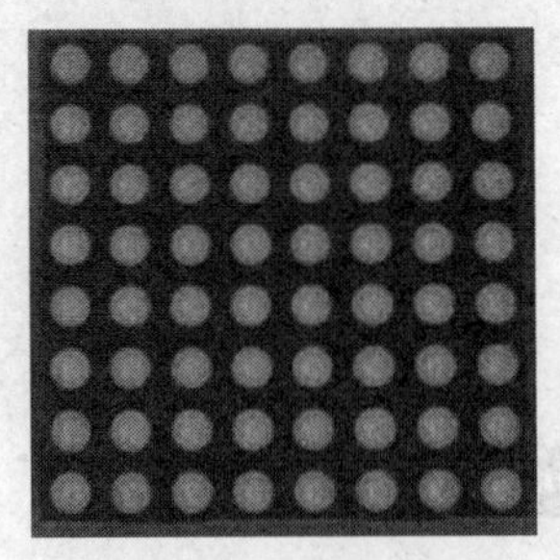

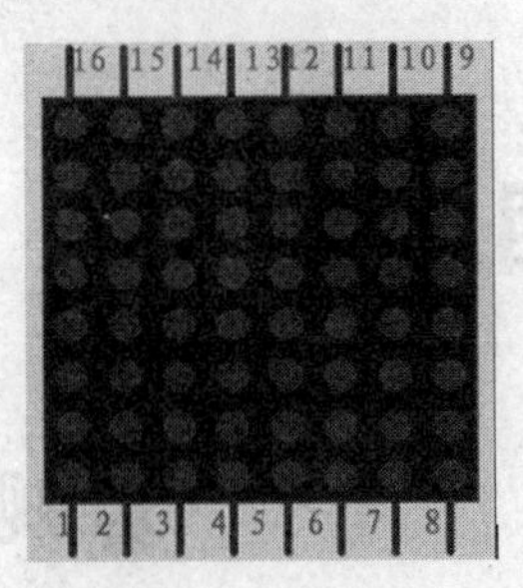

图 7-1-1　8×8 阵列的点阵显示屏

点阵屏有两种类型，一类为共阴极（左），另一类则为共阳极（右），如图 7-1-2 所示，给出了两种类型的内部电路原理及相应的管脚图。

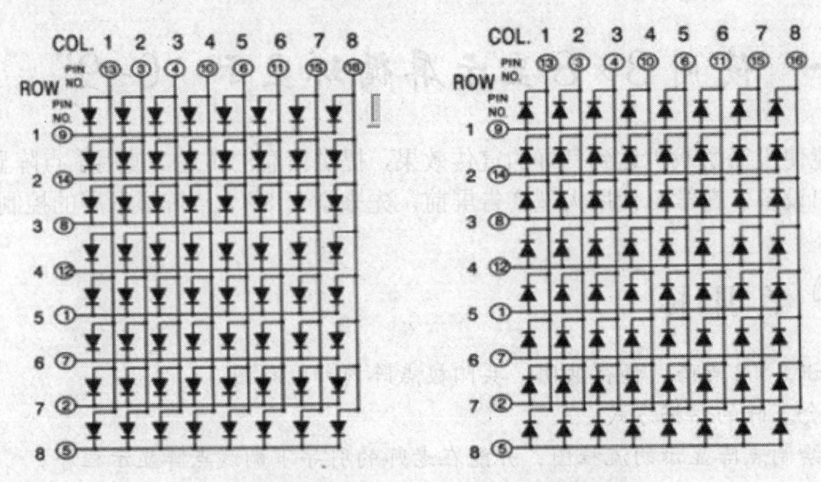

图 7-1-2　8×8 点阵显示屏内部结构图

二、点阵显示屏的扫描原理

点阵发光显示屏在同一时间只能点亮一行，每行点亮的情况是根据从显示屏的端口（8 线）送入的数据点亮。要使一个字符在显示屏整屏显示，点阵显示屏就必须通过快速逐行点亮，而且是周而复始的循环点亮。每一行的显示时间大约为 4ms,由于人类视觉的暂留效应，将感觉到 8 行 LED 是在同时显示的。若显示的时间太短，则亮度不够，若显示的时间太长，将会感觉到闪烁。

点阵的接法有共阴和共阳极两种（共阳极指的是对每一行 LED 来讲都是共阳极）。如图 7-1-3 所示为一个三极管驱动的 8×8 点阵原理图。

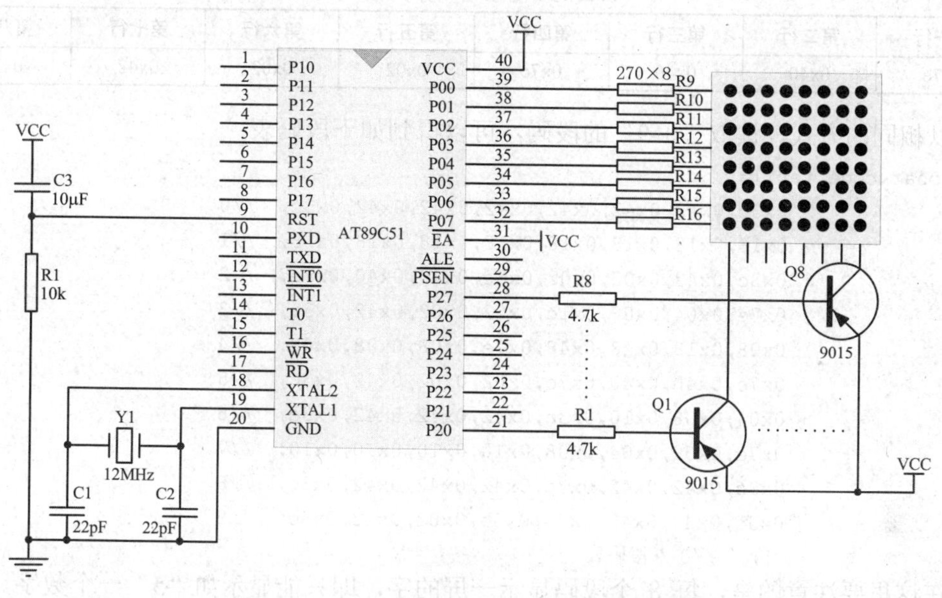

图 7-1-3　8×8 点阵 LED 字符显示屏电路原理图

点阵显示的扫描方式为逐行扫描，P2 口输出行码决定哪一行能亮（相当于数码管的选位，位码），P0 口输出行码，决定行上哪些 LED 亮（相当于段码），能亮的行从上向下扫描完 8 行（相当于位码循环移位 8 次）即显示出一帧完整的图像，如图 7-1-4 所示。

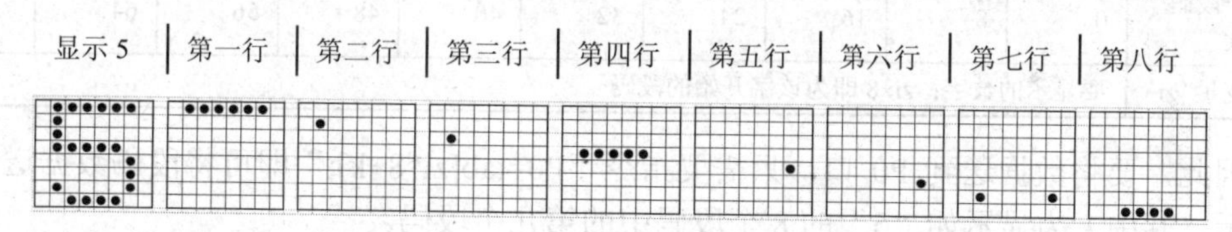

图 7-1-4　点阵逐行扫描显示字符“5”

三、读取段码表

从图 7-1-5 可以看出，“0~9”数字点阵的显示，由 8×8 的点阵显示屏“描绘”出来，根据不同的扫描方式，以及电路的不同连接方法，读取段码表的方式也不一样。现在以“从上到下，以左面的点为字节的高位”的方式来读取段码。

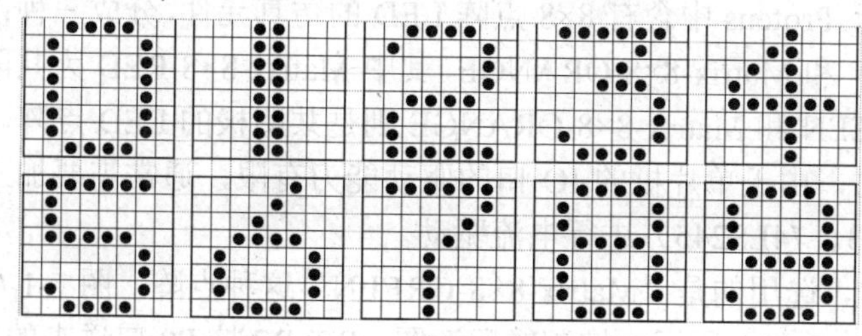

图 7-1-5　“0~9”的点阵显示

以“5”为例，从图 7-1-4 可以读出 8 个字节为，见表 7-1-1。

表 7-1-1　　读出的 8 个字节

第一行	第二行	第三行	第四行	第五行	第六行	第七行	第八行
0x7e	0x40	0x40	0x7c	0x02	0x02	0x42	0x3c

以相同的方式，读取“0~9”的段码，可以得到如下段码表：

```
uchar code tab[]={
        0x3c,0x42,0x42,0x42,0x42,0x42,0x42,0x3c,  //0
        0x18,0x18,0x18,0x18,0x18,0x18,0x18,0x18,  //1
        0x3c,0x42,0x02,0x02,0x3c,0x40,0x40,0x7e,  //2
        0x7e,0x04,0x08,0x1c,0x02,0x02,0x42,0x3c,  //3
        0x08,0x18,0x28,0x48,0x7e,0x08,0x08,0x08,  //4
        0x7e,0x40,0x40,0x7c,0x02,0x02,0x42,0x3c,  //5
        0x04,0x08,0x10,0x3c,0x42,0x42,0x42,0x3c,  //6
        0x7e,0x02,0x04,0x08,0x10,0x10,0x10,0x10,  //7
        0x3c,0x42,0x42,0x3c,0x42,0x42,0x42,0x3c,  //8
        0x3c,0x42,0x42,0x42,0x3e,0x02,0x42,0x3c,  //9
        };    //0~9 段码表
```

在这里要注意的是，每 8 个段码显示一屏的字，即只能显示如“5”一个数字。那么怎样才能循环显示“0~9”的字符呢？看表 7-1-2 可以找到一点规律。

表 7-1-2　　寻找规律

显示的数字	0	1	2	3	4	5	6	7	8	9
第几个段码开始读	0	8	16	24	32	40	48	56	64	72
定义变量“zi”	要显示的数字：zi×8 即为该字开始的段码									

因此，要将数据送到 P0 口，只需要指令“P0=tab[zi*8+k];”即可将段码数据送到 P0 口显示，其中 k 为显示如“5”的 8 个段码中的第几个段码。

怎样做?

一、绘制电路图

使用 Proteus 软件，重新建立“dianzhen8.dsn”文件，在 P0 口添加一个 8×8 点阵显示屏，如图 7-1-6 所示。Proteus 中含有 8×8 点阵 LED 的仿真元件，分成三种：Matrix-8×8-RED、Matrix-8×8-GREEN 和 Matrix-8×8-ORANGE，其中 Matrix-8×8-RED 为共阳极的 LED 点阵，而 Matrix-8×8-GREEN 和 Matrix-8×8-ORANGE 则是共阴极的 LED 点阵。使用单片机进行点阵 Led 的显示时，由于单片机的 IO 口的驱动能力有限，通常需要加三极管或者相应的器件（如 ULN2003、74LS245）进行电流驱动。

在这个项目里，选用的是“Matrix-8×8-GREEN”这种点阵，图 7-1-6（a）所示为点阵的网络标号。图 7-1-6（b）所示为控制的示意图，R0~R7 接 P0 口送来的段码数据，C0~C7

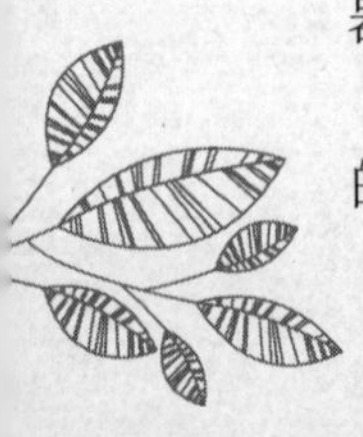

接 P2 口，从 C0 一直扫描到 C7，以此来选中显示的是哪一行，扫描完 8 行完成一帧图像的显示。

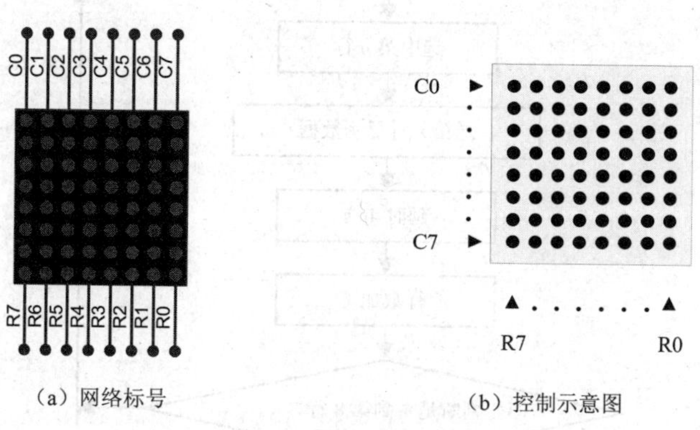

（a）网络标号　　（b）控制示意图

图 7-1-6

点阵显示电路部分元器件的查找关键词是：集成电路为 74LS245，晶振为 CRYSTAL，上拉电阻为 RESPACK-8，8×8 点阵为 Matrix-8×8-GREEN。

8×8 点阵显示屏电路仿真原理见图 7-1-7 所示。

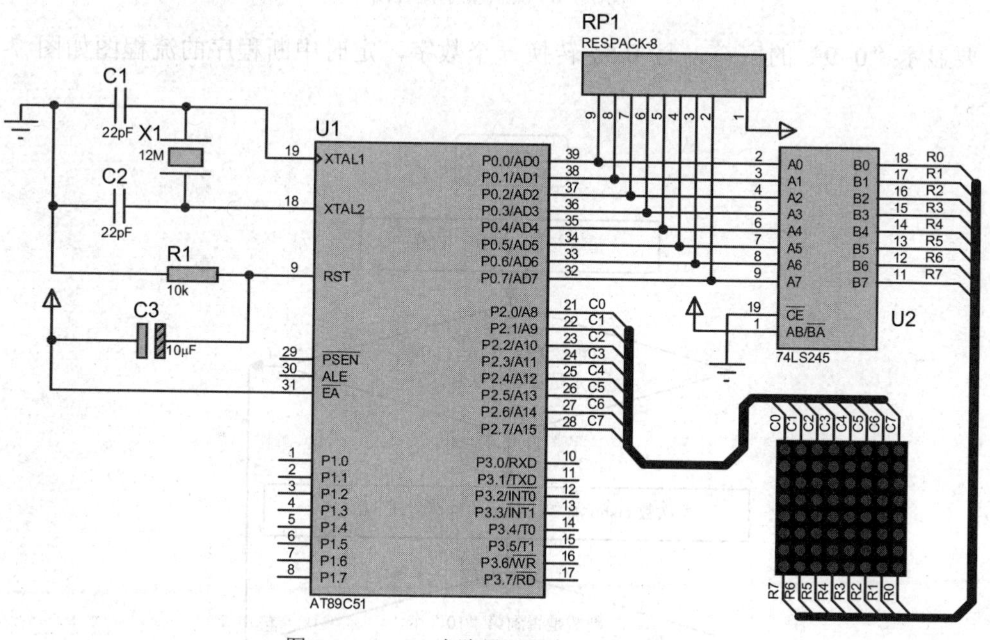

图 7-1-7　8×8 点阵显示屏电路仿真原理图

二、绘制程序流程图

LED 点阵显示屏的编程类似于数码管的显示编程，可以将 8×8 的点阵显示屏看作 8 个数码管，运用“选位—送段码—延时”的编程方式即可以编写出 8×8 LED 点阵显示屏的显示子程序，如图 7-1-8 所示。

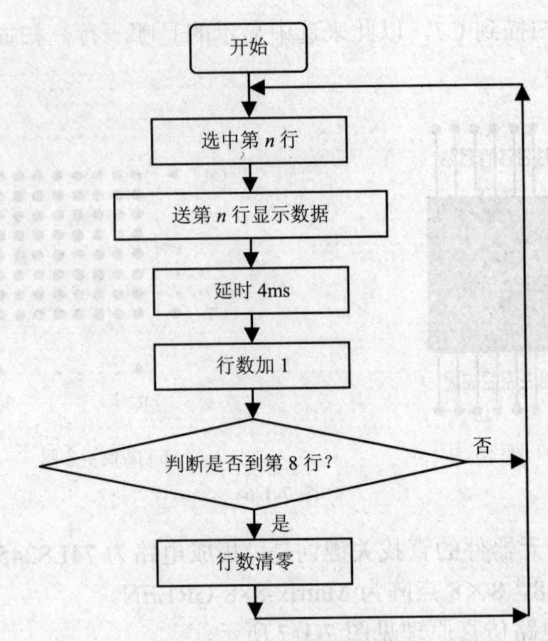

图 7-1-8　点阵显示流程图

要显示“0~9”的字符，且 0.5s 转换一个数字，定时中断程序的流程图如图 7-1-9 所示。

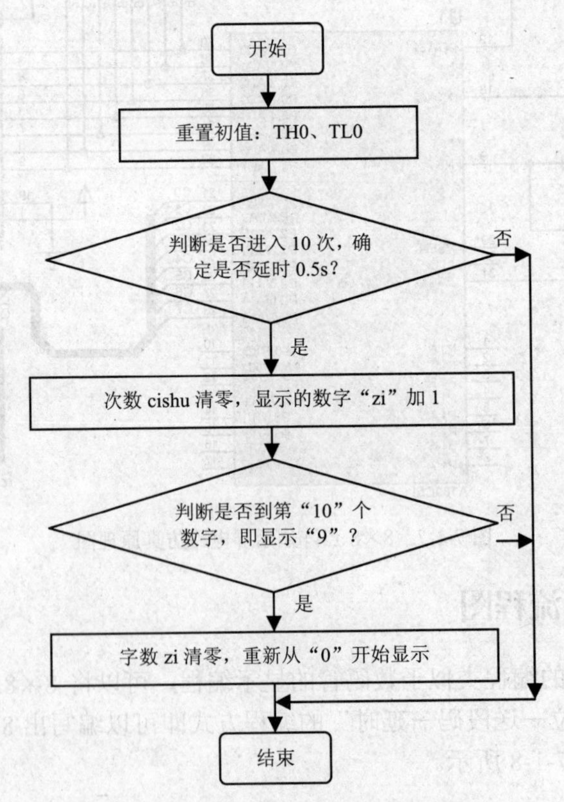

图 7-1-9　0.5s 定时中断的程序流程图

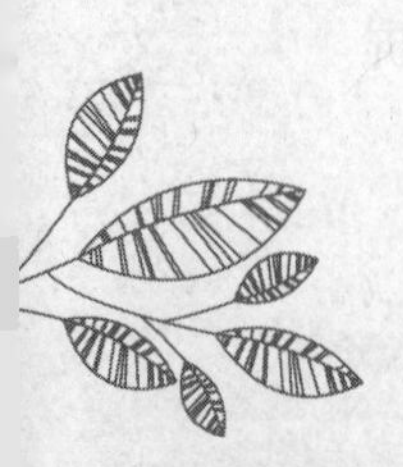

三、编写程序

1．按照图 7-1-8 所示的点阵显示流程图和图 7-1-9 的定时中断的程序流程图，编写 8×8 点阵显示程序，将文件名命名为：dianzhen8.c，参考程序如下。

```
#include <reg52.h>                  //预处理 reg51.h
#define uchar unsigned char         //宏定义无符号字符型变量
#define uint unsigned int           //宏定义无符号整型变量

 //以“从上到下，以左面的点为字节的高位”的方式来读取段码
uchar code tab[]={
                 0x3c,0x42,0x42,0x42,0x42,0x42,0x42,0x3c,  //0
                 0x18,0x18,0x18,0x18,0x18,0x18,0x18,0x18,  //1
                 0x3c,0x42,0x02,0x02,0x3c,0x40,0x40,0x7e,  //2
                 0x7e,0x04,0x08,0x1c,0x02,0x02,0x42,0x3c,  //3
                 0x08,0x18,0x28,0x48,0x7e,0x08,0x08,0x08,  //4
                 0x7e,0x40,0x40,0x7c,0x02,0x02,0x42,0x3c,  //5
                 0x04,0x08,0x10,0x3c,0x42,0x42,0x42,0x3c,  //6
                 0x7e,0x02,0x04,0x08,0x10,0x10,0x10,0x10,  //7
                 0x3c,0x42,0x42,0x3c,0x42,0x42,0x42,0x3c,  //8
                 0x3c,0x42,0x42,0x42,0x3e,0x02,0x42,0x3c,  //9
                 };//0~9 段码表
uchar wei[]={0xfe,0xfd,0xfb,0xf7,0xef,0xdf,0xbf,0x7f}; //选位数据
uchar k,zi,cishu;//分别定义段码变量、显示第几个数字、进入定时中断次数

delay(uint t)    //延时程序
{
 uchar i;
 while(t--)
   for(i=0;i<123;i++);
}

dianzhen()
{
 P2=wei[k];
 P0=tab[zi*8+k];
 delay(1);

 k++;
 if(k==8)k=0;
}

main()
{
  k=0;            //段码变量
  zi=0;           //第几个数字
  cishu=0;        //进入定时中断的次数
  IE=0x82;        //开放总中断和 INT0 外部中断和 T0 中断。
  TMOD=0x01;      //设置 T0 工作在方式 1
  TH0=0x3c;       //设置初值 50ms
  TL0=0xb0;
  TR0=1;          //停止计时，关闭定时中断
```

```
   while(1)
   {
       dianzhen(); //点阵显示程序
   }
 }

 void timer0() interrupt 1
 {
   TH0=0x3c;           //重新置初值
   TL0=0xb0;

   cishu++;            //每50ms 次数 cishu 加 1，加满 10 次为 0.5s
   if(cishu==10)       //判断是否已记满 10 次，即是否到 0.5s
   {
     cishu=0;          //次数 cishu 清零
     zi++;             //显示第几个数字
    if(zi==10)         //判断是否显示完 0~9
    zi=0;              //从第 0 个字开始重新显示
   }
 }
```

2．编译程序，生成与源文件同名的.bin 和.hex 文件。

四、Proteus 软件仿真

运行 Proteus 软件，打开电路图“dianzhen8.dsn”文件，双击 AT89S51 芯片，添加生成的“dianzhen8.hex”文件。

按开始按钮 ▶ ，全速执行程序，其仿真效果如图 7-1-10 所示，8×8 点阵显示以 0.5s 的频率显示“0~9”的数字，程序运行符合要求。

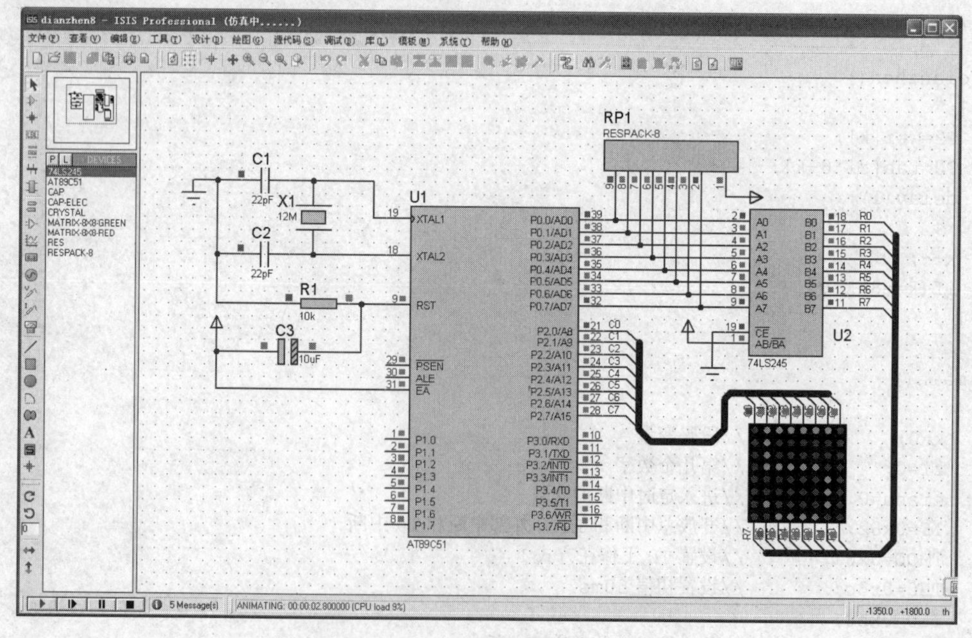

图 7-1-10　8×8 点阵显示“0~9”仿真效果

五、硬件验证

仿真通过后，将.hex 文件写入单片机，实现 8×8 点阵循环显示“0~9”的功能。

思考与练习

1. 实际测量一个 8×8 点阵显示屏的引脚。
2. 请运用读取字形段码的方法，描出“天”字的字形，并读取相应的段码。

拓展训练

1. 使用点阵显示自己的身份证号码，每个数字的跳转时间间隔为 0.5s。
2. 使用点阵使所显示的字符能够“左移”或“右移”。

学习任务的工作页

项目七　实现投篮游戏机的广告显示

任务一　使用 8×8 显示屏循环显示“0~9”　　工作页编号：ZNKZ07-01

一、基本信息

学习班级及小组________________ 学生姓名________________ 学生学号________________

学习项目完成时间________________ 指导教师________________ 学习地点________________

二、任务准备

1．写出本项目要完成的内容

2．请你确定本项目所需要完成的工作任务

3．小组分工：（1）请写出你要完成的工作任务；（2）写写你要完成此项目的计划（或步骤）；（3）工具；（4）安全注意事项。

三、任务实施

1．8×8 点阵显示屏有哪两种？试实际测量一个点阵显示屏的引脚，并画出来。

续表

2．请你利用一维数组的定义格式，写出 8×8 点阵显示屏显示汉字“天”字的段码表。

3．新建“dianzhen8.dsn”文件，绘制 8×8 点阵显示电路图。

4．绘制 8×8 点阵显示的程序流程图。

5．绘制 0.5s 转换一个数字的定时中断的程序流程图。

6．请你编写程序实现显示屏以 0.5s 的频率循环跳动显示“0~9”十个数字，并把主要的程序写下来。

7．在投篮游戏机控制板上进行实物安装与调试。

（1）将生成的.hex 文件导入到 Proteus 中进行软件仿真。

（2）在投篮游戏机安装控制板，并调试。

在程序联调过程遇到什么问题了吗？请写下来。

续表

四、知识拓展
1．使用点阵显示自己的身份证号码，每个数字的跳转时间间隔为 0.5s。 2．使用点阵使所显示的字符能够“左移”或“右移”。

学习评价

序号	项目		考核内容	配分	评分标准	自评	师评	得分
1	知识准备	项目内容	写出本项目要完成的内容	5	能写出本项目要完成的内容得 10 分			
2		工作任务	写出本项目所需要完成的工作任务	10	能基本写出本项目的工作任务得 10 分			
3		工作计划及分工	写出你的工作计划及分工	10	能写出自己要完成的计划及分工得 10 分			
4	实际操作	8×8 点阵显示屏	画出 8×8 点阵显示屏的引脚图	5	能正确画出 8×8 点阵显示屏的引脚图得 5 分			
5		显示屏的段码表	用一维数组形式，写出显示屏显示“5”字的段码表	5	能正确写出显示屏表得 5 分			
6		电路图	绘制 8×8 点阵显示电路图	5	能正确绘制 8×8 点阵显示的电路图得 5 分			
7		程序流程图	画出显示一个“5”字的程序流程图	10	能正确画出数码管显示一个“5”字的程序流程图得 10 分			
			0.5s 的定时中断	5	能正确绘制 0.5s 转换一个数字的定时中断流程图得 5 分			
8		编写并调试程序	能使用编程软件编写程序，并在 Proteus 软件中正确调试	15	能正确编写程序，并在 Proteus 软件中正确调试效果得 15 分			
9		投篮游戏机板调试	能在投篮游戏机控制板上进行调试	5	能正确使用开发板调试点阵的显示效果得 5 分			
10		拓展	完成拓展题	15	能正确完成拓展题得 15 分			
11	安全文明生产		遵守安全操作规程，正确使用仪器设备，操作现场整洁	10	每项扣 5 分，扣完为止			
			安全用电，防火，无人身、设备事故		因违规操作发生重大人身和设备事故，此题按 0 分计			
12	分数合计			100				

任务二　使用 16×16 显示屏循环显示“欢迎光临”

在上一个任务已经利用 8×8 点阵显示屏实现了“0~9”数字的显示。为了能有更好的宣传显示效果，本任务采用了 16×16 的显示屏来显示汉字，以常用的显示屏控制芯片 74HC595 和 74HC154 来实现控制。学习完本任务后，可以以此为基础，学习大型广告屏的控制方法。

学习目标

1. 学会 74HC154 译码器的编程及使用。
2. 学会 74HC595 移位寄存器的编程及使用。
3. 能绘制 16×16 点阵显示电路图和程序流程图，并能在老师的引导下调试点阵显示程序。
4. 在实验板上正确调试 16×16 点阵屏，通电试运行，实现点阵屏显示功能。

做什么?

使用投篮游戏机开发板控制 16×16 点阵显示屏，要求显示屏以 0.5s 的频率循环跳动显示“欢迎光临”四个汉字。

学什么?

相关基本知识一

16×16 点阵显示电路使用了 74HC154 译码器和 74HC595 移位寄存器芯片，在学习本项目前，要先学习一下这两个芯片的相关知识。

一、74HC154 译码器

74HC154 译码器是 4 线-16 线译码器，芯片的引脚图如图 7-2-1 所示。当两个选通输入 G1（E1）和 G2（E2）为低时,它可将 4 个二进制编码的输入译成 16 个互相独立的输出之一，选中的引脚为低电平，其余输出端为高电平，其真值表如表 7-2-1 所示。

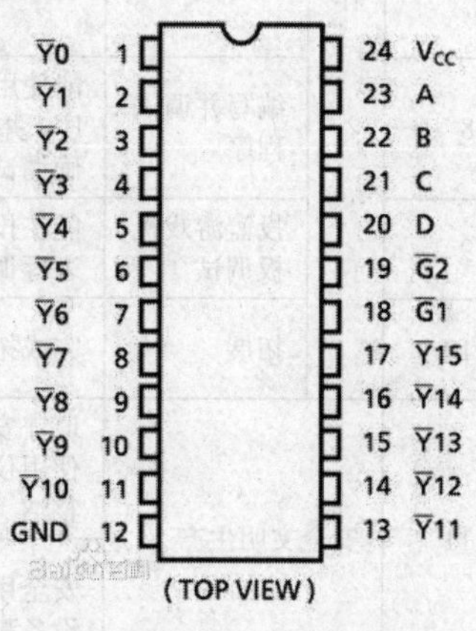

图 7-2-1　74HC154 的引脚图

74HC154 译码器的真值表，如表 7-2-1 所示。

表 7-2-1　　74HC154 译码器的真值表

使能输入端		输入				选定输出（低电平：0）
G1(E1)	G2(E2)	D	C	B	A	
0	0	0	0	0	0	Y0
0	0	0	0	0	1	Y1
0	0	0	0	1	0	Y2
0	0	0	0	1	1	Y3
0	0	0	1	0	0	Y4
0	0	0	1	0	1	Y5
0	0	0	1	1	0	Y6
0	0	0	1	1	1	Y7
0	0	1	0	0	0	Y8
0	0	1	0	0	1	Y9
0	0	1	0	1	0	Y10
0	0	1	0	1	1	Y11
0	0	1	1	0	0	Y12
0	0	1	1	0	1	Y13
0	0	1	1	1	0	Y14
0	0	1	1	1	1	Y15
1	X	X	X	X	X	无
X	1	X	X	X	X	无

二、74HC595 串行输入转并行输出移位寄存器

74HC595 芯片是一种串入并出的芯片，它是带有锁存功能的移位寄存器，芯片的引脚图如图 7-2-2 所示。

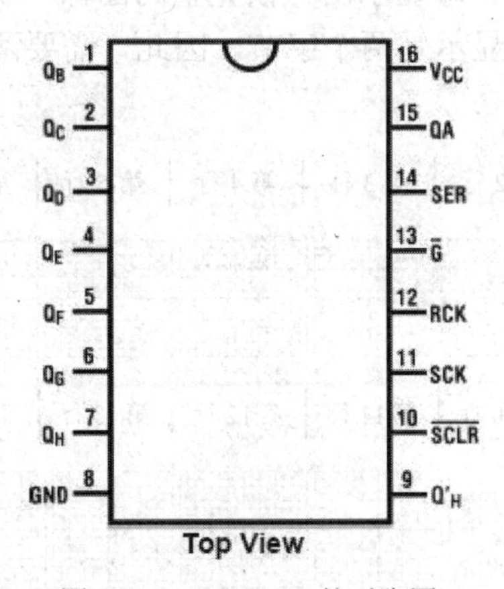

图 7-2-2　74HC595 的引脚图

74HC595 芯片的主要优点是在移位的过程中，输出端 Q0~Q7 的数据可以保持不变，只有在 RCLK（12 脚）有上升沿到来时，输出端 Q0~Q7 的数据才改变。在串行速度比较慢的场合，如数码管显示，则没有闪烁感。

在正常使用时，SCLR 为高电平，G 为低电平，其功能如表 7-2-2 所示。

表 7-2-2　引脚功能说明

SCLR (10 脚)	G (13 脚)	SER (14 脚)	SCLK (11 脚)	RCLK (12 脚)	功　能
1	0	0 或 1 数据	↑	×	当串行输入时钟 SCLK 上升沿到来时，SER 引脚的一位数据移位进入到移位寄存器，直到八位数据输入完毕
1	0	×	×	↑	当输出时钟 RCLK 上升沿到来时，移位寄存器的数据送到输出锁存器，并口输出

从 SER（14 脚）每输入一位数据，串行输入时钟 SCLK 上升沿有效一次，直到八位数据输入完毕；当输出时钟 RCLK 上升沿有效一次，输入的数据就被送到了输出端 Q0~Q7。

74HC595 编程的三个步骤如下。

（1）将要准备输入的位数据送到 74HC595 数据输入端上。

方法：送位数据到 SER 引脚。

（2）将位数据逐位移入 74HC595，即数据串行移入→移位寄存器。

方法：SCLK 引脚产生一个上升沿，将 SER 引脚上的数据移入 74HC595 中。

（3）并行输出数据，即数据并出→输出锁存器。

方法：RCLK 引脚产生一上升沿，将由 SER 上已移入移位寄存器中的数据送到输出锁存器。

相关基本知识二

一、16×16 点阵显示的扫描方式

16×16 点阵显示使用 4 块 8×8 的点阵显示屏，它的扫描方式为逐行扫描，使用 74HC154 译码器选择点亮哪一行，74HC595 移位寄存器输出行码，决定选中的行哪些点被点亮。从上向下扫描完 16 行，即显示出一帧完整的图像“欢”字，如图 7-2-3 所示。要注意的是，16×16 点阵每行的显示是两个字节，因此，需要两片 74HC595 级联才能同时送出一行两个字节的数据。

“欢” | 第 1 行 | 第 2 行 | 第 3 行 | 第 4 行 | 第 5 行 | 第 6 行 | 第 7 行 | 第 8 行

“欢” | 第 9 行 | 第 10 行 | 第 11 行 | 第 12 行 | 第 13 行 | 第 14 行 | 第 15 行 | 第 16 行

图 7-2-3　16×16 点阵逐行扫描显示汉字“欢”

二、读取段码表

从图 7-2-4 可以看出，汉字“欢”点阵的显示可以在 16×16 的点阵显示屏中“描绘”

出来。同样地，根据不同的扫描方式及不同的电路接法，读取段码表的方式也会不一样。现在以“从左到右从上到下，横向 8 点左高位”的方式来读取段码。

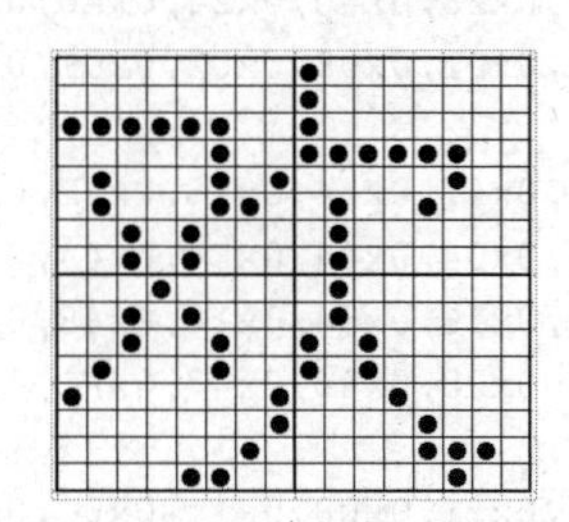

图 7-2-4 汉字“欢”的点阵显示

以“欢”字为例，从图 7-2-4 可以读出 32 个字节如表 7-2-3 所示。

表 7-2-3 “欢”字字节显示

第 1 行	第 2 行	第 3 行	第 4 行	第 5 行	第 6 行	第 7 行	第 8 行
0x00,0x80	0x00,0x80	0xFC,0x80	0x04,0xFC	0x45,0x04	0x46,0x48	0x28,0x40	0x28,0x40
第 9 行	第 10 行	第 11 行	第 12 行	第 13 行	第 14 行	第 15 行	第 16 行
0x10,0x40	0x28,0x40	0x24,0xA0	0x44,0xA0	0x81,0x10	0x01,0x08	0x02,0x0E	0x0C,0x04

清楚了汉字段码数据的读取方法后，可以使用一些专业的点阵取模软件，如晓奇工作室的“字模提取工具软件”，界面如图 7-2-5 所示。参数确认后输入“欢迎光临”就可以取模得到段码数据。

图 7-2-5 晓奇工作室的“字模提取工具软件”

以相同的方式，读取“欢迎光临”的段码，可以得到如下段码表。

```
uchar code tab[]={
            //-- 欢 --
```

```
        0x00,0x80,0x00,0x80,0xFC,0x80,0x04,0xFC,
        0x45,0x04,0x46,0x48,0x28,0x40,0x28,0x40,
        0x10,0x40,0x28,0x40,0x24,0xA0,0x44,0xA0,
        0x81,0x10,0x01,0x08,0x02,0x0E,0x0C,0x04,
//-- 迎 --
        0x00,0x00,0x41,0x84,0x26,0x7E,0x14,0x44,
        0x04,0x44,0x04,0x44,0xF4,0x44,0x14,0xC4,
        0x15,0x44,0x16,0x54,0x14,0x48,0x10,0x40,
        0x10,0x40,0x28,0x46,0x47,0xFC,0x00,0x00,
//-- 光 --
        0x01,0x00,0x21,0x08,0x11,0x0C,0x09,0x10,
        0x09,0x20,0x01,0x04,0xFF,0xFE,0x04,0x40,
        0x04,0x40,0x04,0x40,0x04,0x40,0x08,0x40,
        0x08,0x42,0x10,0x42,0x20,0x3E,0x40,0x00,
//-- 临 --
        0x10,0x80,0x10,0x80,0x51,0x04,0x51,0xFE,
        0x52,0x00,0x54,0x80,0x58,0x60,0x50,0x24,
        0x57,0xFE,0x54,0x44,0x54,0x44,0x54,0x44,
        0x54,0x44,0x14,0x44,0x17,0xFC,0x14,0x04,
        };    //“欢迎光临”四个汉字的段码表
```

由上面的段码数据可以看出，16×16 点阵显示屏每显示一屏的汉字需要 32 个段码（字节），如显示“欢”字。那么怎样才能循环显示“欢迎光临”的字符呢？可以参照“8×8 点阵屏”的显示方式查找一下规律，见表 7-2-4 所示。

表 7-2-4　　查找规律

显示的汉字	欢	迎	光	临
第几个段码开始读	0	32	64	96
定义变量“zi”	要显示的数字：zi×32 即为该字开始的段码			

因此，要将数据送到 P0 口，只需要指令“P0=tab[zi*32+k];”即可将段码数据送到 P0 口显示，其中 k 为显示如“欢”字的 32 个段码中的第几个段码。16×16 点阵每一行显示两个字节，若指令“P0=tab[zi*32+k];”送第一个数据，则指令“P0=tab[zi*32+k+1];”则为送一行中的第二个数据。

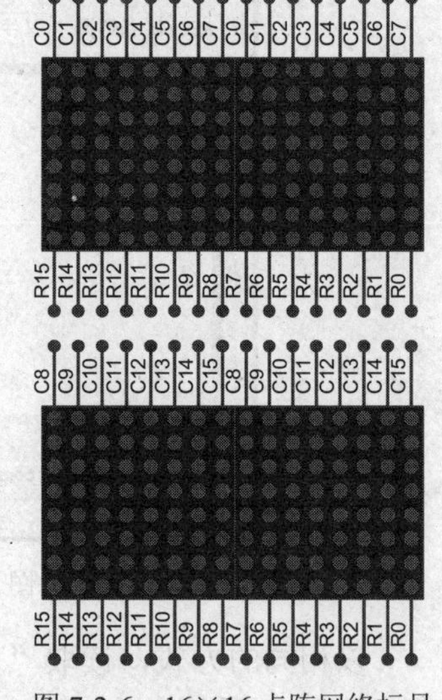

图 7-2-6　16×16 点阵网络标号

怎样做？

一、绘制电路图

使用 Proteus 软件，重新建立“dianzhen16.dsn”文件，查找 8×8 点阵屏的仿真元件 Matrix-8×8-GREEN，添加一个由 4 个 8×8 点阵组成的显示屏，并标上网络标号，如图 7-2-6 所示。

查找 74HC154 和 74HC595 集成电路，按图 7-2-7 所示连

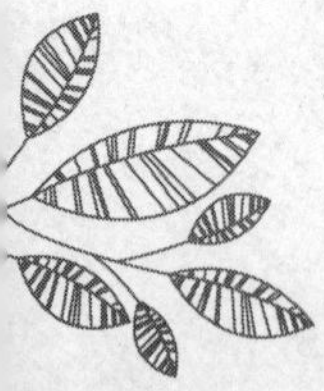

接电路图，并把 4 个标好网络标号的点阵屏合并在一起形成一个 16×16 的点阵屏。

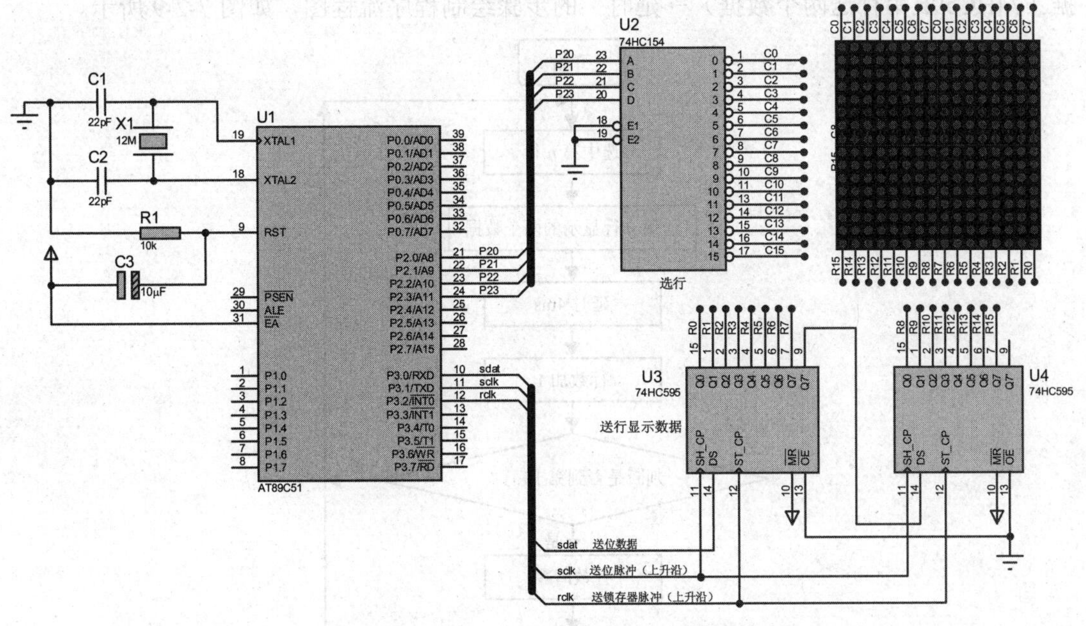

图 7-2-7　16×16 点阵显示屏电路仿真原理图

二、绘制程序流程图

16×16 点阵屏每行通过两片 74HC595 芯片串行送出两个字节的数据，结合芯片送数据的三个步骤，绘制出串行送两个字节数据的程序流程图，如图 7-2-8 所示。

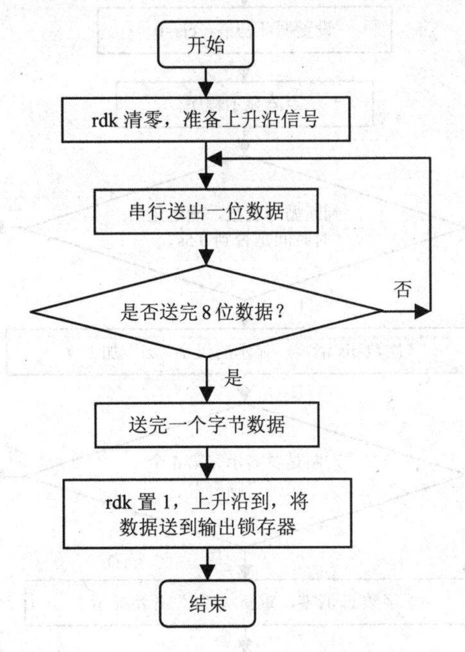

图 7-2-8　74HC595 行数据输出的流程图

16×16 点阵屏的显示程序可参考 8×8 点阵屏的显示程序来编写，按照“选行→送数据（74HC595 串行送两个数据）→延时”的步骤绘制程序流程图，如图 7-2-9 所示。

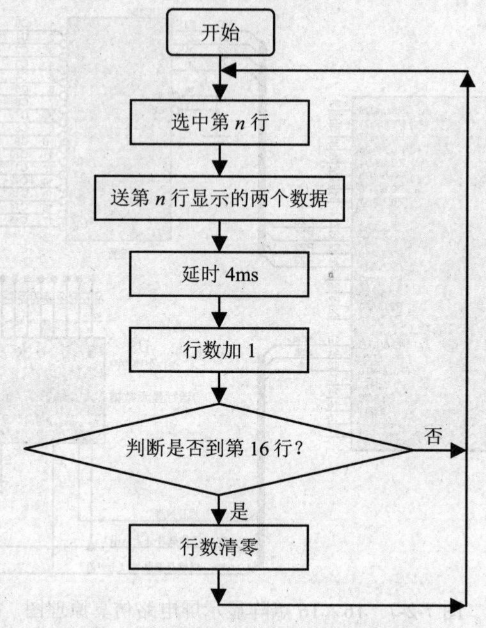

图 7-2-9　16×16 点阵显示流程图

要显示“欢迎光临”四个汉字，且 0.5s 转换一个字，程序的主流程如图 7-2-10 所示。

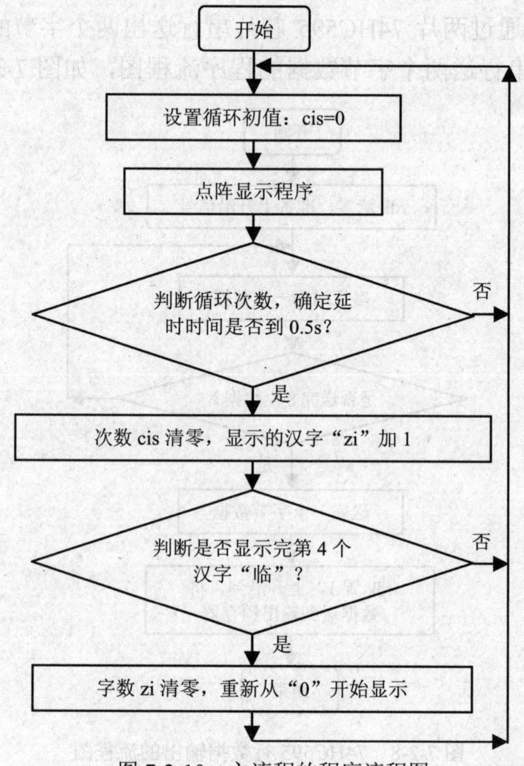

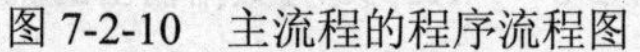

图 7-2-10　主流程的程序流程图

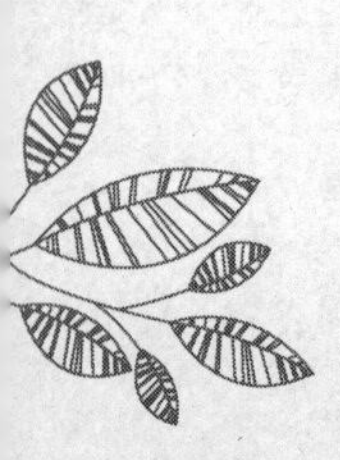

三、编写程序

1. 按照图 7-2-8 所示的行数据输出流程图、图 7-2-9 所示的 16×16 点阵显示流程图和图 7-2-10 所示的主流程的程序流程图，编写 16×16 点阵显示程序，将文件名命名为：dianzhen16.c，参考程序如下。

```
#include <reg52.h>                 //预处理 reg51.h
#define uchar unsigned char        //宏定义无符号字符型变量
#define uint unsigned int          //宏定义无符号整型变量
sbit sdat=P3^0;
sbit sclk=P3^1;                    //位脉冲
sbit rclk=P3^2;                    //将数据送到锁存器锁存

 //以“从左到右，以下面的点为字节的高位”的方式来读取段码
uchar code tab[]={
//-- 欢 --
                   0x00,0x80,0x00,0x80,0xFC,0x80,0x04,0xFC,
                   0x45,0x04,0x46,0x48,0x28,0x40,0x28,0x40,
                   0x10,0x40,0x28,0x40,0x24,0xA0,0x44,0xA0,
                   0x81,0x10,0x01,0x08,0x02,0x0E,0x0C,0x04,
//-- 迎 --
                   0x00,0x00,0x41,0x84,0x26,0x7E,0x14,0x44,
                   0x04,0x44,0x04,0x44,0xF4,0x44,0x14,0xC4,
                   0x15,0x44,0x16,0x54,0x14,0x48,0x10,0x40,
                   0x10,0x40,0x28,0x46,0x47,0xFC,0x00,0x00,
//-- 光 --
                   0x01,0x00,0x21,0x08,0x11,0x0C,0x09,0x10,
                   0x09,0x20,0x01,0x04,0xFF,0xFE,0x04,0x40,
                   0x04,0x40,0x04,0x40,0x04,0x40,0x08,0x40,
                   0x08,0x42,0x10,0x42,0x20,0x3E,0x40,0x00,
//-- 临 --
                   0x10,0x80,0x10,0x80,0x51,0x04,0x51,0xFE,
                   0x52,0x00,0x54,0x80,0x58,0x60,0x50,0x24,
                   0x57,0xFE,0x54,0x44,0x54,0x44,0x54,0x44,
                   0x54,0x44,0x14,0x44,0x17,0xFC,0x14,0x04
          };//"欢迎光临"数据的段码表

uchar k=0,zi=0,cishu=0,wei=0;
//分别定义段码变量、显示第几个数字、进入定时中断次数和扫描第几行
void delay()
{
  uchar i;
  for( i=0;i<255;i++);
}

void hang_data(uchar d1,d2) //行数据输出子程序
{
  uchar i;
  rclk = 0;
  for(i=0;i<8;i++)
```

```
  {
    sclk = 0;
    sdat =(bit)(d1&0x80);
    sclk = 1;
    d1 = d1 << 1;
  }
  for(i=0;i<8;i++)
  {
    sclk = 0;
    sdat =(bit)(d2&0x80);
    sclk = 1;
    d2 = d2 << 1;
  }
  rclk = 1;
}

dianzhen()          //16×16 点阵显示子程序
{
 P2=wei;
 hang_data(tab[zi*32+k],tab[zi*32+k+1]);
 delay();

 k+=2;
 if(k==32)k=0;
 wei++;
 if(wei==16)wei=0;
}

main()
{
  cishu=0;          //进入定时中断的次数
  IE=0x82;          //开放总中断和 INT0 外部中断和 T0 中断
  TMOD=0x01;        //设置 T0 工作在方式 1
  TH0=0x3c;         //设置初值 50ms
  TL0=0xb0;
  TR0=1;            //停止计时，关闭定时中断
  while(1)
  {
    dianzhen();  //点阵显示程序
  }
}

void timer0() interrupt 1
{
  TH0=0x3c;         //重新置初值
  TL0=0xb0;

  cishu++;          //每 50ms 次数 cishu 加 1，加满 10 次为 0.5s
  if(cishu==10)     //判断是否已记满 10 次，即是否到 0.5s
  {
```

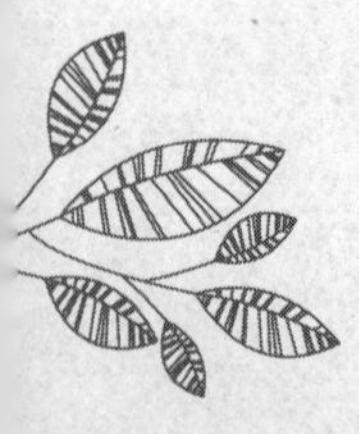

```
        cishu=0;            //次数 cishu 清零
        zi++;               //显示第几个数字
        if(zi==4)           //判断是否显示完 0~9
        zi=0;               //从第 0 个字开始重新显示
      }
    }
```

2．编译程序，生成与源文件同名的.bin 和.hex 文件。

四、软件仿真

运行 Proteus 软件，打开电路图“dianzhen16.dsn”文件，双击 AT89S51 芯片，添加生成的“dianzhen16.hex”文件。

按开始按钮 ▶ ，全速执行程序，其仿真效果如图 7-2-11 所示，16×16 点阵显示以 0.5s 的频率循环显示“欢迎光临”四个汉字，程序运行符合要求。图中的红色点为端口的电平显示，可不需理会。

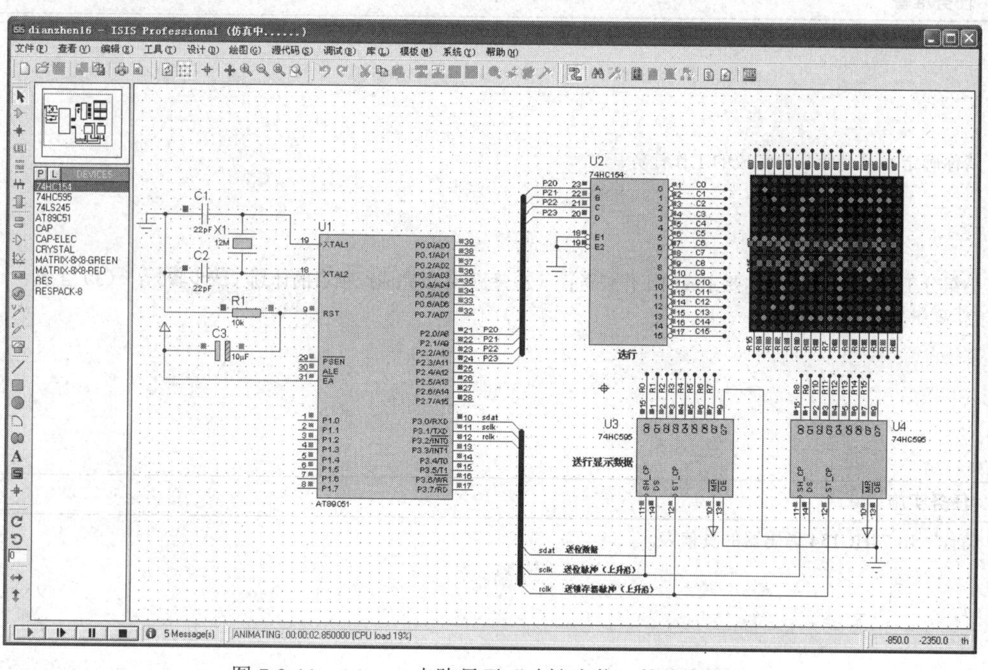

图 7-2-11　16×16 点阵显示“欢迎光临”的仿真效果

五、硬件验证

仿真通过后，将.hex 文件写入单片机，实现 16×16 点阵循环显示“欢迎光临”的功能。

思考与练习

1. 写出 74HC154 译码器的真值表。
2. 写出 74HC595 编程的三个步骤。

拓展训练

在原有的16×16点阵中，增加4个8×8的点阵，组成16×32的点阵，重新编程显示“欢迎光临”四个汉字。

学习任务的工作页

项目七　实现投篮游戏机的广告显示

任务二　使用16×16显示屏循环显示“欢迎光临”　工作页编号：ZNKZ07-02

一、基本信息

学习班级及小组____________学生姓名____________学生学号____________

学习项目完成时间____________指导教师____________学习地点____________

二、任务准备

1．写出本项目要完成的内容

2．请你确定本项目所需要完成的工作任务

3．小组分工：（1）请写出你要完成的工作任务；（2）写写你要完成此项目的计划（或步骤）；（3）工具；（4）安全注意事项。

三、任务实施

1．请你写出74HC154译码器的真值表。

2．请你写出74HC595串转并移位寄存器的编程步骤，并实际编写74HC595的程序。

3．新建“dianzhen16.dsn”文件，绘制16×16点阵显示的仿真电路图，将遇到的问题写下来。

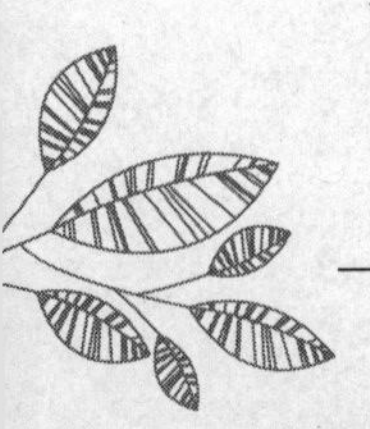

续表

4．绘制 74HC595 行输出程序流程图。

5．绘制 16×16 点阵显示的程序流程图。

6．请你编写程序实现以 0.5s 的频率循环跳动显示“欢迎光临”四个汉字，并把主要的程序写下来。

7．在投篮游戏机控制板上进行实物安装与调试。

（1）将生成的 hex 文件导入到 Proteus 中进行软件仿真。

（2）在投篮游戏机安装控制板，并调试。

在程序联调过程遇到什么问题了吗？请写下来。

四、知识拓展

在原有的 16×16 的点阵中，增加 4 个 8×8 的点阵，组成 16×32 的点阵，重新编程显示“欢迎光临”四个汉字。

学习评价

序号	项目		考核内容	配分	评分标准	自评	师评	得分
1	知识准备	项目内容	写出本项目要完成的内容	5	能写出本项目要完成的内容得 10 分			
2		工作任务	写出本项目所需要完成的工作任务	10	能基本写出本项目的工作任务得 10 分			
3		工作计划及分工	写出你的工作计划及分工	10	能写出自己要完成的计划及分工得 10 分			
4	实际操作	74HC154 真值表	写出 74HC154 芯片的真值表	5	能正确画出 74HC154 的真值表得 5 分			
5		74HC595 的编程	写出 74HC595 的编程步骤，并编写其程序	5	能正确写出编程的步骤，并编写程序得 5 分			
6		电路图	绘制 16×16 点阵显示电路图	5	能正确绘制 16×16 点阵显示的电路图得 5 分			
7		程序流程图	绘制 74HC595 行输出程序流程图	10	能正确绘制 74HC595 行输出程序流程图得 10 分			
			绘制 16×16 点阵显示的程序流程图	5	绘制 16×16 点阵显示的程序流程图得 5 分			
8		编写并调试程序	能使用编程软件编写程序，并在 Proteus 软件中正确调试	15	能正确编写程序，并在 Proteus 软件中正确调试效果得 15 分			
9		投篮游戏机板调试	能在投篮游戏机控制板上进行调试	5	能正确使用开发板调试点阵的显示效果得 5 分			
10		拓展	完成拓展题	15	能正确完成拓展题得 15 分			
11	安全文明生产		遵守安全操作规程，正确使用仪器设备，操作现场整洁	10	每项扣 5 分，扣完为止			
			安全用电，防火，无人身、设备事故		因违规操作发生重大人身和设备事故，此题按 0 分计			
12	分数合计			100				

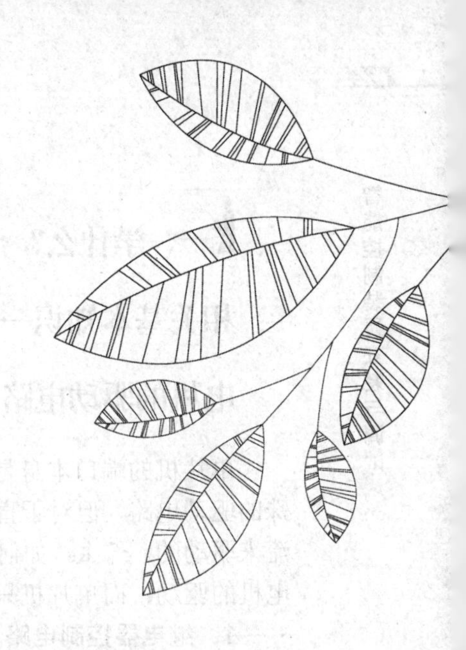

项目八

控制篮框的左右移动

Chapter 8

直流电动机的自动控制在实际生活中使用非常广泛，而单片机在机电控制中的一个典型应用是控制电机的运动，如转向和速度的控制等，那么，怎样使用单片机控制直流电动机，对电路又有什么要求呢？以下将通过完成投篮游戏机篮框的左右移动，来学习电机驱动的接口电路及电机转向的控制方法。

学习目标

1. 认识电机，知道电磁继电器和固态继电器的作用。
2. 学会控制电动机的正反转电路的连接方式，控制篮框的左右移动。
3. 能绘制电机控制的电路图和程序流程图，并能在老师的引导下调试电机控制程序。
4. 编程控制投篮游戏机篮框的左右移动，并在投篮游戏机控制板上调试。

做什么?

使用投篮游戏机开发板控制投篮游戏机篮框移动，要求能实现篮框的左右移动及停止。

学什么?

相关基本知识一

电机的驱动电路

单片机的端口本身是有一定的驱动能力的，如驱动发光二极管之类的器件并不需要特殊的驱动电路，但对于直流电机这类负载较大的器件，单片机的端口是无法提供足够的电流来驱动的。那么，如何实现单片机对直流电机的控制呢？这需要专门的驱动电路完成对电机的驱动，而单片机只完成逻辑控制部分的工作。

1．继电器控制电路

继电器是具有隔离功能的自动开关元件，广泛应用于遥控、遥测、通信、自动控制、机电一体化设备及电力电子设备中，是重要的控制元件之一。

继电器是一种电子控制器件，它具有控制系统（又称输入回路）和被控制系统（又称输出回路），通常应用于自动控制电路中，它实际上是用较小的电流去控制较大电流的一种“自动开关”。在这里简单介绍一下电磁继电器和固态继电器，如图 8-1-1 所示。

图 8-1-1　电磁继电器和固态继电器

（1）电磁继电器：在输入电路内电流的作用下，由机械部件的相对运动产生预定响应的一种继电器。

（2）固态继电器：输入、输出功能由电子元件完成而无机械运动部件的一种继电器。

控制小功率直流电动机的正反转，可以使用电磁继电器来控制，如图 8-1-2 所示。

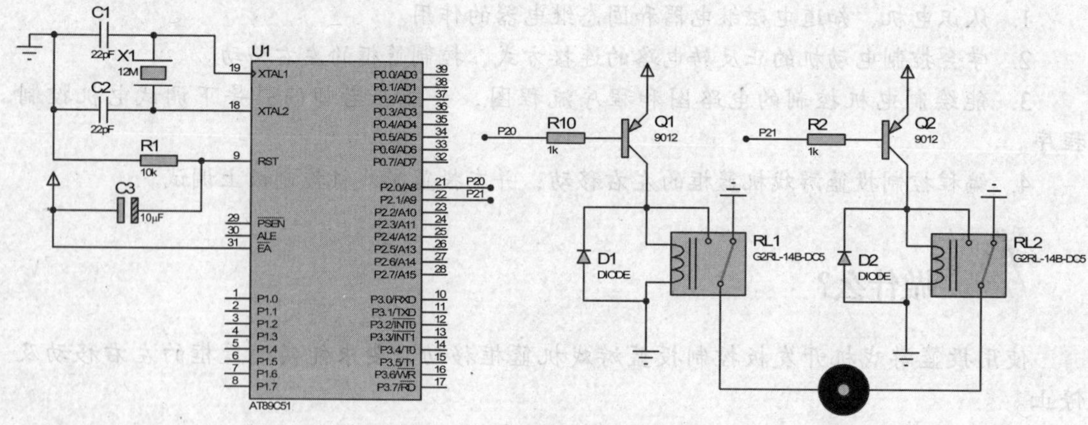

图 8-1-2　继电器控制电机正反转

单片机控制 P2.0 和 P2.1 的电平输出可以控制电机的正反转，如表 8-1-1 所示。

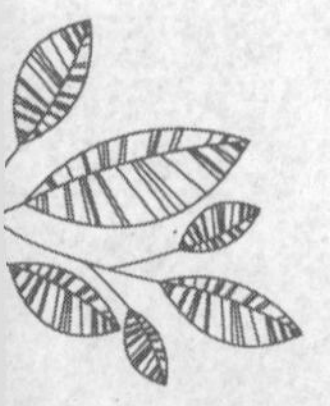

表 8-1-1　　P2.0 和 P2.1 控制电路情况

单片机控制信号		继电器状态		电机状态
P2.0	P2.1	RL1	RL2	
1	0	吸合	断开	正转
0	1	断开	吸合	反转
0	0	断开	断开	停止
1	1	吸合	吸合	停止

2．H 桥式电路

桥式电路是电机控制中一种最基本的驱动电路结构。控制电机正反转的桥式驱动电路有单电源和双电源两种驱动方式，在这里只介绍单电源的驱动方式，如图 8-1-3 所示。图中的 4 个二极管为续流二极管，其主要作用是用以消除电机所产生的反向电动势，避免该反向电动势对晶体三极管的反向击穿。

单电源方式的桥式驱动电路又称为 H 桥方式驱动。电机正转时三极管 Q1 和 Q4 导通，反转时 Q2 和 Q3 导通，两种情况下，加在电机两端的电压极性相反。当 4 个三极管全部关断时，电机停转。在 Q1 与 Q3 关断，而 Q2 与 Q4 同时导通时，电机处于短路制动状态，将在瞬间停止转动。这四种状态所对应的 H 桥式驱动电路状态如图 8-1-4 所示。

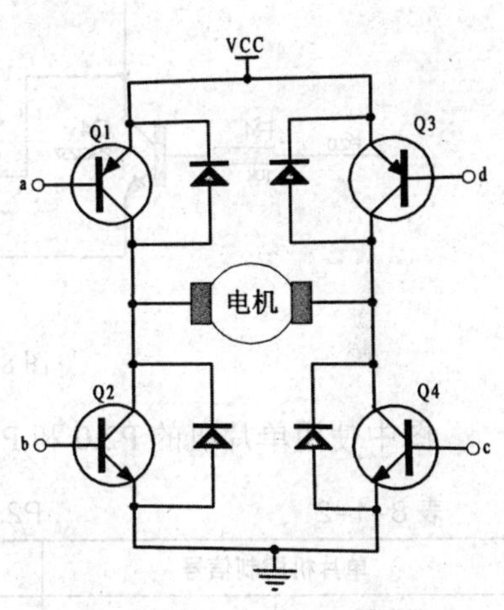

图 8-1-3　H 桥式电路的电路图

图中从左到右分别表示 H 桥式驱动电路的开关工作状态的切换，电机分别处于正转、反转、停机和短路制动 4 个状态。

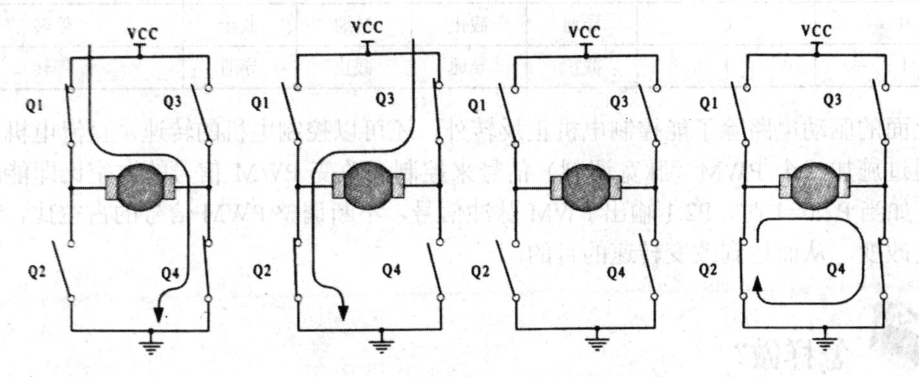

图 8-1-4　H 桥电路的四种状态

相关基本知识二

投篮游戏机篮框控制电路

单片机控制投篮游戏机篮框左右移动的驱动电路相对比较复杂，当篮框返回中间位置时，会有一个低电平信号输出。在这个任务里，只要求完成软件的仿真即可，电路与真实篮框驱动电路有所区别，使用 H 桥式电路驱动电机的正反转，电路如图 8-1-5 所示。

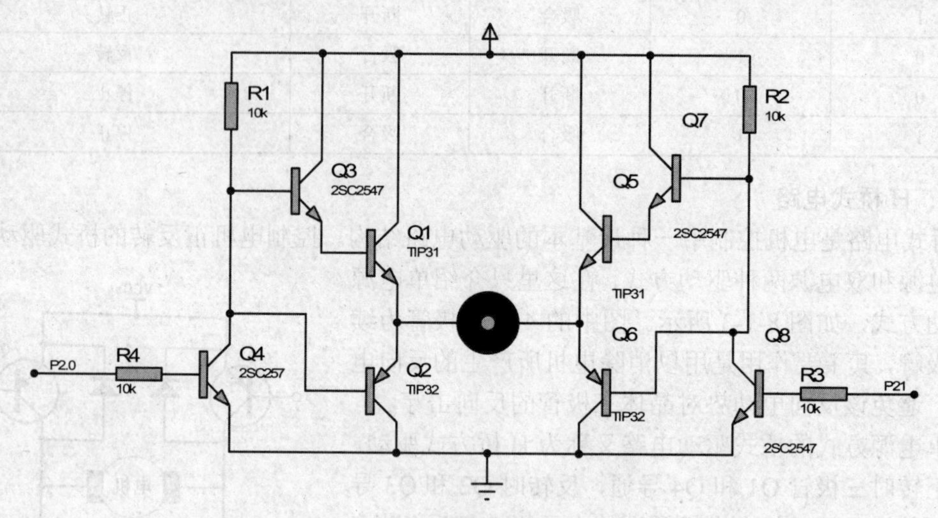

图 8-1-5　单片机控制 H 桥式驱动电路

图中使用单片机的 P2.0 和 P2.1 控制直流电机的正反转，其控制状态如表 8-1-2 所示。

表 8-1-2　　　　　　P2.0 和 P2.1 控制电路

单片机控制信号		三极管的状态				电机状态
P2.0	P2.1	Q1	Q2	Q5	Q6	
0	1	导通	截止	截止	导通	正转
1	0	截止	导通	导通	截止	反转
0	0	导通	截止	导通	截止	停转
1	1	截止	导通	截止	导通	停转

上面的驱动电路除了能控制电机正反转外，还可以控制电机的转速。直流电机的转速可以通过施加一个 PWM（脉宽调制）信号来控制，改变 PWM 信号的占空比即能改变其转速。如当 P2.0=1 时，P2.1 输出 PWM 脉冲信号，不断调整 PWM 信号的占空比，转速就会随之改变，从而达到改变转速的目的。

怎样做?

一、绘制电路图

使用 Proteus 软件，重新建立“dianji.dsn”文件，绘制 H 桥式电机驱动电路，如图 8-1-6 所示。

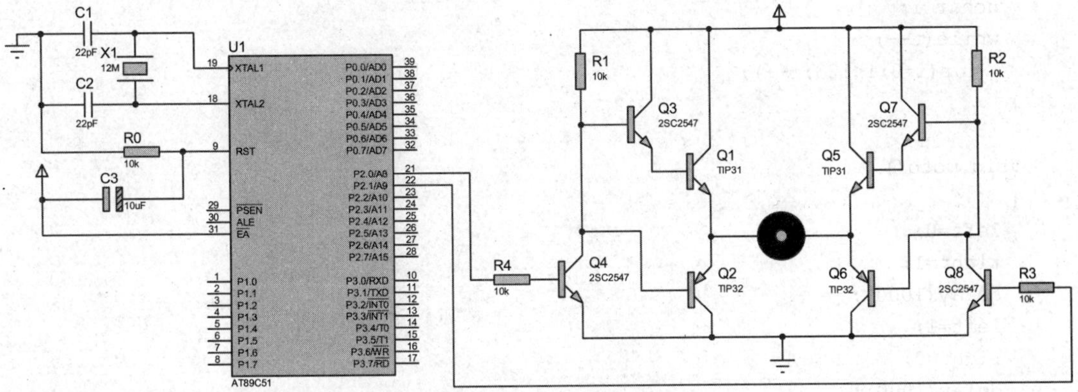

图 8-1-6　单片机控制直流电机正反转的仿真原理图

二、绘制程序流程图

控制电机的正反转，程序流程图相对简单一点，以控制电机正转 1s，反转 1s 为控制要求，绘制程序流程图，如图 8-1-7 所示。

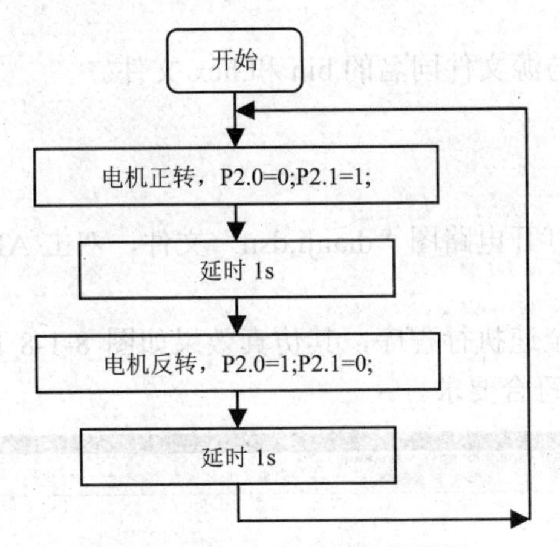

图 8-1-7　电机正反转的流程图

三、编写程序

1．按照图 8-1-7 所示的电机正反转的程序流程图，编写电机控制程序，将文件名命名为：dianji.c，参考程序如下。

```
#include <reg52.h>                //预处理 reg51.h
#define uchar unsigned char       //宏定义无符号字符型变量
#define uint unsigned int         //宏定义无符号整型变量

sbit left=P2^0;                   //左转
sbit right=P2^1;                  //右转

void delay(uint t)
{
```

```
  uchar i;
  while(t--)
    for(i=0;i<123;i++);
}

void moto()
{
  left=0;
  right=1;
  delay(1000);
  left=1;
  right=0;
  delay(1000);
}
main()
{
  while(1)
  {
    moto();
  }
}
```

2．编译程序，生成与源文件同名的.bin 和.hex 文件。

四、软件仿真

运行 Proteus 软件，打开电路图“dianji.dsn”文件，双击 AT89S51 芯片，添加生成的“dianji.hex”文件。

按开始按钮 ▶ ，全速执行程序，其仿真效果如图 8-1-8 所示，电机正转 1s，反转 1s，循环执行，程序运行符合要求。

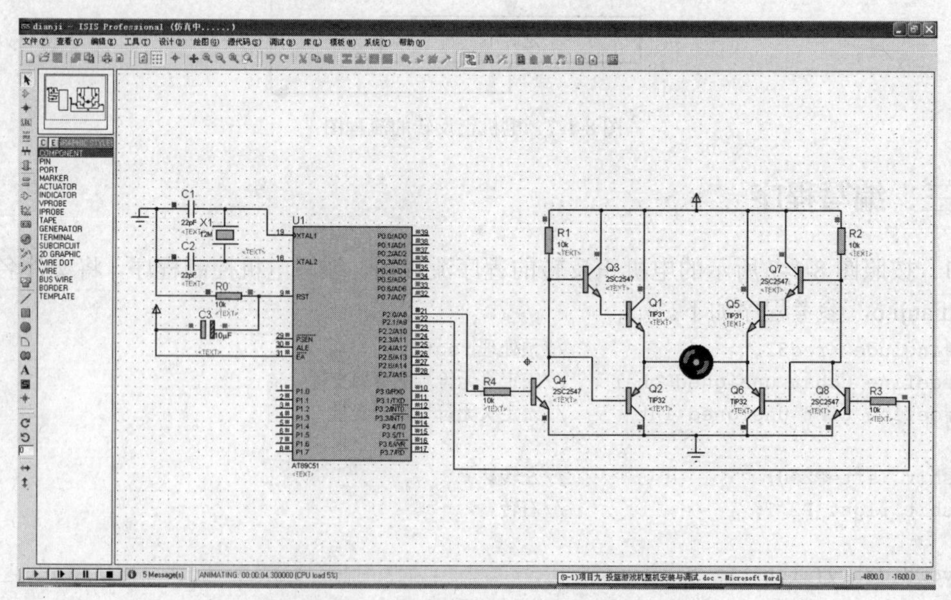

图 8-1-8　单片机驱动电机正反转的仿真效果

五、硬件验证

仿真通过后，将.hex 文件写入单片机，实现电机正反转的功能。

知识链接与延伸

一、电磁继电器的工作原理和特性

电磁式继电器一般由铁芯、线圈、衔铁、触点簧片等组成。只要在线圈两端加上一定的电压，线圈中就会流过一定的电流，从而产生电磁效应，衔铁就会在电磁力吸引的作用下克服返回弹簧的拉力吸向铁芯，从而带动衔铁的动触点与静触点（常开触点）吸合。当线圈断电后，电磁的吸力也随之消失，衔铁就会在弹簧的反作用力下返回到原来的位置，使动触点与原来的静触点（常闭触点）吸合。这样吸合、释放，从而达到了在电路中的导通、切断的目的。对于继电器的“常开、常闭”触点，可以这样来区分：继电器线圈未通电时处于断开状态的静触点，称为“常开触点”；处于接通状态的静触点称为“常闭触点”，如图 8-1-9 所示。

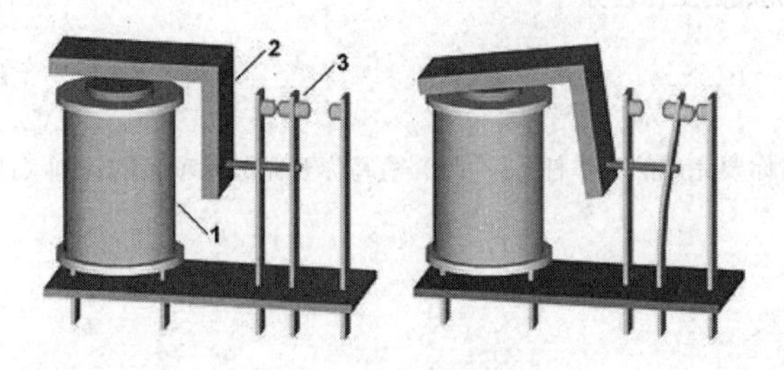

图 8-1-9　电磁继电器的工作原理

二、固态继电器（SSR）的工作原理和特性

固态继电器（solid state relay，SSR）是利用发光二极管（LED）等发光元件与光晶体管等光接收元件组成光耦合器，触发硅控整流器（SCR）或双向硅控整流器（TRIAC），因此可以接受低压（DC 或 AC）信号输入，而驱动高压输出，具隔离输出/输入及控制高功率输出的效果。优点是开关速度快、工作频率高、使用寿命长、噪声低和工作可靠。可取代常规电磁式继电器，广泛用于数位程控装置中。

固态继电器按负载电源类型可分为交流型和直流型。按开关型式可分为常开型和常闭型。按隔离型式可分为混合型、变压器隔离型和光电隔离型，以光电隔离型为最多。

思考与练习

1. 电磁继电器与固态继电器在电机控制上的区别。
2. H 桥方式驱动电机的四个不同状态及电路分析。

拓展训练

在原有的电机正反转控制电路中，以P2.0=1，P2.1输出PWM脉冲信号的方式控制电机的转速。

学习任务的工作页

项目八　控制篮框的左右移动　　　　工作页编号：ZNKZ08-01

一、基本信息

学习班级及小组＿＿＿＿＿＿＿＿＿＿学生姓名＿＿＿＿＿＿＿＿＿＿学生学号＿＿＿＿＿＿＿＿

学习项目完成时间＿＿＿＿＿＿＿＿＿指导教师＿＿＿＿＿＿＿＿＿＿学习地点＿＿＿＿＿＿＿＿

二、任务准备

1．写出本项目要完成的内容

2．请你确定本项目所需要完成的工作任务

3．小组分工：（1）请写出你要完成的工作任务；（2）写写你要完成此项目的计划（或步骤）；（3）工具；（4）安全注意事项。

三、任务实施

1．查找相关资料，请你写出电磁继电器与固态继电器在电机控制上的区别，简单画出继电器的符号。

2．请你写出H桥方式驱动电机的四个不同状态及对图8-1-5的电路进行简单分析。

3．新建“dianji.dsn”文件，绘制电机正反转的仿真电路图，将遇到的问题写下来。

4．绘制控制电机正转1s，反转1s的控制程序流程图。

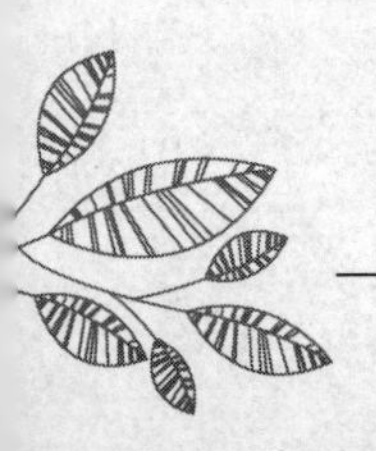

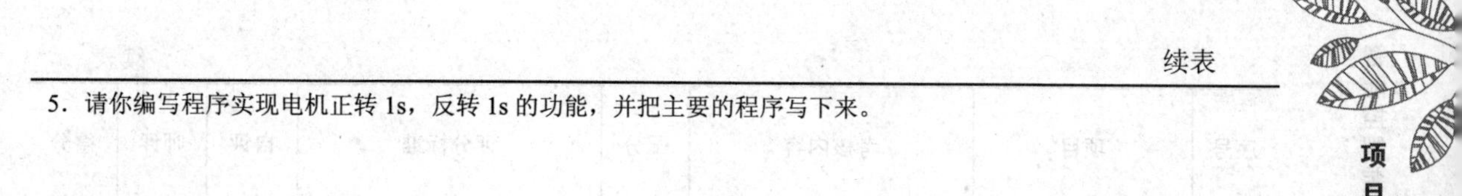

续表

5．请你编写程序实现电机正转 1s，反转 1s 的功能，并把主要的程序写下来。

6．在投篮游戏机控制板上进行实物安装与调试。

（1）将生成的.hex 文件导入到 Proteus 中进行软件仿真。

（2）在投篮游戏机上安装控制板，并调试。

在程序联调过程遇到什么问题了吗？请写下来。

四、知识拓展

在原有的电机正反转控制电路中，以 P2.0=1，P2.1 输出 PWM 脉冲信号的方式控制电机的转速。

学习评价

序号	项目		考核内容	配分	评分标准	自评	师评	得分
1	知识准备	项目内容	写出本项目要完成的内容	5	能写出本项目要完成的内容得 10 分			
2		工作任务	写出本项目所需要完成的工作任务	10	能基本写出本项目的工作任务得 10 分			
3		工作计划及分工	写出你的工作计划及分工	10	能写出自己要完成的计划及分工得 10 分			

续表

序号	项目		考核内容	配分	评分标准	自评	师评	得分
4	实际操作	继电器	写出电磁继电器与固态继电器的最大区别，并画出符号	10	能正确写出电磁继电器与固态继电器的最大区别得5分，画出符号得5分			
5		H桥驱动电路	写出H桥驱动电路的状态及电路分析	5	能正确写出H桥驱动电路的状态及电路分析得5分			
6		电路图	绘制篮框左右移动的电路图	5	能正确绘制篮框左右移动的电路图得5分			
7		程序流程图	绘制电机正反转的程序流程图	10	能正确绘制74HC595行输出程序流程图得10分			
8		编写并调试程序	能使用编程软件编写程序，并在Proteus软件中正确调试	15	能正确编写程序，并在Proteus软件中正确调试效果得15分			
9		投篮游戏机板调试	能在投篮游戏机控制板上进行调试	5	能正确使用开发板调试点阵的显示效果得5分			
10		拓展	完成拓展题	15	能正确完成拓展题得15分			
11	安全文明生产		遵守安全操作规程，正确使用仪器设备，操作现场整洁	10	每项扣5分，扣完为止			
			安全用电，防火，无人身、设备事故		因违规操作发生重大人身和设备事故，此题按0分计			
12	分数合计			100				

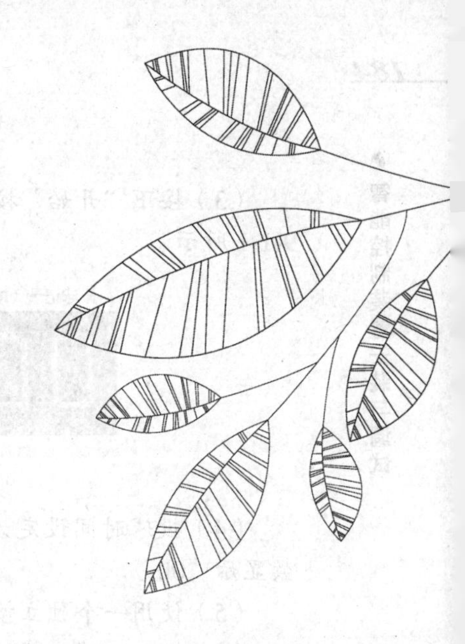

项目九

投篮游戏机整机安装与调试

Chapter 9

投篮游戏机的各部分功能在前面的任务中都有涉及，那么如何将所学到的知识整合并完成投篮机的各部分功能呢？本任务将实现投篮游戏机的整机安装与调试。

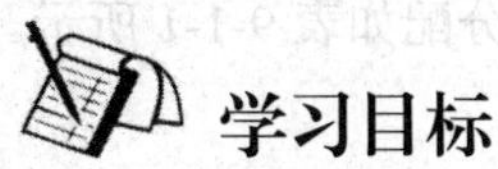

学习目标

1. 学会单片机端口的分配方法。
2. 学会分步绘制整机电路图的方法。
3. 学会十位数码管的显示编程及拆数显示的方法。
4. 能绘制整机电路图和程序流程图，并能在老师的引导下调试整机程序。
5. 编程完成投篮游戏机的各部分功能，并在投篮游戏机上安装与调试控制板。

做什么?

编程实现投篮游戏机的功能，包括流水灯、投币、计球、计时及篮框电机驱动等。要求整合前面所学电路，添加投币接口电路，增加两位数码管显示电路（投币数），具体实现以下功能。

（1）初始化：流水灯左移一次，闪烁两次。数码管不显示。

（2）使用一个独立按键模拟投币，投放三个游戏币玩一局游戏。投币数最大为99个，大于99不能再增加币数。

（3）按下“开始”按键，指示灯点亮，扣除3个游戏币，游戏开始。数码管显示如图9-1-1所示。

图9-1-1　数码管显示

（4）投球时间设定为“25”s。计球分数显示“000”，计球记录显示“000”，投币数显示“00”。

（5）使用一个独立按键模拟投球，当投球数大于20分时，篮框开始移动。

（6）“TIME”时间结束，若“SCORE”分数大于“RECORD”，则将最高分数记录在“RECORD”中。

（7）再次投币并大于3个游戏币，可重复（2）~（6）步继续游戏。

学什么?

一、单片机端口分配

单片机的端口有P0~P3共4个8位的端口，投篮游戏机的整机调试要考虑单片机端口的分配，根据投篮游戏机的任务及功能设计相关电路，其端口的分配如表9-1-1所示。

表9–1–1　　单片机的控制端口分配

端口/引脚	控制内容
P0	数码管显示送数据端口
P1	流水灯
P2	“RECORD、TIME、SCORE”8位数码管控制引脚
P3.0、P3.1	投币数2位数码管控制引脚
P3.2	投球信号接口
P3.3	投币信号接口
P3.4、P3.5	篮框电机控制
P3.6	开始按键
P3.7	指示灯

根据前面的任务，可设计流水灯电路、开始按键、指示灯、投球信号和投币信号接口电路，如图9-1-2所示。篮框控制电路、投币数码管显示电路如图9-1-3所示。计球、计时及最高记录数码管显示电路如图9-1-4所示。

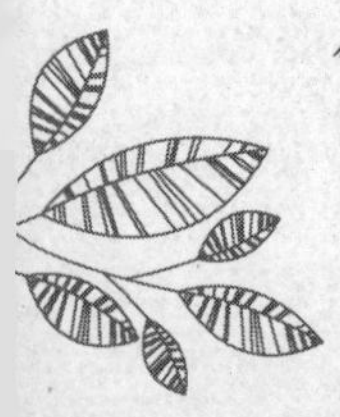

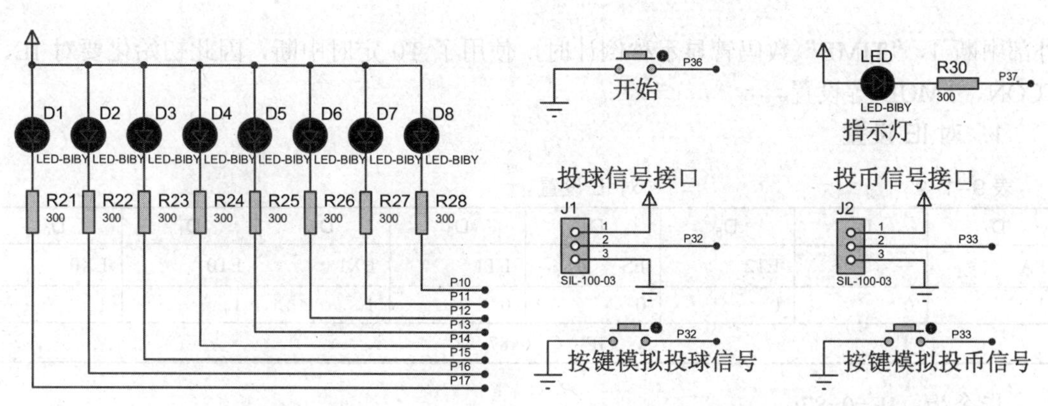

图 9-1-2　流水灯电路、开始按键、指示灯、投球信号和投币信号接口电路

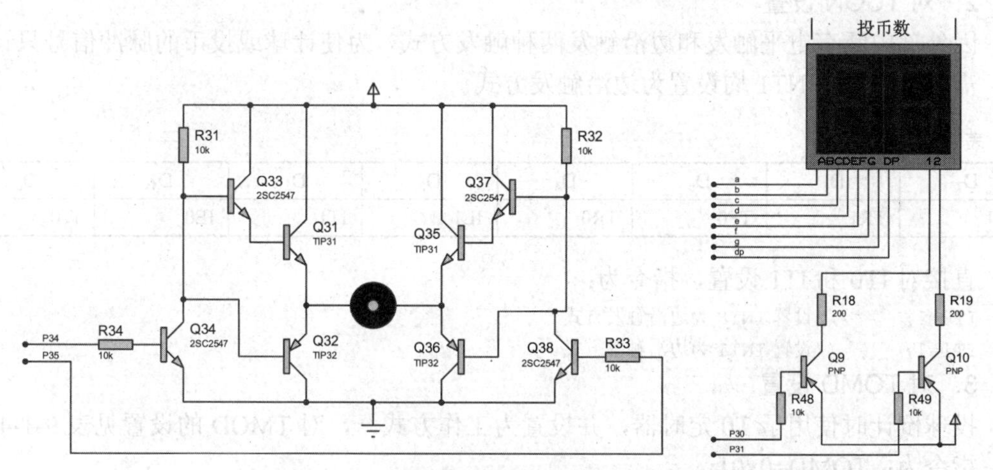

图 9-1-3　篮框控制电路、投币数码管显示电路

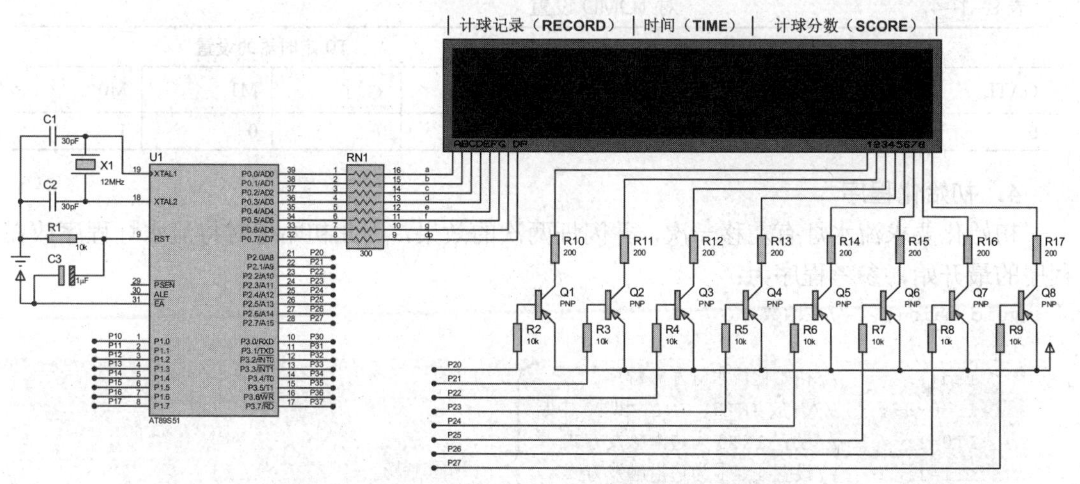

图 9-1-4　计球、计时及最高记录数码管显示电路

二、初始化设置

由表 9-1-1 单片机端口的分配表可知，投球计分及投币计数分别使用了外部中断 0 和

外部中断 1，“TIME”数码管显示秒倒计时，使用了 T0 定时中断，因此初始化要对 IE、TCON、TMOD 等设置。

1．对 IE 设置

表 9-1-2　　对 IE 设置

D_7	D_6	D_5	D_4	D_3	D_2	D_1	D_0
EA	—	ET2	ES	ET1	EX1	ET0	EX0
1	0	0	0	0	1	1	1
IE=（ 0x87 ）							

指令为：IE=0x87;

2．对 TCON 设置

因外部中断有电平触发和边沿触发两种触发方式，为使计球或投币的脉冲信号只计一次，需将 INT0 和 INT1 均设置为边沿触发方式。

表 9-1-3

D_7	D_6	D_5	D_4	D_3	D_2	D_1	D_0
TF1	TR1	TF0	TR0	IE1	IT1	IE0	IT0

直接对 IT0 和 IT1 设置，指令为：

```
IT0=1;      //设置 INT0 为边沿触发方式
IT1=1;      //设置 INT1 为边沿触发方式
```

3．对 TOMD 设置

投球倒计时使用了 T0 定时器，并设置为工作方式一，对 TMOD 的设置见表 9-1-4。

指令为：TOMD=0x01;

表 9-1-4　　对 TOMD 设置

T1 定时器的设置				T0 定时器的设置			
GATE	$C/\overline{T}$	M1	M0	GATE	$C/\overline{T}$	M1	M0
0	0	0	0	0	0	0	1

4．初始化程序

初始化要求流水灯有左移一次，并闪烁两次的效果，因此初始化时将流水灯程序放在程序的最开始，参考程序为：

```
void main()   //主函数
{
    led();         //初始化流水灯左移程序        ┐
    IE=0x87;       //开放 INT0、INT1 和 T0 中断   │
    IT0=1;         //设置 INT0 为边沿触发方式     │
    IT1=1;         //设置 INT1 为边沿触发方式     ├ 初始化程序
    TMOD=0x01;  //设置 T0 工作在方式 1            │
    TH0=0x3c;    //设置初值 50ms                  │
    TL0=0xb0;                                     ┘
  while(1)
   {;}
}
```

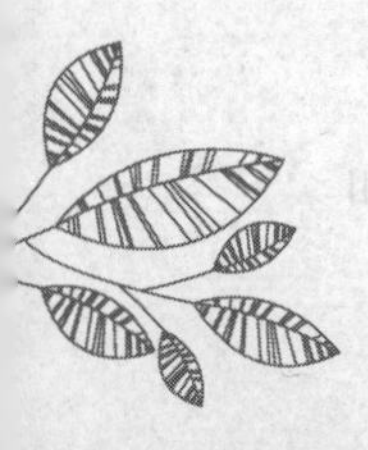

三、数码管显示

投篮游戏机的十位数码管分别显示“SCORE”、“TIME”、“RECORD”和“投币数”，由 P0 口、P2 口、P3.0 和 P3.1 控制，其中 P2 口控制 8 位数码管，P3.0 和 P3.1 控制 2 位数码管。编写程序时，不能使用一个端口直接控制，此时可以考虑 P2 端口控制和 P3.0、P3.1 位控制相结合的方法编写数码管显示程序。方法是以“P0=tab[dy[k]];”指令中的 *k* 作为切换端口控制和位控制的切入点，当 *k*<8 时，使用端口 P2 控制，当 *k*=8 和 *k*=9 时，使用 P3.0 和 P3.1 的位控制。具体流程图如图 9-1-5 所示。

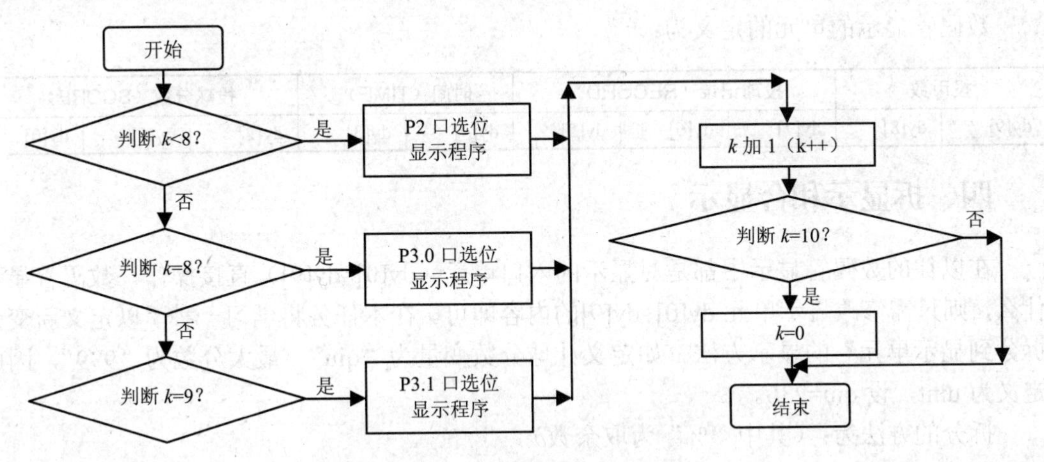

图 9-1-5　十位数码管显示程序流程图

根据图 9-1-5 所示的十位数码管的显示程序流程图，入口单元为：dy[0]~dy[9]，编写参考程序如下。

```
sbit seg1=P3^0;          //定义数码管控制引脚
sbit seg2=P3^1;          //定义数码管控制引脚
uchar k=0;               //定义显示位变量
disp()
{
  if(k<8)
  {
    P2=wei[k];           //开显示          }
    P0=tab[ dy[k] ];     //送数据          }  P2 口选位显示程序
    delay(1);            //延时 1ms        }
    P2=0xff;             //关数码管显示    }
  }
  else if(k==8)
  {
    seg1=0;                                }
    P0=tab[ dy[k] ];     //送数据          }  P3.0 口选位显示程序
    delay(1);            //延时 1ms        }
    seg1=1;                                }
  }
  else if(k==9)
  {
```

```
    seg2=0;
    P0=tab[ dy[k] ];    //送数据
    delay(1);           //延时1ms          } P3.1 口选位显示程序
    seg2=1;
  }

  k++;                  //k 加 1，显示下一位数码管
  if(k==10)             //判断是否显示完第十位数码管
  k=0;                  //重新置初值 0，从第 0 位数码管开始显示。
}
```

数码管显示的单元的定义为：

投币数		投球记录（RECORD）			时间（TIME）		投球分数（SCORE）		
dy[9]	dy[8]	dy[7]	dy[6]	dy[5]	dy[4]	dy[3]	dy[2]	dy[1]	dy[0]

四、拆显示和合显示

在以往的数码管显示中都是对显示的入口单元（dy[0]~dy[9]）直接操作，数码管显示什么，则只需修改显示单元 dy[0]~dy[9]的内容即可。在本任务将学习一种“以定义新变量拆分到显示单元”的显示方法。如定义计球分数变量为“qiu”，最大分数为“999”，因此定义为 uint，设 qiu=236。

拆分的方法为：（其中“%”为取余数）

```
个位：dy[0]=qiu%10;        //qiu 变量除以 10 的余数
十位：dy[1]=qiu/10%10;     //qiu 变量除以 10 的商，再除以 10 的余数
百位：dy[2]=qiu/100%10;    //qiu 变量除以 100 的商，再除以 10 的余数
```

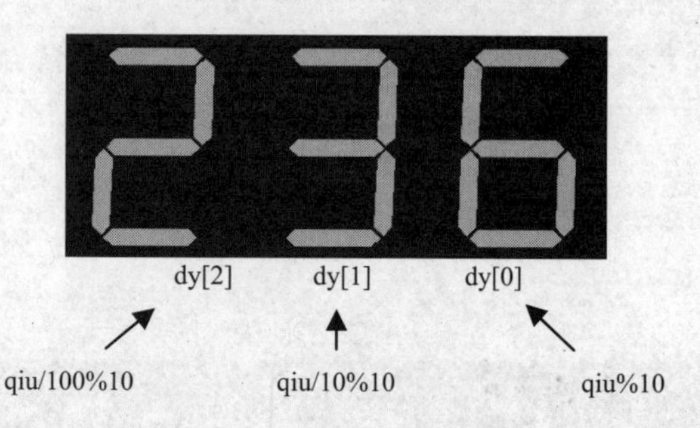

图 9-1-6　拆显示示意图

既然能将变量拆分到数码管显示单元，同样也可以将数码管的显示单元合成一个变量，其方法为：

$$变量=百位\times100+十位\times10+个位$$

即：qiu=dy[2]*100+dy[1]*10+dy[0];

以操作变量 qiu 代替操作 dy[0]~dy[2]的形式，对判断数据的限值非常方便。如判断 qiu 是否大于 200，指令直接可写成：if(qiu>200)即可，而不必对显示单元 dy[0]~dy[2]逐位判断。

投篮游戏机定义的显示单元对应的变量为：

投币数		投球记录（RECORD）			时间（TIME）		投球分数（SCORE）		
dy[9]	dy[8]	dy[7]	dy[6]	dy[5]	dy[4]	dy[3]	dy[2]	dy[1]	dy[0]
shi		jilu			shi		qiu		

五、标志的使用

单片机数据存储器的 20H~2FH 地址的单元为位寻址区，使用标志需要对其定义，定义的格式如下。

```
bit bdata flag=0; //定义了一个名称为 flag 的标志，标志的的值只有 1 或 0。
```

在篮框移动电机的控制里就使用了 flag 标志。当标志 flag 等于 0 且投球分数 qiu>20 时，才能启动电机。flag 也为只进一次的标志，当运行一次启动电机程序后，flag 即置为 1。

篮框电机控制的参考程序如下。

```
dianji()                    //篮框电机控制
{
  if(!flag&&(qiu>20))  //投球分数大于 20 分，则电机开始转动。
  {
    flag=1;                 //只进入一次启动电机的标志
    zheng=0;                //电机控制引脚，电机启动
    fan=1;                  //电机控制引脚，电机启动
  }
}
```

六、投币计数

投篮游戏机的投币最大为 99 个币，大于 99 个币不能再增加。定义投币数变量为“bi”，最大币数为“99”，因此定义为 uchar 即可。

```
uchar bi=0;
toubi()              //投币计数
{
  bi++;              //币数加 1
  if(bi>99)          //超过 99 个
  bi=99;             //超过 99 个币,币数为 99 个
}
```

拆显示程序为：

```
dy[8]=bi/10%10;     //十位
dy[9]=bi%10;        //个位
```

七、开始按键

投篮游戏机按下“开始”按键后，若投放的游戏币小于 3 个则不能开始游戏。若投币数大于或等于 3 个，且按下“开始”键并已开始游戏，再按下“开始”按键，则不能响应按键功能。以此思路，绘制按键功能的程序流程图如图 9-1-7 所示。

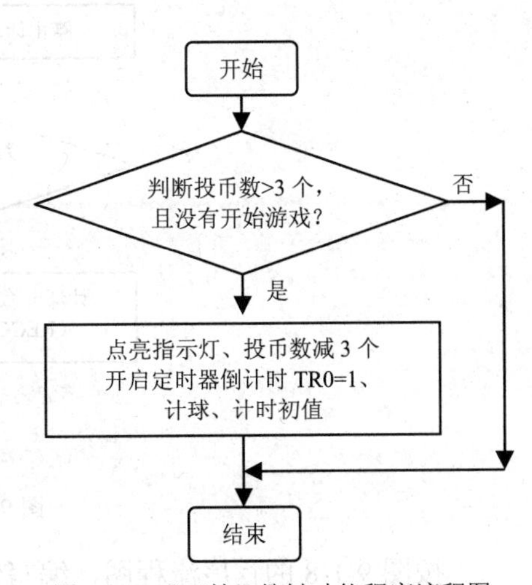

图 9-1-7 “开始”按键功能程序流程图

按图 9-1-7 的程序流程图，编写按键的参考程序如下。

```
key()          //按键程序
{
  if(!key1)       //判断开始按键是否有按下
  {
    //大于等于 3 个游戏币且无开始游戏才能执行按键功能程序
    if(( (bi>3)||(bi==3) )&&start)
    {
      start=0;     //点亮电源指示灯，可以开始计球
      bi=bi-3;     //按下开始按键后扣去 3 个币
      TR0=1;     //启动定时/计数器
      shi=25;      //时间初始为 25s
      qiu=0;      //计球初始为 0
      flag=0;     //是否开启电机的标志
    }
  }
}
```

"开始"按键功能程序

八、倒计时程序

投篮游戏机开始后，时间"TIME"的数码管开始倒计时。倒计时结束，要停止计时，指示灯熄灭，电机停止转动，且比较当前的计球分数（SCORE）是否比记录分数（RECORD）大。若是，则把当前计球分数显示在记录分数里。程序的流程图如图 9-1-8 所示。

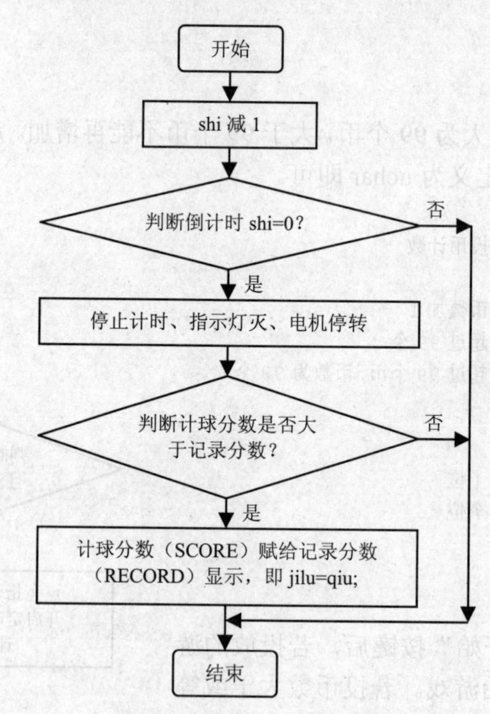

图 9-1-8　倒计时程序流程图

按图 9-1-8 的程序流程图，编写倒计时的参考程序如下。

```
uchar shi=0;
jishi()                    //倒计时子程序
{
 shi--;                    //每秒减 1
 if(shi==0)                //判断倒计时是否为 0
 {
   TR0=0;                  //停止计时，关闭定时中断
   start=1;                //指示灯灭，停止计球
   zheng=1;fan=1;          //电机停转
   if(qiu>jilu)            //判断当前计球分数是否大于记录分数
   jilu=qiu;               //是，则将当前计球分数记录在记录分数里
 }
}
```

怎样做？

一、绘制电路图

使用 Proteus 软件，重新建立“youxiji.dsn”文件，绘制投篮游戏机整机电路图，如图 9-1-9 所示。

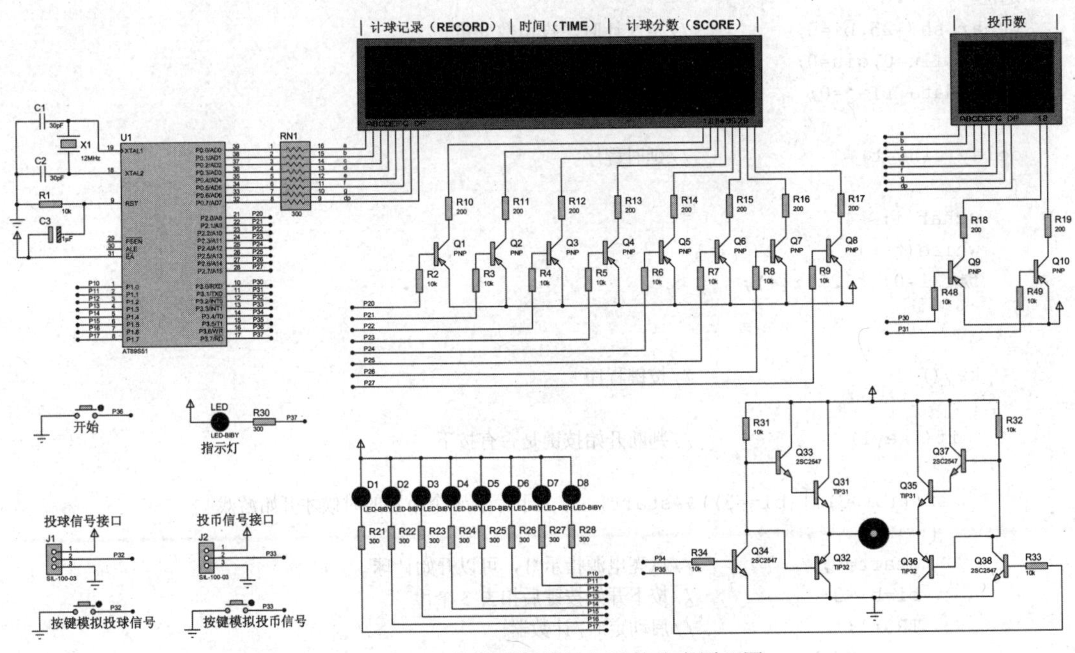

图 9-1-9 投篮游戏机整机电路的仿真原理图

二、绘制程序流程图

整合投篮游戏机的功能要求，砌好各子程序“积木”，绘制主程序的流程图，如图 9-1-10 所示。

三、编写程序

1．按照图 9-1-10 所示的主程序流程图，编写投篮游戏机整机控制程序，将文件名命名为：youxiji.c，参考程序如下。

开始 → 流水灯功能程序 → 初始化中断设置 → 按键程序 → 数码管显示程序 → 篮框电机启动程序 → 数码管拆显示程序 →（返回按键程序）

图 9-1-10　主程序流程图

```
#include <reg52.h>                    //预处理 reg52.h
#define uchar unsigned char           //宏定义无符号字符型变量
#define uint unsigned int             //宏定义无符号整型变量
sbit key1=P3^6;                       //定义开始按键
sbit start=P3^7;                      //定义指示灯
sbit seg1=P3^0;                       //定义数码管控制引脚
sbit seg2=P3^1;                       //定义数码管控制引脚
sbit zheng=P3^4;                      //定义电机控制引脚
sbit fan=P3^5;                        //定义电机控制引脚

//0~9 的数码管段码，10 为数码管全灭。
uchar  code  tab[]={0xc0,0xf9,0xa4,0xb0,0x99,0x92,0x82,
0xf8,0x80,0x90,0xff};
uchar  code  wei[]={0x7f,0xbf,0xdf,0xef,0xf7,0xfb,0xfd,
0xfe};
uchar dy[]={0,0,0, 5,2, 10,10,0, 0,0};     //定义显示单元
uchar shu,cishu=0,k=0; //定义流水灯的显示变量、计时次数变量、
选位
uchar shi=25,bi=0;               //定义计时、投币数变量
uint jilu=0,qiu=0;               //定义记录、计球变量
bit bdata flag=0;                //定义是否启动电机的标志

delay(uint t)                    //延时程序
{
    uchar i;
    while(t--)
    for(i=0;i<123;i++);
}

    key()                        //按键程序
    {
      if(!key1)                  //判断开始按键是否有按下
      {
       if(((bi>3)||(bi==3))&&start) //大于等于 3 个币数的时候才开始游戏
        {
          start=0;               //点亮电源指示灯，可以开始计球
          bi=bi-3;               //按下开始按键后扣去 3 个币
          TR0=1;                 //启动定时/计数器

          shi=25;                //时间初始为 25s
          qiu=0;                 //计球初始为 0
          flag=0;                //是否开启电机的标志
        }
      }
    }
```

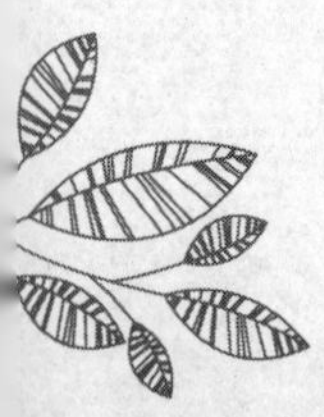

```
led()                              //流水灯程序
{
   uchar i;
   shu=0x01;                       //赋初值 shu 只有 1 位为 1
   for(i=0;i<8;i++)                //循环八次
   {
    P1=~shu;                       //将 shu 取反后送 P1 口输出
    delay(200);                    //延时
    shu=shu<<1;                    //shu 的数据左移 1 位
   }
   P1=0xff;                        //P1 口输出全 1，关闭 P1 口的八个灯
   delay(200);
   P1=0x00;
   delay(200);
   P1=0xff;                        //P1 口输出全 1，关闭 P1 口的八个灯
   delay(200);
   P1=0x00;
   delay(200);
   P1=0xff;
}

disp()                             //数码管显示程序，入口单元：dy[0]~dy[9]
{
  if(k<8)
  {
    P2=wei[k];                     //开显示
    P0=tab[ dy[k] ];               //送数据
    delay(1);                      //延时 2ms
    P2=0xff;                       //关数码管显示
  }
  else if(k==8)
  {
    seg1=0;
    P0=tab[ dy[k] ];               //送数据
    delay(1);                      //延时 2ms
    seg1=1;
  }
  else if(k==9)
  {
    seg2=0;
    P0=tab[ dy[k] ];               //送数据
    delay(1);                      //延时 2ms
    seg2=1;
  }

  k++;                             //k 加 1，显示下一位数码管
  if(k==10)                        //判断是否显示完第四位数码管
  k=0;                             //重新置初值 0，从第 0 位数码管开始显示。
}

jiqiu()                            //计球子程序
```

```
{
 qiu++;
 if(qiu==1000)
 qiu=0;
}

jishi()                  //倒计时子程序
{
 shi--;                  //每秒减 1
 if(shi==0)              //判断倒计时是否为 0
 {
  TR0=0;                 //停止计时，关闭定时中断
  start=1;               //指示灯灭，停止计球

  zheng=1;fan=1;  //电机停转

  if(qiu>jilu)     //判断当前计球分数是否大于记录分数
  jilu=qiu;        //是，则将当前计球分数记录在记录分数里
 }
}

toubi()                  //投币计数
{
 bi++;                   //币数加 1
 if(bi>99)               //超过 99 个
 bi=99;                  //超过 99 个币,币数为 99 个
}

dianji()                 //电机控制
{
 if(!flag&&(qiu>20))  //投球分数大于 20 分，则电机开始转动
 {
  flag=1;
  zheng=0;               //电机控制引脚，电机启动
  fan=1;                 //电机控制引脚，电机启动
 }
}

void main()              //主函数
{
 led();                  //初始化流水灯左移程序
 IE=0x87;                //开放总中断和 INT0 外部中断和 T0 中断。
 IT0=1;                  //设置 INT0 为边沿触发方式
 IT1=1;                  //设置 INT1 为边沿触发方式
 TMOD=0x01;              //设置 T0 工作在方式 1
 TH0=0x3c;               //设置初值 50ms
 TL0=0xb0;

 while(1)
 {
  key();                 //按键程序
```

```
    disp();          //数码管显示程序
    dianji();

    dy[8]=bi/10%10;      //十位
    dy[9]=bi%10;         //个位

    dy[7]=jilu/100%10;  //百位
    dy[6]=jilu/10%10;   //十位
    dy[5]=jilu%10;       //个位

    dy[4]=shi/10%10;    //十位
    dy[3]=shi%10;        //个位

    dy[2]=qiu/100%10;   //百位
    dy[1]=qiu/10%10;    //十位
    dy[0]=qiu%10;        //个位
  }
}

void int0() interrupt 0     //INT0：计球
{
  if(!start)                //判断是否开始计球
  jiqiu();                  //计球程序
}

void timer0() interrupt 1   //T0 的中断服务函数
{
  TH0=0x3c;                 //重新置初值
  TL0=0xb0;

  cishu++;                  //每 50ms 次数 cishu 加 1，加满 20 次为 1s
  if(cishu==20)             //判断是否已记满 20 次，即是否到 1s
  {
    cishu=0;                //次数 cishu 清零
    jishi();                //1s 时间到，时间减 1。
  }
}

void int1() interrupt 2     //INT1：投币数目
{
  toubi();                  //计算投币个数程序
}
```

2．编译程序，生成与源文件同名的.bin 和.hex 文件。

四、软件仿真

运行 Proteus 软件，打开电路图“youxiji.dsn”文件，双击 AT89S51 芯片，添加生成的“youxiji.hex”文件。

按开始按钮 ▶ ，全速执行程序，其仿真效果如图 9-1-11 所示，调试各部分功能，程序运行符合要求。

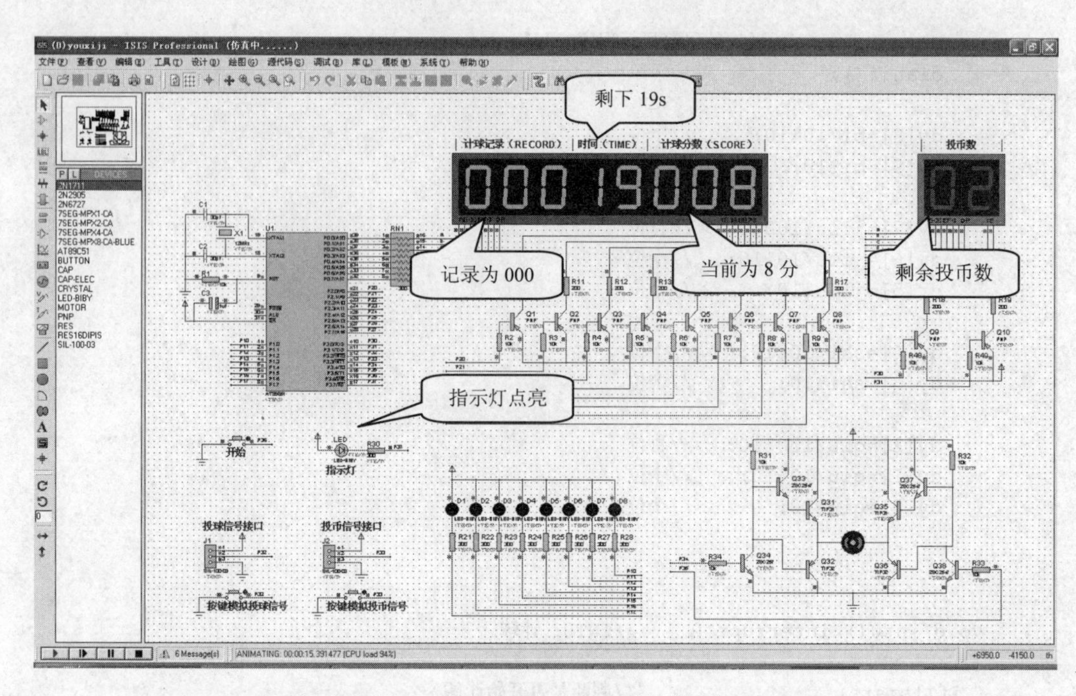

图 9-1-11　投篮游戏机整机调试的仿真效果

五、硬件验证

仿真通过后，将.hex 文件写入单片机，实现投篮游戏机的各部分功能。

六、制作硬件电路

在投篮游戏机计球、计时电路的基础上，焊接制作整机电路，电路原理图如图 9-1-9 所示。焊接制作整机电路板，如图 9-1-12 所示。电路板上如增加一个篮球框，即能完成投篮游戏机模型的制作。

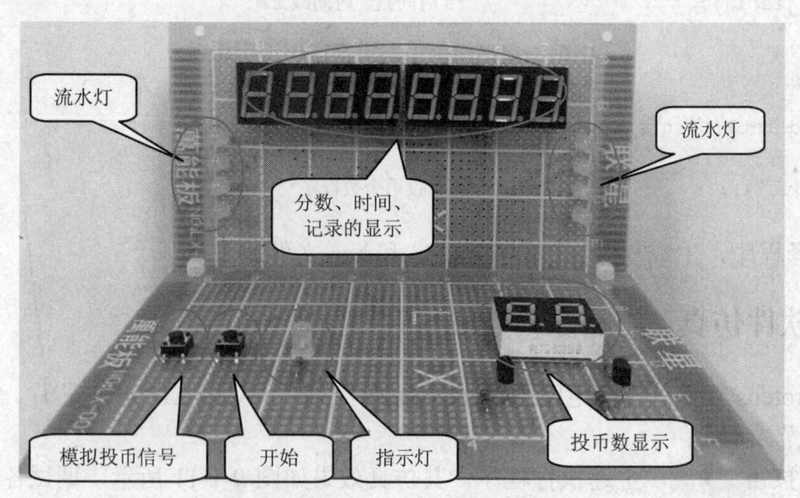

图 9-1-12　焊接制作整机电路板

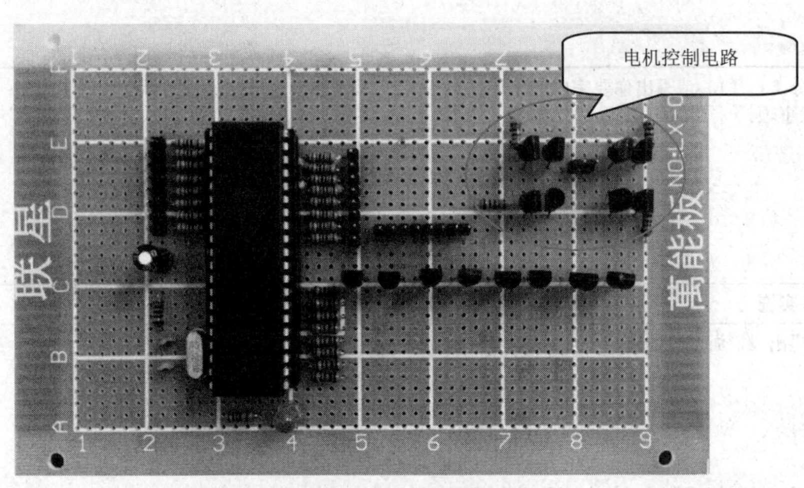

图 9-1-12 焊接制作整机电路板（续）

思考与练习

1. 试试在原来调试好的投篮机程序中，修改流水灯的程序，使流水灯不仅在初始化时左移闪烁一次，且能在上电后一直循环保持左移闪烁的功能。

2. 试试在原来调试好的投篮机程序中，修改电机程序，当有电机启动时能实现 0.5s 正转，0.5s 反转的功能。

拓展训练

试试在原来调试好的投篮机程序中，设置以下两关：

（1）第一关分数为 40 分，时间设置为 25s，25s 内超过 40 分则进入第二关；

（2）第二关设置的时间为 60s，且启动篮框电机，游戏结束时停止摆动。

学习任务的工作页

项目九 投篮游戏机整机安装与调试 工作页编号：ZNKZ09-01

一、基本信息

学习班级及小组____________ 学生姓名____________ 学生学号____________

学习项目完成时间____________ 指导教师____________ 学习地点____________

二、任务准备

1. 写出本项目要完成的内容

2. 请你确定本项目所需要完成的工作任务

续表

3．小组分工：（1）请写出你要完成的工作任务；（2）写写你要完成此项目的计划（或步骤）；（3）工具；（4）安全注意事项。

三、任务实施

1．请你写出投篮游戏机的端口分配。

2．请你写出数码管拆数显示的方法及相关程序。

3．请你写出标志的定义方式及如何在电机程序中使用，把程序写下来。

4．新建“youxiji.dsn”文件，绘制投篮游戏机整机的仿真电路图，将遇到的问题写下来。

5．绘制投篮游戏机整机控制的主程序流程图。

6．在投篮游戏机计球、计时电路的基础上，焊接制作整机电路，电路原理图如图 9-1-9 所示。如焊接过程中遇到问题，请把它写下来。

7．在投篮游戏机控制板上进行实物安装与调试。
（1）将生成的 hex 文件导入到 Proteus 中进行软件仿真。
（2）在投篮游戏机安装控制板，并调试。
在程序联调过程遇到什么问题了吗？请写下来。

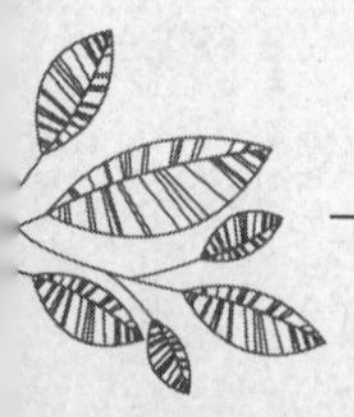

续表

四、知识拓展
试试在原来调试好的投篮机程序中，设置以下两关： （1）第一关分数为 40 分，时间设置为 25s，25s 内超过 40 分则进入第二关； （2）第二关设置的时间为 60s，且启动篮框电机，游戏结束时停止摆动。

学习评价

序号	项目		考核内容	配分	评分标准	自评	师评	得分
1	知识准备	项目内容	写出本项目要完成的内容	5	能写出本项目要完成的内容得 10 分			
2		工作任务	写出本项目所需要完成的工作任务	10	能基本写出本项目的工作任务得 10 分			
3		工作计划及分工	写出你的工作计划及分工	10	能写出自己要完成的计划及分工得 10 分			
4	实际操作	端口分配	写出单片机的端口分配	5	能正确对单片机端口分配得 5 分			
5		拆数送显示	写出送显示的程序	5	能正确写出送显示的程序得 5 分			
6		标志的应用	写出进入一次标志的程序	5	能正确写出进入一次的标志的程序得 5 分			
7		电路图	绘制整机的电路图	5	能正确绘制整机的电路图得 5 分			
8		程序流程图	绘制主程序流程图	5	能正确绘制主流程的程序流程图得 10 分			
9		编写并调试程序	能使用编程软件编写程序，并在 Proteus 软件中正确调试	10	能正确编写程序，并在 Proteus 软件中正确调试效果得 15 分			
10		投篮游戏机板调试	能在投篮游戏机控制板上进行调试	5	能正确使用开发板调试整机的效果得 5 分			
11		整机电路制作	能焊接投篮游戏机整机电路	10	能正确焊接调试投篮游戏机整机电路得 10 分			
12		拓展	完成拓展题	15	能正确完成拓展题得 15 分			
13	安全文明生产		遵守安全操作规程，正确使用仪器设备，操作现场整洁	10	每项扣 5 分，扣完为止			
			安全用电，防火，无人身、设备事故		因违规操作发生重大人身和设备事故，此题按 0 分计			
14	分数合计			100				

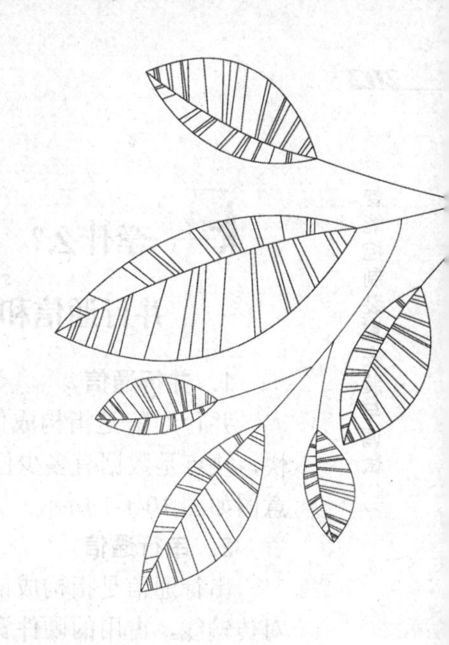

项目十

投篮游戏机互联通信

Chapter 10

投篮游戏机具有互联通信、多人连机对战的功能，要实现多台投篮游戏机的互联通信，需要使用单片机的串行口。单片机的 P3.0（RXD）和 P3.1（TXD）作为第二功能使用时，可实现与单片机的串行口通信。如电脑（PC）与单片机之间就可以使用串行口来相互通信。在此任务中将学习单片机与单片机之间的通信。

学习目标

1. 学会串行口控制寄存器 SCON 和 PCON 的设置方法。
2. 学会运用串行口通信工作方式。
3. 学会常用波特率的设置方法。
4. 能绘制主机、从机的程序流程图，并能在老师的引导下调试通信程序。
5. 编程调试完成单片机之间的通信程序，并能实际在投篮游戏机电路板上试验。

做什么？

编程实现两台投篮游戏机的单片机 U1 与 U2 之间的互联通信，要求按下互联按键 K1 键时，点亮乙机指示灯 D2；按下互联按键 K2 键时，点亮乙机指示灯 D1。

学什么?

一、并行通信和串行通信

1．并行通信

并行通信是指构成信息的二进制数据同时并行传送的通信方式。其优点是传送速度快，缺点是数据有多少位，就需要多少根传输线，仅适合近距离通信传输。并行通信的示意图如图 10-1-1 所示。

2．串行通信

串行通信是指构成信息的二进制数据按顺序逐位传送的通信方式。其优点是只需要一对传输线，占用的硬件资源少，降低了传输成本，适用于远距离的通信，缺点是传送的速度较慢。串行通信的示意图如图 10-1-2 所示。

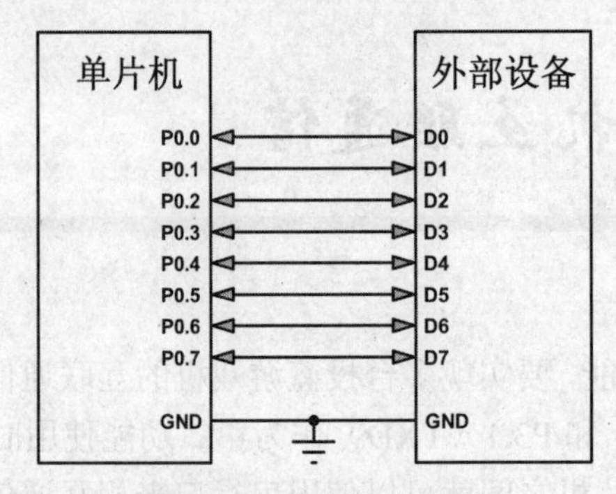

图 10-1-1 并行通信示意图

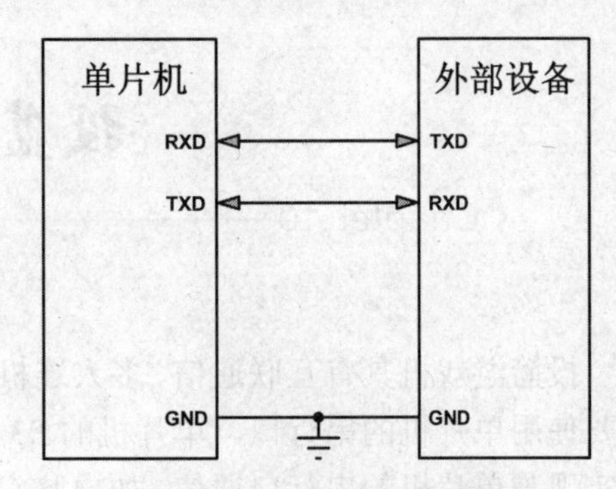

图 10-1-2 串行通信示意图

二、单片机的串行口

单片机的内部集成了一个全双工通用异步收发（UART）串行口。全双工就是两个单片机之间的串行数据可同时双向传输。异步通信是指收、发双方使用各自的时钟控制发送和接收的过程，其连接可省去收、发双方的 1 条同步时钟信号线。

单片机的串行口有两个物理上独立的接收、发送缓冲器 SBUF（特殊功能寄存器），可同时发送、接收数据。

串行口的控制寄存器有两个：特殊功能寄存器 SCON 和 PCON，下面对这两个寄存器进行详细介绍。

1．串行口控制寄存器 SCON

串行口控制寄存器 SCON 是一个 8 位可位寻址的寄存器。串行口通信的方式选择、接收和发送控制，以及串行口的状态标志等均由特殊功能寄存器 SCON 控制和指示。SCON 字节地址为 98H。串行口控制寄存器 SCON 的格式如表 10-1-1 所示。

表 10–1–1　　串行口控制寄存器 SCON 的格式

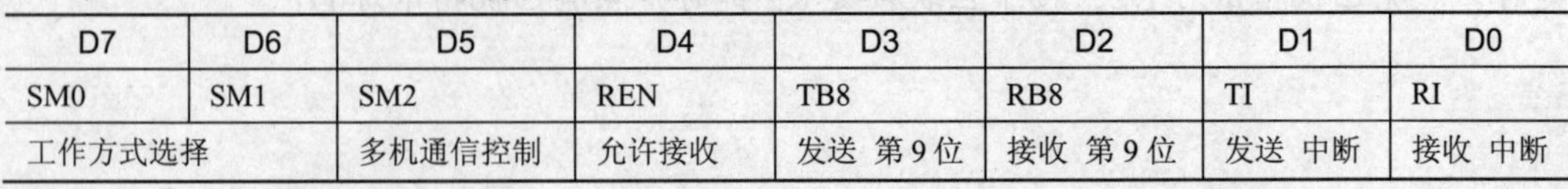

D7	D6	D5	D4	D3	D2	D1	D0
SM0	SM1	SM2	REN	TB8	RB8	TI	RI
工作方式选择		多机通信控制	允许接收	发送 第 9 位	接收 第 9 位	发送 中断	接收 中断

（1）SM0、SM1：串行口工作方式选择位，用于选定串行口的 4 种工作方式，其定义如表 10-1-2 所示。

表 10-1-2　　串行口的 4 种工作方式

SM0	SM1	工作方式	功能说明
0	0	0	同步移位寄存器方式（用于扩展 I/O 口）
0	1	1	10 位异步通信，波特率可变（由定时器控制）
1	0	2	11 位异步通信，波特率固定为 $f_{osc}/64$ 或 $f_{ocs}/32$
1	1	3	11 位异步通信，波特率可变（由定时器控制）

注：表中的 f_{osc} 为晶振频率。波特率是指每秒传送数据的位数，1 波特=1bit/s。波特率越大，通信速度越快。

（2）SM2——多机通信控制位

当多机通信时 SM2=1，否则 SM2=0。

（3）REN——允许接收控制位

当 REN=1 时，允许接收数据。当 REN=0 禁止接收数据。由软件置位或清零。

（4）TB8——发送数据的第 9 位

串行口在工作方式 2 或方式 3，TB8 是发送数据的第 9 位。在带奇偶校验的串行通信中，把 TB8 作为奇偶校验位。可由软件置位或清零。

（5）RB8——接收数据的第 9 位

串行口工作在方式 2 或方式 3，RB8 是接收数据的第 9 位。在方式 1 时，当 SM2=0，RB8 为停止位。在方式 0，RB8 不使用。

（6）TI——发送中断标志位

用于确定一帧数据是否发送完毕，当发送完一帧数据后 TI 被置位，意味着发送缓冲器 SUBF 已空，由软件清零后，可以发送下一帧数据。可由软件查询 TI 是否被置位，如 while(TI);。

（7）RI——接收中断标志位

用于确定一帧数据是否接收完毕，当接收完一帧数据时 RI 被置位。用查询的方法或者中断的方法将接收数据缓冲器 SBUF 中的数据取走。RI 不会自动复位，必须由软件清 0。

2．波特率控制寄存器 PCON

PCON 是一个不可位寻址的 8 位特殊功能寄存器，PCON 字节地址为 87H。PCON 中，只有一位 SMOD 与串行口工作有关。PCON 寄存器的格式如表 10-1-3 所示。

表 10-1-3　　PCON 寄存器的格式

D7	D6	D5	D4	D3	D2	D1	D0
SMOD	—	—	—	GF1	GF0	PD	IDL

SMOD——串行通信波特率系数控制位。

当 SMOD=1 时，串行通信的波特率加倍。只能按字节寻址，可由指令 PCON=0x80;实现设置。

当 SMOD=0，串行通信的波特率不加倍，可由指令 PCON=0x00;实现设置。

三、串行口通信工作方式

单片机的串行口可分为 4 种工作方式，由特殊功能寄存器 SCON 中的 SM0、SM1 两个位定义，如表 10-1-2 所示。

1．方式 0

串行口的工作方式 0 为同步移位寄存器输入/输出方式。这种方式主要用于外接移位寄存器以扩展 I/O 口。串行口在方式 0 下有两种用途：一种是利用串入并出移位寄存器扩展并行输出口，另一种是利用并入串出移位寄存器扩展并行输入口。

设置 SCON 中的 SM1SM0=00 时，串行口通信被设置为工作方式 0，波特率是固定的，为 $f_{osc}/12$，不需要使用定时器 T1 产生波特率。在这种方式下，MCS-51 单片机引脚 RXD（P3.0）为串行数据的输入或输出端，引脚 TXD（P3.1）为同步移位脉冲的输出端。发送和接收都是 8 位数据，发送顺序为“低位先发，高位后发”；接收顺序为“低位先收，高位后收”。

（1）方式 0 发送数据

当单片机执行将数据写入发送缓冲器 SBUF 的指令时，产生一个正脉冲，串行口开始把 SBUF 中的 8 位数据以 $f_{osc}/12$ 的固定波特率从 RXD 端串行输出；同时，TXD 引脚输出同步移位脉冲。当 8 位数据发送完，发送中断标志 TI 由硬件自动置“1”。

采用查询方式进行数据发送，如发送数据 0x66，可由以下指令完成。

```
SBUF=0x66;    //发送数据 0x66
while(!TI);   //等待 TI 为 1，即等待数据发送完毕
TI=0;         //TI 清 0
```

（2）方式 0 接收数据

REN 为串行口允许接收控制位，REN=0，禁止接收。当 REN=1、RI=0 时，RXD 端开始以 $f_{osc}/12$ 的波特率输入数据，接收完 8 位数据后，RI 被置“1”，表示一帧数据接收完毕，可进行下一帧数据的接收。

采用中断或查询方式将接收数据缓冲器 SBUF 中的数据取出，再次接收数据之前要由软件将 RI 清“0”。

采用查询方式进行数据接收，可由以下指令完成。

```
while(!RI);   //等待 RI 为 1，即等待数据接收完毕
shuju=SBUF;   //将数据存进变量 shuju
RI=0;         //RI 清 0
```

2．方式 1

串行口方式 1 为双机串行通信方式，如图 10-1-3 所示。

当 SM0SM1=01 时，串行口设置为方式 1 的双机串行通信。TXD 脚和 RXD 脚分别用于发送和接收数据。发送或接收一个数据字符帧共 10 位，包括 1 个起始位“0”，8 个数据位和 1 个停止位“1”，如表 10-1-4 所示。

表 10-1-4　　方式 1 通信数据格式

起始位	8 位数据位							停止位
0	D0	D1	D2	D3	D4	D5	D6	D7	1

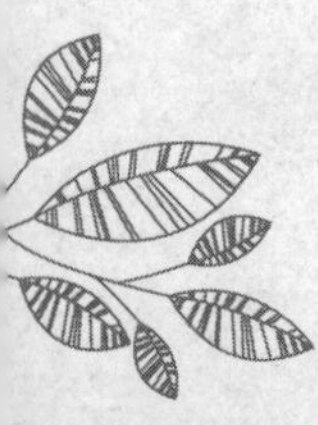

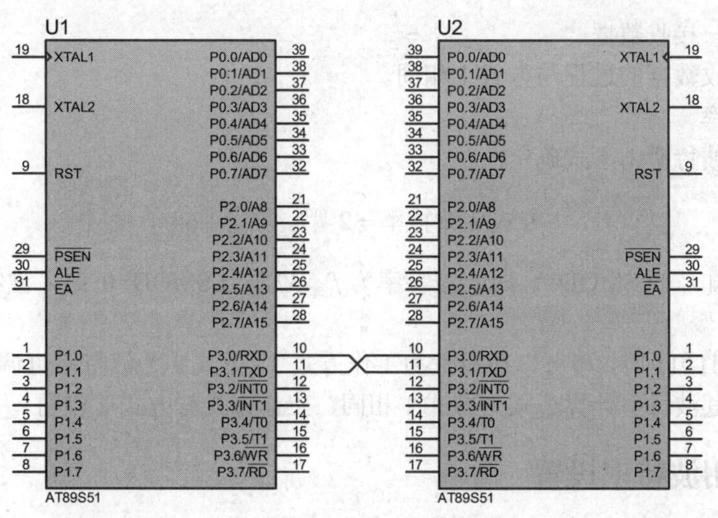

图 10-1-3 方式 1 双机串行通信方式的连接电路

（1）方式 1 发送数据

当数据写入发送缓冲器 SBUF 后，数据从发送设备 TXD 端输出，发送完一帧数据后，中断标志位 TI 置“1”。可由中断或查询方式判断。

（2）方式 1 接收数据

串行口设置为方式 1 接收，REN=1 时，数据从 RXD（P3.0）引脚输入。当 RXD 端检测到起始位的负跳变时，则开始接收。当 RI=0 且停止位为 1 或 SM2=0 时，停止位进入 RB8 位，8 位数据才能进入接收设备，RI 被置“1”。使用方式 1 接收数据时，先由用户软件把 RI、SM2 清 0。

（3）波特率

方式 1 的波特率由定时器 T1 溢出率和波特率控制寄存器 PCON 中 SMOD 决定。串行通信波特率的计算公式如下。

$$波特率=\frac{2^{smod}}{32}\times\frac{f_{osc}}{12}\times\left(\frac{1}{2^k-初值}\right)$$

其中，f_{osc} 为晶振频率；初值为定时器 T1 设置的初值；k 由定时器 T1 工作方式决定，定时方式 0，k 为 13；定时方式 1，k 为 16；定时方式 2、3，k 为 8。由于在定时方式 2 时，具有自动重装入功能，可以减少程序干预，所以串行通信一般使用工作方式 2，即 k 为 8。有关定时器的设置，有关定时器的设置，可参阅项目六中“任务四　实现投篮游戏机的计时”的内容。

3．方式 2

当 SM0SM1=10 时，串行口通信设置为工作方式 2，波特率固定为 $f_{osc}/32$ 或 $f_{osc}/64$ 的 11 位异步通信方式。每帧数据均为 11 位，1 个起始位“0”，8 个数据位，1 个奇偶校验位和 1 个停止位“1”，如表 10-1-5 所示。

表 10-1-5　　方式 2 的通信数据格式

起始位	8 位数据位								奇偶校验位	停止位
0	D0	D1	D2	D3	D4	D5	D6	D7	0/1	1

（1）发送、接收数据

发送和接收数据的过程与方式 1 相同。

（2）波特率

方式 2 的波特率由下式确定：

$$\text{方式 2 波特率} = 2^{\text{smod}} \times f_{\text{osc}} \div 64$$

由上式可知，当 SMOD=1 时，波特率为 $f_{\text{osc}}/32$，当 SMOD=0 时，波特率为 $f_{\text{osc}}/64$。

4．方式 3

当 SM0SM1=11 时，串行口被设置为工作方式 3。方式 3 为波特率可调的 11 位异步串行通信方式。其波特率计算公式与方式 1 相同，工作方式与方式 2 相同。

四、常用波特率设置

在串行通信中，收发双方对发送或接收的数据速率要有一定的约定，即收发双方的波特率必须保持一致。常用波特率如表 10-1-6 所示。

表 10–1–6　常用的波特率及产生条件

串行口工作方式	波特率（bit/s）	f_{OSC} (MHz)	SMOD	定时器 T1		
				C/T	方式	初值
方式 0	1M	12	×	×	×	×
方式 2	375k	12	1	×	×	×
方式 1 或 3	62 500	12	1	0	2	0xff
方式 1 或 3	19 200	11.059 2	1	0	2	0xfd
方式 1 或 3	9 600	11.059 2	0	0	2	0xfd
方式 1 或 3	4 800	11.059 2	0	0	2	0xfa
方式 1 或 3	2 400	11.059 2	0	0	2	0xf4
方式 1 或 3	1 200	11.059 2	0	0	2	0xe8

五、双机通信

假设要实现单片机 U1 和 U2 的双机通信，初始化设置波特率为 2 400bit/s，工作于方式 1，波特率不加倍，晶振频率为 11.059 2MHz。对单片机 U1 和 U2 的初始化设置如下。

1．SCON 初始化设置如表 10-1-7 所示。

表 10–1–7　SCON 的初始化设置

D7	D6	D5	D4	D3	D2	D1	D0
SM0	SM1	SM2	REN	TB8	RB8	TI	RI
工作方式 1		多机通信控制	允许接收	发送第 9 位	接收第 9 位	发送中断	接收中断
0	1	0	1	0	0	0	0

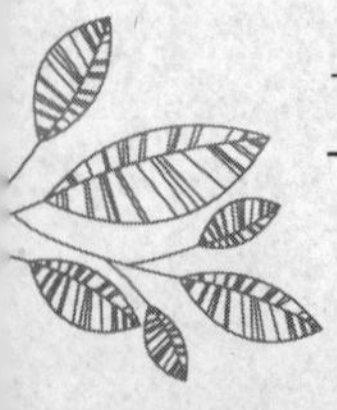

2．初始化指令

波特率为 2 400 bit/s，单片机晶振频率为 11.059 2MHz，查表 10-1-6 得出定时器 T1 工作于方式 2，初值为 0xf4，SMOD=0，波特率不加倍。因此初始化的指令为：

```
SCON=0x50;
TMOD=0x20;
TH1=TL1=0xf4;
PCON=0x00;
```

怎样做?

一、绘制电路图

使用 Proteus 软件，重新建立“tongxin.dsn”文件，绘制两台投篮游戏机中的单片机 U1 和 U2 互联通信的电路图，如图 10-1-4 所示。

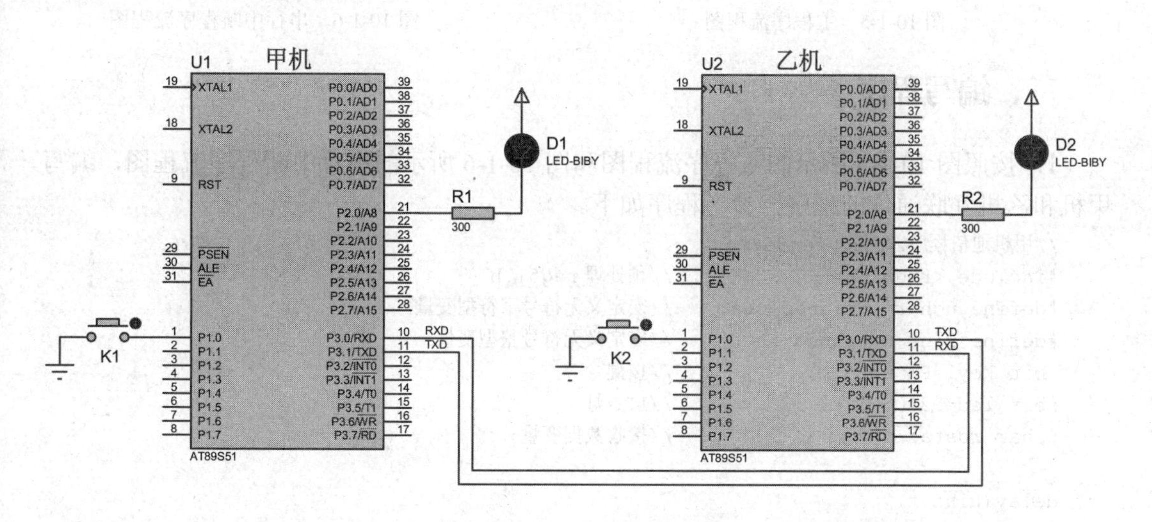

图 10-1-4 单片机 U1 和 U2 互联通信的仿真原理图

注：因投篮游戏机的整机电路的端口已分配完毕，因此，这里只给出了两个单片机互联通信的仿真电路。

二、绘制程序流程图

甲机向乙机发送数据 0xaa，乙机接收到 0xaa 数据后，点亮指示灯 D2；同样，乙机向甲机发送数据 0xbb，乙机接收到 0xbb 数据后，点亮指示灯 D1。图 10-1-5 所示为主程序流程图，图 10-1-6 所示为串行中断程序流程图。甲机与乙机程序的区别只是发送和接收数据的不同，因此乙机的流程图只需更改发送和接收的数据即可。

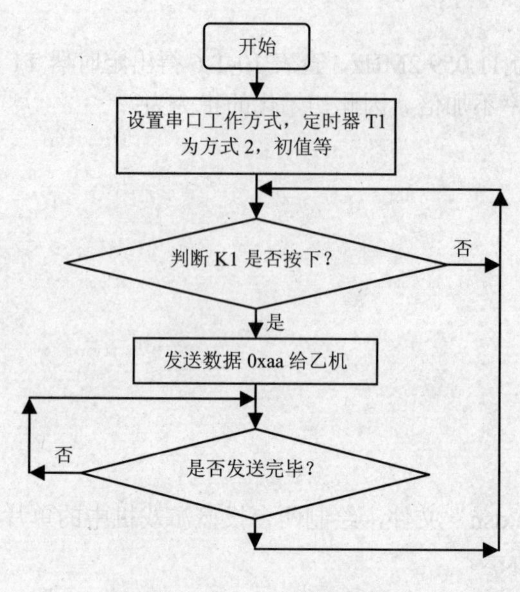

图 10-1-5　主程序流程图

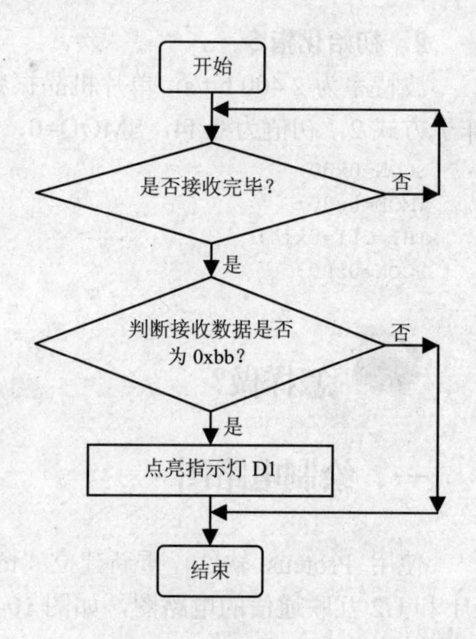

图 10-1-6　串行中断程序流程图

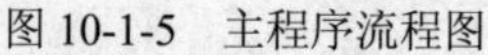

三、编写程序

1．按照图 10-1-5 所示的主程序流程图和图 10-1-6 所示的串行中断程序流程图，编写甲机和乙机互联通信的程序，参考程序如下。

```
//甲机通信程序,命名为 senda.c
#include <reg51.h>                    //预处理 reg51.h
#define uchar unsigned char           //宏定义无符号字符型变量
#define uint unsigned int             //宏定义无符号整型变量
sbit key1=P1^0;                       //按键
sbit led=P2^0;                        //LED 灯
uchar rdata;                          //接收数据变量

delay(uint t)
{
  uchar i;
  while(t--)
    for(i=0;i<123;i++);
}

send(uchar sdata)
{
  SBUF=sdata;                         //开始串行输出数据 0x10
  while(!TI);                         //判断数据输出是否完毕
  TI=0;                               //发送完毕，清中断
}

main()
{
  SCON=0x50;                          //设置串行口工作方式 0，发送
```

```
  PCON=0x00;       //波特率不加倍
  TMOD=0x20;       //T1 方式 2
  TH1=TL1=0xf4;    //波特率为 2 400bit/s
  TR1=1;           //启动 T1
  EA=1;            //开总中断
  ES=1;            //开串行中断

  while(1)
  {
   if(!key1)
   {
     delay(10);   //延时 10ms，去抖动
     if(!key1)
     {
       send(0xaa);
     }
   }
  }
}

void TRXD() interrupt 4
{
   while(!RI);
   rdata=SBUF;
   if(rdata==0xbb)
   {
     led=0;
   }
   RI=0;                                //清接收中断
}

//甲机通信程序,命名为 sendb.c
#include <reg51.h>                    //预处理 reg51.h
#define uchar unsigned char           //宏定义无符号字符型变量
#define uint unsigned int             //宏定义无符号整型变量
sbit key1=P1^0;                       //按键
sbit led=P2^0;                        //LED 灯
uchar rdata;                          //接收数据变量

delay(uint t)
{
  uchar i;
  while(t--)
   for(i=0;i<123;i++);
}

send(uchar sdata)
{
   SBUF=sdata;                        //开始串行输出数据 0x10
   while(!TI);                        //判断数据输出是否完毕
```

```
    TI=0;              //发送完毕，清中断
}

main()
{
    SCON=0x50;         //设置串行口工作方式 0，发送
    PCON=0x00;         //波特率不加倍
    TMOD=0x20;         //T1 方式 2
    TH1=TL1=0xf4;      //波特率为 2 400bit/s
    TR1=1;             //启动 T1
    EA=1;              //开总中断
    ES=1;              //开串行中断

    while(1)
    {
      if(!key1)
      {
        delay(10);     //延时 10ms，去抖动
        if(!key1)
        {
          send(0xbb);
        }
      }
    }
}

void TRXD() interrupt 4
{
    while(!RI);
    rdata=SBUF;
    if(rdata==0xaa)
    {
      led=0;
    }
    RI=0;              //清接收中断
}
```

2．编译程序，生成与源文件同名的.bin 和.hex 文件。

四、软件仿真

运行 Proteus 软件，打开电路图“tongxin.dsn”文件，分别双击 U1 和 U2 单片机 AT89S51 芯片，添加生成的“senda.hex”和“sendb.hex”文件。

按开始按钮 ▶ ，全速执行程序，其仿真效果如图 10-1-7 所示，实现了单片机 U1 与 U2 之间的互联通信功能，程序运行符合要求。

五、硬件验证

仿真通过后，将.hex 文件写入单片机，实现单片机 U1 与 U2 之间的互联通信功能。

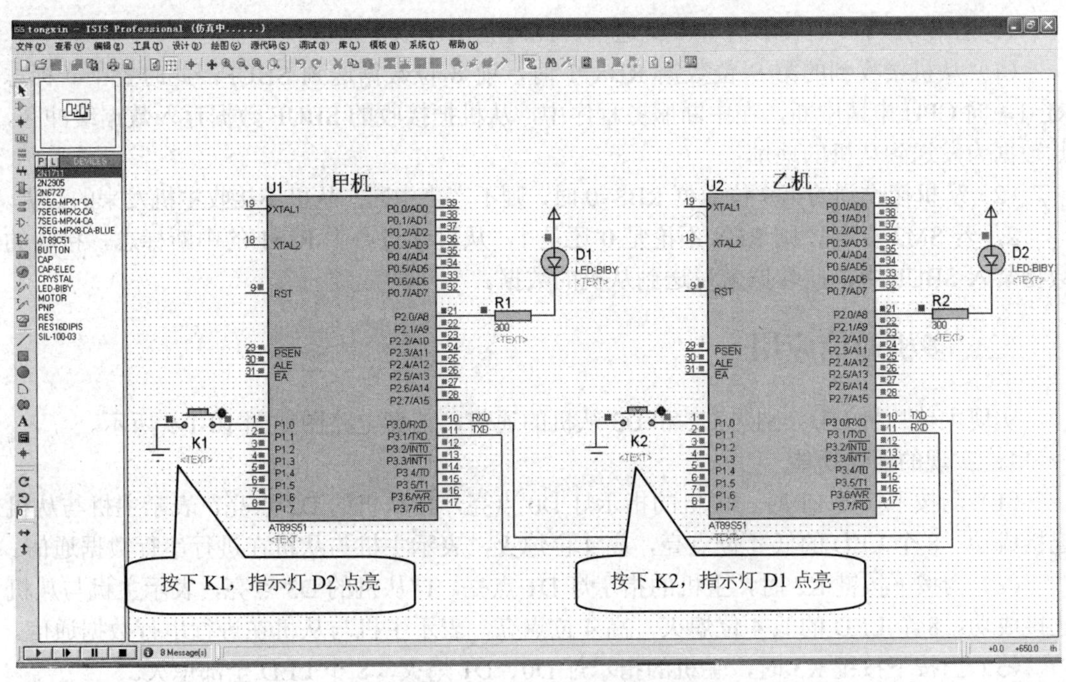

图 10-1-7 单片机 U1 与 U2 之间的互联通信的仿真效果

知识链接与延伸

一、多机通信原理

多个 51 单片机可利用串行口进行多机通信，常采用主从式结构，如图 10-1-8 所示。该多机系统由 1 个主机和 3 个从机组成。主机的 RXD 端与所有从机的 TXD 端相连，主机的 TXD 端与所有从机的 RXD 端相连。

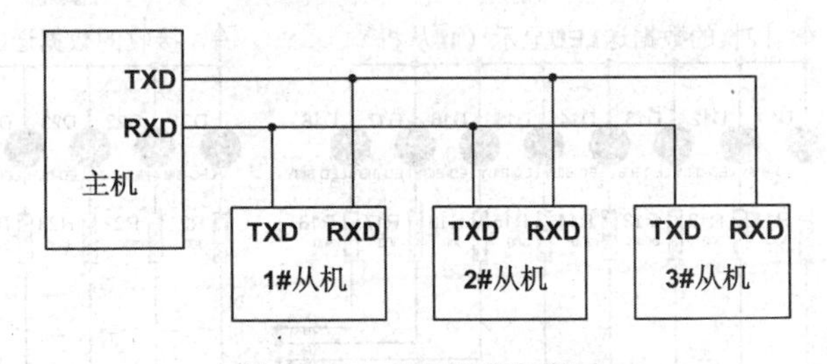

图 10-1-8 多机通信示意图

主从式是指在多个单片机组成的系统中，只有一个主机，其余都是从机。主机发送的信息可以被所有从机接收，任何一个从机发送的信息，只能由主机接收。从机和从机之间不能相互直接通信，它们的通信只能经主机才能实现。

多机通信的工作原理如下。

为实现主机与从机的可靠通信，须保证串行口具有识别功能。在串行口以方式 2（或 3）接收时，对串行口控制寄存器 SCON 中的 SM2 位进行如下设置。

1．若 SM2=1，则表示进行多机通信。此时会出现以下情况：

（1）从机接收到的第 9 位数据 RB8=1 时，前 8 位数据送到 SBUF，此时置中断标志 RI=1，向 CPU 申请中断，在中断服务程序中，从机把接收的 SBUF 数据存入数据缓冲区，此数据为发送到从机的地址；

（2）从机接收到的第 9 位数据 RB8=0 时，则不产生中断，从机不接收主机发来的数据。

2．若 SM2=0 时，则 RB8 不论是 0 还是 1，从机都将产生 RI=1 的中断标志，接收的数据装入 SBUF 中，此数据为发送到从机的数据。

二、多机通信应用

实现主单片机 U1 分别与 U2 和 U3 从机的通信，仿真电路图如图 10-1-9 所示。

1．实现的通信功能

（1）当按下按键 k1 时，主机的指示灯 D0 点亮，1#从机的 D2 点亮，表示主机与从机连接成功。8 个 LED 的低 4 位点亮，高 4 位熄灭，表示主机与从机在进行串行数据通信。

（2）当按下按键 K2 时，主机的指示灯 D1 点亮，1#从机的 D3 点亮，表示主机与从机连接成功。8 个 LED 的低 4 位熄灭，高 4 位点亮，表示主机与从机在进行串行数据通信。

（3）当按下按键 K3 时，主机的指示灯 D0、D1 熄灭，8 个 LED 全部熄灭。

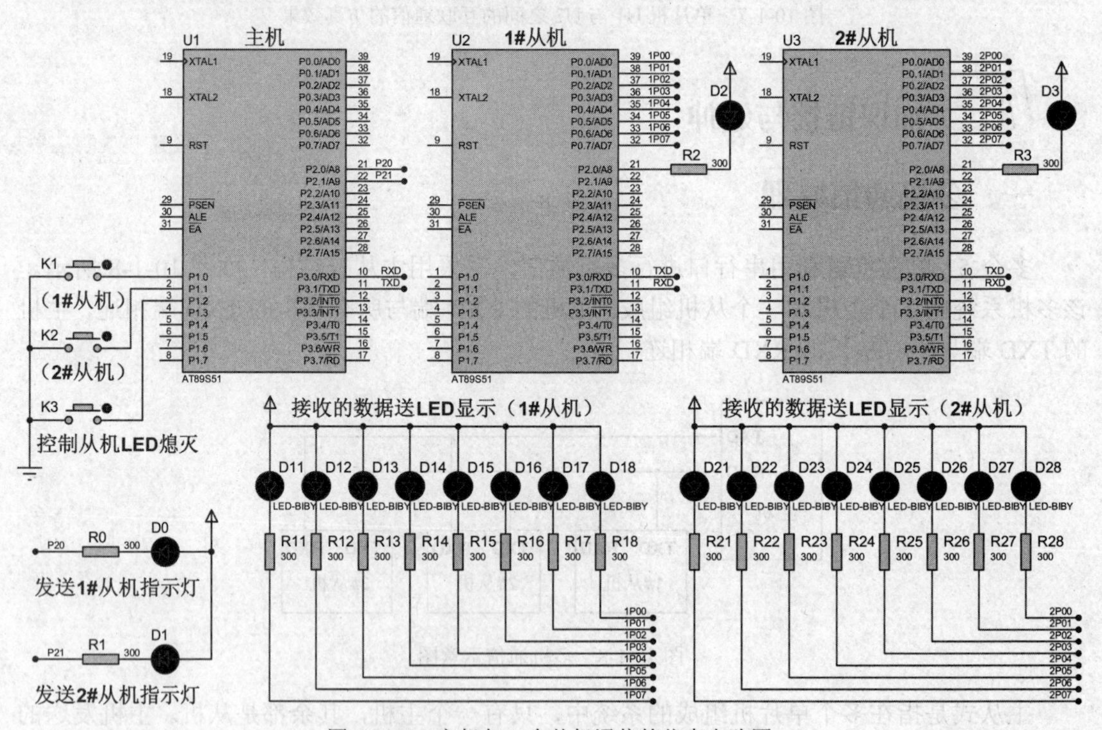

图 10-1-9　主机与 2 个从机通信的仿真电路图

2．主机与 2 个从机的串行通信协议

（1）主机向从机发送地址，1#从机的地址为 0x01，2#从机的地址为 0x02。

（2）从机确定地址后，接收数据。接收的数据直接送到 8 个 LED 显示，1#从机接收到的数据为 0xf0，2#从机接收到的数据为 0x0f。

3．SCON寄存器的设置

串行通信时，主机串行口设置为方式3，REN允许接收置为1，TB8置为1。主机的SM2不要设置为1，因此主机的SCON控制寄存器设置为0xd8。

主机串行口设置为方式3，REN允许接收置为1，TB8置为0，多机通信SM2置为1，因此从机的SCON控制寄存器设置为0xf0。

4．实现主从机的串行通信

从机的程序是相同的，只是地址不同，参考程序如下。

```
//主机程序
#include <reg51.h>                  //预处理reg51.h
#define uchar unsigned char         //宏定义无符号字符型变量
#define uint unsigned int           //宏定义无符号整型变量
sbit key1=P1^0;                     //按键（从机1）
sbit key2=P1^1;                     //按键（从机2）
sbit key3=P1^2;                     //按键（2个从机控制）
sbit led1=P2^0;                     //指示灯1（从机1）
sbit led2=P2^1;                     //指示灯2（从机2）
uchar rdata;                        //接收数据变量

delay(uint t)
{
  uchar i;
  while(t--)
    for(i=0;i<123;i++);
}

fa(uchar addr,sdata)                //先发送地址addr，再发送数据sdata到从机
{
  TB8=1;                            //TB8置1,发送地址帧
  SBUF=addr;                        //启动发送
  while(!TI);                       //等待发送完
  TI=0;                             //软件清TI
  TB8=0;                            //TB8清0,准备发送数据帧

  SBUF=sdata;                       //发送数据
  while(!TI);                       //等待数据发送完
  TI=0;                             //软件清TI
}

key()
{
  if(!key1)                         //从机1
  {
    delay(10);                      //延时10ms，去抖动
    if(!key1)
    {
      fa(0x01,0xf0);                //发送0x01地址，再发送0xf0数据
      led1=0;                       //点亮主机LED
    }
```

```
    }
    if(!key2)              //从机 2
    {
      delay(10);           //延时 10ms，去抖动
      if(!key2)
      {
        fa(0x02,0x0f);     //发送 0x02 地址，再发送 0x0f 数据
        led2=0;            //点亮主机 LED
      }
    }
    if(!key3)              //1#从机和 2#从机
    {
      delay(10);           //延时 10ms，去抖动
      if(!key3)
      {
        fa(0x01,0xff);     //发送 0x01 地址，再发送 0xff 数据
        fa(0x02,0xff);     //发送 0x01 地址，再发送 0xff 数据
        led1=led2=1;       //熄灭主机 LED
      }
    }
}

main()
{
  SCON=0xd8;               //SM2=0,REN=1,TB8=1
  PCON=0x00;               //波特率不加倍
  TMOD=0x20;               //T1 方式 2
  TH1=TL1=0xfd;            //波特率为 9600bps
  TR1=1;                   //启动 T1
  EA=1;                    //开总中断
  ES=1;                    //开串行中断

  while(1)
  {
    key();                 //按键程序
  }
}

//1#从机程序
#include <reg51.h>     //预处理 reg51.h
#define uchar unsigned char     //宏定义无符号字符型变量
#define uint unsigned int       //宏定义无符号整型变量
sbit key1=P1^0;        //按键（从机 1）
sbit key2=P1^1;        //按键（从机 2）
sbit led=P2^0;         //指示灯
uchar rdata;           //接收数据变量

main()
{
  SCON=0xf0;           //SM2=1,REN=1,TB8=0
```

```
  PCON=0x00;        //波特率不加倍
  TMOD=0x20;        //T1 方式 2
  TH1=TL1=0xfd;     //波特率为 9 600bit/s
  TR1=1;            //启动 T1
  EA=1;             //开总中断
  ES=1;             //开串行中断
  while(1)
  {
    ;
  }
}

void TRXD() interrupt 4              //串口中断服务程序
{
  if(RI)                             //如果 RI=1
  {
    if(RB8)                          //如果 RB8=1，表示接收的为地址
    {
      RB8=0;
      if(SBUF==0x01)                 //如果接收的地址为 0x01，则是本从机的地址
      {
        SM2=0;                       //多机通信 SM2 清零
        led=0;                       //点亮从机的 LED
      }
    }
    else
    {
      SM2=1;                         //多机通信 SM2 置 1
      P0=SBUF;                       //串行接收的数据送 P0 显示
    }
  }
  RI=0;                              //RI 清零
}

//2#从机程序
#include <reg51.h>                   //预处理 reg51.h
#define uchar unsigned char          //宏定义无符号字符型变量
#define uint unsigned int            //宏定义无符号整型变量
sbit key1=P1^0;                      //按键（从机 1）
sbit key2=P1^1;                      //按键（从机 2）
sbit led=P2^0;                       //指示灯
uchar rdata;                         //接收数据变量

main()
{
  SCON=0xf0;                         //SM2=1,REN=1,TB8=0
  PCON=0x00;                         //波特率不加倍
  TMOD=0x20;                         //T1 方式 2
  TH1=TL1=0xfd;                      //波特率为 9 600bit/s
  TR1=1;                             //启动 T1
```

```
    EA=1;                        //开总中断
    ES=1;                        //开串行中断
    while(1)
    {
      ;
    }
}

void TRXD() interrupt 4      //串口中断服务程序
{
   if(RI)                        //如果 RI=1
   {
     if(RB8)                     //如果 RB8=1，表示接收的为地址
     {
       RB8=0;
       if(SBUF==0x02)            //如果接收的地址为 0x02，则是本从机的地址
       {
         SM2=0;                  //多机通信 SM2 清零
         led=0;                  //点亮从机的 LED
       }
     }
     else
     {
       SM2=1;                    //多机通信 SM2 置 1
       P0=SBUF;                  //串行接收的数据送 P0 显示
     }
   }
   RI=0;                         //RI 清零
}
```

5．主从机串行通信仿真效果如图 10-1-10 所示。

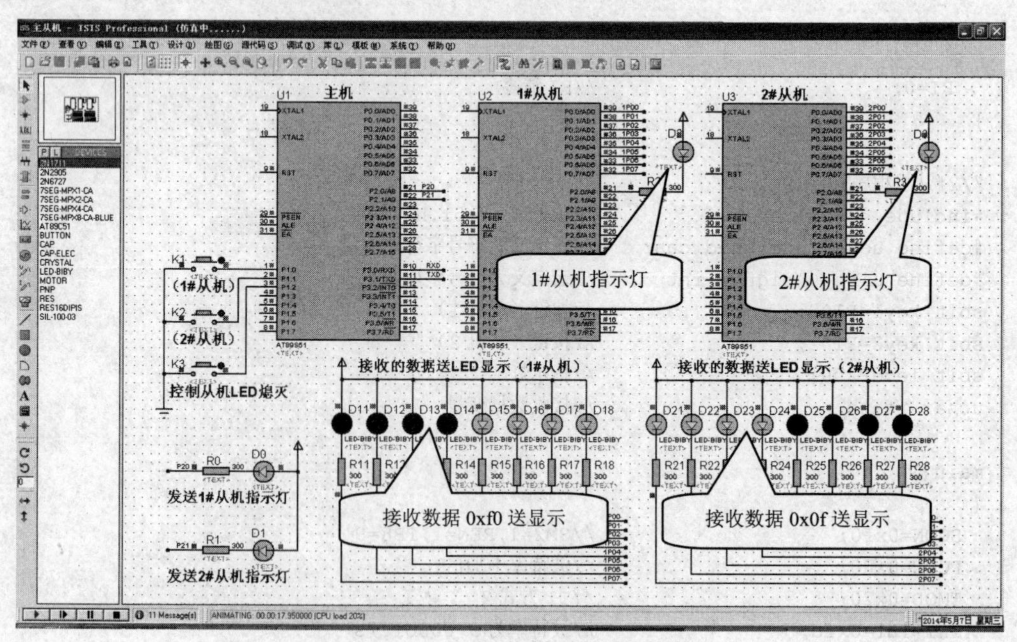

图 10-1-10 主从机串行通信仿真效果

思考与练习

1. AT89S51 单片机串行口通信使用哪两个引脚？

2. AT89S51 单片机串行口有几种工作方式？如何设置？

3. 假设晶振频率为 11.059 2MHz，SMOD=0，波特率为 9 600，定时器 T1 工作在方式 2 的初值是多少？

拓展训练

试编写程序实现双机通信，通信的协议如下：

（1）当串行通信开始时，甲机首先发送数据 0xaa，乙机收到后应答 0xbb，表示同意接收；

（2）甲机收到 0xbb 后，发送两个数据 0x01,0x02 给乙机；

（3）如果乙机发现数据出错，就向甲机发送 0xff，甲机收到 0xff 后，重新发送两个数据 0x01,0x02 给乙机。

学习任务的工作页

项目十　投篮游戏机互联通信　　　工作页编号：ZNKZ10-01

一、基本信息

学习班级及小组＿＿＿＿＿＿＿＿＿＿　学生姓名＿＿＿＿＿＿＿＿＿＿　学生学号＿＿＿＿＿＿＿＿

学习项目完成时间＿＿＿＿＿＿＿＿＿　指导教师＿＿＿＿＿＿＿＿＿＿　学习地点＿＿＿＿＿＿＿＿

二、任务准备

1．写出本项目要完成的内容

2．请你确定本项目所需要完成的工作任务

3．小组分工：（1）请写出你要完成的工作任务；（2）写写你要完成此项目的计划（或步骤）；（3）工具；（4）安全注意事项。

三、任务实施

1．请你写出并行通信和串行通信的概念，并写出单片机串口通信的引脚。

续表

2．请你写出 AT89S51 单片机的串行口有几种工作方式？如何设置？

3．请你写出晶振频率为 11.059 2MHz，SMOD=0，波特率为 9 600，定时器 T1 工作在方式 2 的初值是多少？

4．新建“tongxin.dsn”文件，绘制双机通信的仿真电路图，将遇到的问题写下来。

5．绘制双机通信主程序流程图和串口中断流程图。

6．在投篮游戏机控制板上进行实物安装与调试。

（1）将生成的.hex 文件导入到 Proteus 中进行软件仿真。

（2）在投篮游戏机安装控制板，并调试。

在程序联调过程遇到什么问题了吗？请写下来。

四、知识拓展

试编写程序实现双机通信，通信的协议如下：

（1）当串行通信开始时，甲机首先发送数据 0xaa，乙机收到后应答 0xbb，表示同意接收；

（2）甲机收到 0xbb 后，发送两个数据 0x01,0x02 给乙机；

（3）如果乙机发现数据出错，就向甲机发送 0xff，甲机收到 0xff 后，重新发送两个数据 0x01,0x02 给乙机。

学习评价

序号	项目		考核内容	配分	评分标准	自评	师评	得分
1	知识准备	项目内容	写出本项目要完成的内容	5	能写出本项目要完成的内容得 10 分			
2		工作任务	写出本项目所需要完成的工作任务	10	能基本写出本项目的工作任务得 10 分			

续表

序号	项目		考核内容	配分	评分标准	自评	师评	得分
3	知识准备	工作计划及分工	写出你的工作计划及分工	10	能写出自己要完成的计划及分工得 10 分			
4	实际操作	并行、串口的概念	写出并行口、串行口的概念	5	能正确写出并行口、串行口的概念得 5 分			
5		串行口的工作方式及设置	写出串行口的工作方式及设置	5	能正确写出串行口的工作方式及设置得 5 分			
6		波特率	写出波特率，写出定时器初值，及 SCON、PCON 的设置	5	能正确写出某波特率初始化指令得 5 分			
7		电路图	绘制双机通信的电路图	5	能正确绘制双机通信的电路图得 5 分			
8		程序流程图	绘制程序流程图	10	能正确绘制主程序及串行中断程序流程图得 10 分			
9		编写并调试程序	能使用编程软件编写程序，并在 Proteus 软件中正确调试	15	能正确编写程序，并在 Proteus 软件中正确调试效果得 15 分			
10		投篮游戏机板调试	能在投篮游戏机控制板上进行调试	5	能正确使用开发板调试通信程序得 5 分			
11		拓展	完成拓展题	15	能正确完成拓展题得 15 分			
12	安全文明生产		遵守安全操作规程，正确使用仪器设备，操作现场整洁	10	每项扣 5 分，扣完为止			
			安全用电，防火，无人身、设备事故		因违规操作发生重大人身和设备事故，此题按 0 分计			
13	分数合计			100				

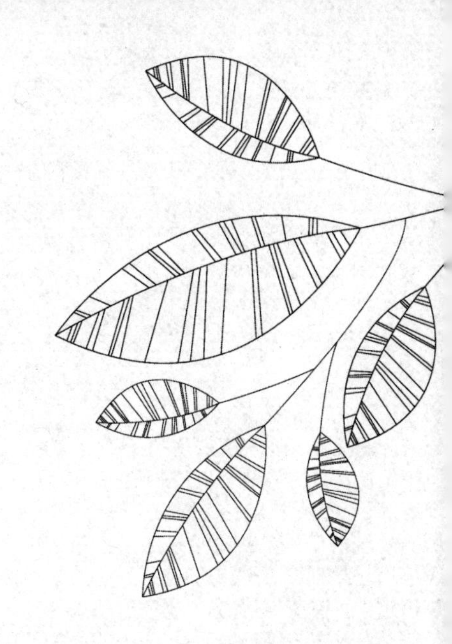

附录一

ASCII 码

Appendix 1

ASCII 码表见附录表 1-1 所示。

附录表 1-1　　　　ASCII 码表

<table>
<tr><td colspan="2" rowspan="2">高位 MSD
低位 LSD</td><td>0</td><td>1</td><td>2</td><td>3</td><td>4</td><td>5</td><td>6</td><td>7</td></tr>
<tr><td>000</td><td>001</td><td>010</td><td>011</td><td>100</td><td>101</td><td>110</td><td>111</td></tr>
<tr><td>0</td><td>0000</td><td>NUL</td><td>DLE</td><td>(SP,空格)</td><td>0</td><td>@</td><td>P</td><td>`</td><td>p</td></tr>
<tr><td>1</td><td>0001</td><td>SOH</td><td>DC1</td><td>!</td><td>1</td><td>A</td><td>Q</td><td>a</td><td>q</td></tr>
<tr><td>2</td><td>0010</td><td>STX</td><td>DC2</td><td>“</td><td>2</td><td>B</td><td>R</td><td>b</td><td>r</td></tr>
<tr><td>3</td><td>0011</td><td>ETX</td><td>DC3</td><td>#</td><td>3</td><td>C</td><td>S</td><td>c</td><td>s</td></tr>
<tr><td>4</td><td>0100</td><td>EOT</td><td>DC4</td><td>$</td><td>4</td><td>D</td><td>T</td><td>d</td><td>t</td></tr>
<tr><td>5</td><td>0101</td><td>ENQ</td><td>NAK</td><td>%</td><td>5</td><td>E</td><td>U</td><td>e</td><td>u</td></tr>
<tr><td>6</td><td>0110</td><td>ACK</td><td>SYN</td><td>&</td><td>6</td><td>F</td><td>V</td><td>f</td><td>v</td></tr>
<tr><td>7</td><td>0111</td><td>BEL</td><td>ETB</td><td>`</td><td>7</td><td>G</td><td>W</td><td>g</td><td>w</td></tr>
<tr><td>8</td><td>1000</td><td>BS</td><td>CAN</td><td>(</td><td>8</td><td>H</td><td>X</td><td>h</td><td>x</td></tr>
<tr><td>9</td><td>1001</td><td>HT</td><td>EM</td><td>)</td><td>9</td><td>I</td><td>Y</td><td>i</td><td>y</td></tr>
<tr><td>A</td><td>1010</td><td>LF</td><td>SUB</td><td>*</td><td>:</td><td>J</td><td>Z</td><td>j</td><td>z</td></tr>
<tr><td>B</td><td>1011</td><td>VT</td><td>ESC</td><td>+</td><td>;</td><td>K</td><td>[</td><td>k</td><td>{</td></tr>
<tr><td>C</td><td>1100</td><td>FF</td><td>FS</td><td>,</td><td><</td><td>L</td><td>\</td><td>l</td><td>|</td></tr>
<tr><td>D</td><td>1101</td><td>CR</td><td>GS</td><td>-</td><td>=</td><td>M</td><td>]</td><td>m</td><td>}</td></tr>
<tr><td>E</td><td>1110</td><td>SO</td><td>RS</td><td>.</td><td>></td><td>N</td><td>^</td><td>n</td><td>~</td></tr>
<tr><td>F</td><td>1111</td><td>SI</td><td>US</td><td>/</td><td>?</td><td>O</td><td>_</td><td>o</td><td>DEL</td></tr>
</table>

例如 a 的 ASCⅡ码，查表高位 MSD 为 6，低位 LSD 为 1，则 a 对应的 ASCⅡ码为 0x61（十六进制表示）。

附录一

ASCII码

Appendix 1

ASCII码表见附录表1-1所示。

附录表1-1　ASCII码表

低位LSD \ 高位MSD		0	1	2	3	4	5	6	7
		000	001	010	011	100	101	110	111
0	0000	NUL	DLE	(SP空格)	0	@	P	`	p
1	0001	SOH	DC1	!	1	A	Q	a	q
2	0010	STX	DC2	"	2	B	R	b	r
3	0011	ETX	DC3	#	3	C	S	c	s
4	0100	EOT	DC4	$	4	D	T	d	t
5	0101	ENQ	NAK	%	5	E	U	e	u
6	0110	ACK	SYN	&	6	F	V	f	v
7	0111	BEL	ETB	'	7	G	W	g	w
8	1000	BS	CAN	(	8	H	X	h	x
9	1001	HT	EM	)	9	I	Y	i	y
A	1010	LF	SUB	*	:	J	Z	j	z
B	1011	VT	ESC	+	;	K	[	k	{
C	1100	FF	FS	,	<	L	\	l	|
D	1101	CR	GS	-	=	M	]	m	}
E	1110	SO	RS	.	>	N	^	n	~
F	1111	SI	US	/	?	O	_	o	DEL

例如a的ASCII码，首先确定MSD为6，低位LSD为1，则a对应的ASCII码为0x61（十六进制表示）。

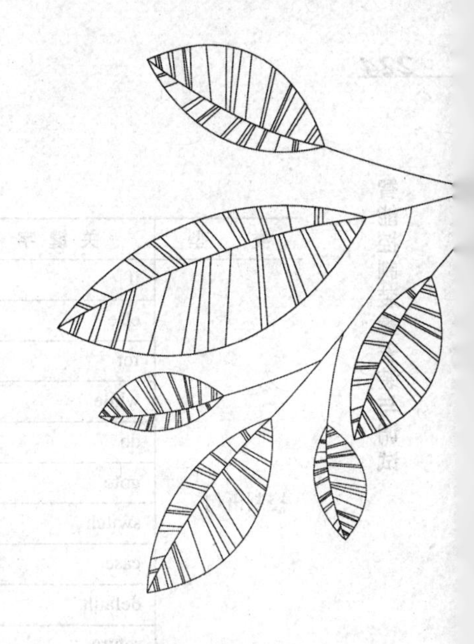

附录二

C 语言的关键字

Appendix 2

标准的 C 语言中共有 32 个关键字，用小写字母表示，如附录表 1-2 所示。

附录表 1-2　　C 语言的关键词

类　型	关 键 字	意义与用途
数据类型	int	基本整型变量
	char	字符型变量
	float	实型变量
	double	双精度实型变量
	short	短整型变量
	long	长整型变量
	unsigned	无符号型变量
	struct	结构体
	union	共用体
	enum	枚举类型
	signed	有符号数的各种类型
	void	无值型
	volatile	某量是可以被改变的
	const	常量类型
存储类型	extern	外部变量
	static	静态变量
	register	寄存器变量
	auto	自动变量
	typedef	定义新的数据类型

续表

类　型	关 键 字	意义与用途
控制语句	if	if 语句
	else	if-else 语句
	for	for 语句
	while	while 语句
	do	do 语句
	goto	无条件转移语句
	switch	switch 语句
	case	在 switch 语句中用于分支的语句
	default	在 switch 语句中不属于所有给定 case 分支的分支
	return	由函数返回的语句
	break	用于退出 do-while、for、while、switch 等语句
	continue	在循环语句中用于退出本次循环，执行下一次循环
运算符	sizeof	数据长度

针对 MSC51 单片机的特殊性，Keil 软件又增加了一些关键字，如附录表 1-3 所示。

附录表 1–3　　Keil C 新增的关键字

关 键 字	意义与用途
_at_	绝对地址定位
alien	函数类型（用于 PLM-51）
bdata	用于指定存储于 RAM 中的位寻址区的数据
bit	定义位变量
code	用于指定存储于程序存储器中的数据
compact	用于指定存储器的使用模式为紧凑模式
data	用于定义变量为 RAM 中前 128 字节区
far	用于扩展大容量程序存储器时（超过 64K）
idata	用于定义变量为 RAM 中全部 256 字节区
interrupt	用于指定中断程序
large	用于指定存储器的使用模式为大模式
pdata	指定外部程序存储器的一页
priority	用于 Keil 提供的实时操作系统中，指定任务的优先权
reentrant	用于指定函数的重入
sbit	用于定义位
sfr	用于定义特殊功能寄存器
sfr16	用于定义 16 位特殊功能寄存器
small	用于指定存储器的使用模式为小模式
task	用于 Keil 提供的实时操作系统中
using	用于函数中指定使用某一组工作寄存器
xdata	用于指定存储于扩展的外部 RAM 存储器中的数据

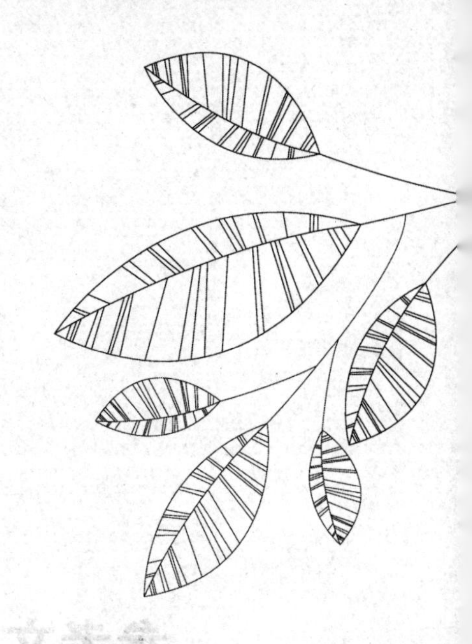

附录三

AT89S51 单片机特殊功能寄存器列表

Appendix 3

附录表 1-4　　AT89S51 单片机特殊功能寄存器列表

符　号	地　址	注　释	符　号	地　址	注　释
ACC	0E0H	累加器	P0	80H	P0 端口
B	0F0H	乘法寄存器	P1	90H	P1 端口
PSW	0D0H	程序状态字	P2	0A0H	P2 端口
SP	81H	堆栈指针	P3	0B0H	P3 端口
DPL	82H	数据存储器指针低 8 位	PCON	87H	电源控制及波特率选择
DPH	83H	数据存储器指针高 8 位	SCON	98H	串行口控制寄存器
IE	0A8H	中断允许控制寄存器	SUBF	99H	串行口数据缓冲器
IP	0B8H	中断优先级控制寄存器	TCON	88H	定时器控制寄存器
TMOD	89H	定时器方式选择	TH0	8CH	定时器 0 高 8 位
TL0	8AH	定时器 0 低 8 位	TH1	8DH	定时器 1 高 8 位
TL1	8BH	定时器 1 低 8 位			

参考文献

Reference

[1] 王凯旋．单片机原理与应用[M]．北京：高等教育出版社，2012．

[2] 张毅刚．单片机原理与应用：C51 编程+Proteus 仿真[M]．北京：高等教育出版社，2012．

[3] 刘振海，王国明．单片机原理与应用技术[M]．北京：高等教育出版社，2012．